Scientific Governance on Innovation Ecosystem

# 创新生态与科学治理

## ——爱科创2023文集

陈 强 邵鲁宁 主编

同济大学出版社
TONGJI UNIVERSITY PRESS
·上海·

**图书在版编目(CIP)数据**

创新生态与科学治理. 爱科创 2023 文集 / 陈强，邵鲁宁主编. —上海：同济大学出版社，2024. 6
ISBN 978-7-5765-1149-9

Ⅰ. ①创… Ⅱ. ①陈… ②邵… Ⅲ. ①生态环境–环境综合整治–中国–文集 Ⅳ. ①X321. 2-53

中国国家版本馆 CIP 数据核字(2024)第 091911 号

**创新生态与科学治理——爱科创 2023 文集**
**陈 强 邵鲁宁 主编**
**责任编辑** 孙铭蔚 **责任校对** 徐春莲 **封面设计** 陈杰妮

出版发行 同济大学出版社 www. tongjipress. com. cn
(地址:上海市四平路 1239 号 邮编:200092 电话:021-65985622)
经 销 全国各地新华书店
排 版 南京文脉图文设计制作有限公司
印 刷 上海颛辉印刷厂有限公司
开 本 710mm×960mm 1/16
印 张 20. 5
字 数 346 000
版 次 2024 年 6 月第 1 版
印 次 2024 年 6 月第 1 次印刷
书 号 ISBN 978-7-5765-1149-9

定 价 88. 00 元

# 作 者 简 介

**陈　强**，同济大学经济与管理学院教授，上海市产业创新生态系统研究中心执行主任，上海市习近平新时代中国特色社会主义思想研究中心研究员。

**尤建新**，同济大学经济与管理学院教授，上海市产业创新生态系统研究中心总顾问。

**蔡三发**，同济大学发展规划部部长、联合国环境署—同济大学环境与可持续发展学院跨学科双聘责任教授，上海市产业创新生态系统研究中心副主任。

**周文泳**，同济大学经济与管理学院教授、科研管理研究室副主任，上海市产业创新生态系统研究中心副主任，中国工程院战略咨询中心特聘专家。

**任声策**，同济大学上海国际知识产权学院教授、博士生导师，创新与竞争研究中心主任，上海市产业创新生态系统研究中心研究员。

**常旭华**，同济大学上海国际知识产权学院副教授，上海市产业创新生态系统研究中心研究员，《亚太创新创业学刊》(*Asia Pacific Journal of Innovation & Entrepreneurship*, APJIE)主编。

**邵鲁宁**，同济大学经济与管理学院副教授，上海市产业创新生态系统研究中心副主任。

**鲍悦华**，上海杉达学院副教授，上海市产业创新生态系统研究中心研究员。

**钟之阳**，同济大学高等教育研究所教师，上海市产业创新生态系统研究中心研究员。

**赵程程**，上海工程技术大学管理学院副教授、工业工程与物流系副主任，上海产业创新生态系统研究中心研究员。

**刘　笑**，上海工程技术大学管理学院副教授，上海市产业创新生态系统研究中心研究员。

**胡　雯**，上海社会科学院信息研究所助理研究员，上海市产业创新生态系统研究中心研究员。

**敦　帅**，中共上海市委党校领导科学教研部讲师，上海张江科技创新国际人才研究院特聘研究员。

**宋燕飞**，上海工程技术大学管理学院讲师。

**薛奕曦**，上海大学管理学院副教授。

**毛人杰**，德国科思创集团全球数字化项目高级经理。

**苏涛永**，同济大学经济与管理学院教授、博士生导师。

**姚　昊**，同济大学高等教育研究所助理教授。

**曾彩霞**，同济大学法学院工程师，上海国际知识产权学院博士。

**赵小凡**，同济大学高等教育研究所硕士研究生。

**陈永恒**，同济大学经济与管理学院博士研究生。

**黄欣彤**，上海工程技术大学管理学院硕士研究生。

**陈旭琪**，同济大学经济与管理学院博士研究生。

**沈晶晶**，同济大学高等教育研究所硕士研究生。

**刘春路**，同济大学高等教育研究所硕士研究生。

**任　梦**，同济大学高等教育研究所硕士研究生。

**史　轲**，同济大学经济与管理学院博士研究生。

**张　钰**，同济大学上海国际知识产权学院硕士研究生。

**喻诚搏**，同济大学上海国际知识产权学院硕士研究生。

**薛钰潔**，比利时布鲁塞尔自由大学博士研究生。

**丁佳豪**，上海大学管理学院硕士研究生。

**齐博成**，同济大学上海国际知识产权学院硕士研究生。

**杨溢涵**，同济大学经济与管理学院硕士研究生。

**谭　钦**，同济大学高等教育研究所硕士研究生。

**房春婷**，上海工程技术大学管理学院硕士研究生。

**木村芙美**，同济大学经济与管理学院硕士研究生。

**刘永冬**，同济大学上海国际知识产权学院博士研究生。

**徐　涛**，同济大学经济与管理学院博士研究生。

**张桁嘉**，同济大学经济与管理学院博士研究生。

**汪　万**，同济大学经济与管理学院博士研究生。

**刘汝曦**，同济大学上海国际知识产权学院硕士研究生。

**夏多银**，上海蚁城网络科技有限公司联合创始人，同济大学 2020 级工商管理硕士研究生。

**张笑颜**，上海大学管理学院硕士研究生。

**范　斐**，同济大学设计创意学院副教授。

**魏妍坤**，同济大学上海国际设计创新学院硕士研究生。

**宋欣怡**，同济大学上海国际设计创新学院硕士研究生。

**吴　诗**，同济大学经济与管理学院硕士研究生。

**李博年**，同济大学上海国际知识产权学院硕士研究生。

**郭明昊**，同济大学上海国际知识产权学院硕士研究生。

**谢瑷卿**，同济大学上海国际知识产权学院硕士研究生。

**毕菁然**，同济大学上海国际知识产权学院硕士研究生。

**操友根**，同济大学上海国际知识产权学院博士研究生。

**杜　梅**，同济大学上海国际知识产权学院博士研究生。

**廖承军**，同济大学上海国际知识产权学院博士研究生。

**徐天意**，同济大学上海国际知识产权学院硕士研究生。

**胡尚文**，同济大学经济与管理学院博士研究生。

**贾雯璐**，同济大学上海国际知识产权学院硕士研究生。

**钱鑫溢**，同济大学上海国际知识产权学院硕士研究生。

**李克鹏**，同济大学上海国际知识产权学院硕士研究生。

# 序

2023年是同济大学上海市产业创新生态系统研究中心成立的第十年，也是"爱科创"微信公众号问世的第五年。在上海市科委和同济大学的领导下，中心全体成员坚持以服务上海国际科创中心建设为导向，密切关注产业创新生态研究的新趋势和新热点，开展持续、稳定、有特色的研究，不断增进规律性和机理性认识。同时，根据政府相关部门的需要，积极开展有深度的专题研究，为政策设计和制度安排建言献策。在用好上海市科委支持经费的前提下，中心成员积极申请国家及上海市与中心研究定位相符的各类课题，目前承担国家级和省部级课题20多项，为开展高水平研究打下良好基础，形成包括研究报告、期刊论文、专著、决策咨询专报、媒体文章在内的研究成果130多份。

在做好研究工作的同时，中心在期刊运营、数据库建设、指数研制与发布、学术会议策划和组织、人员交流等方面也取得了一些积极进展。

在亚洲孵化器协会和上海市科技创业中心的指导下，同济大学上海市产业创新生态系统研究中心承担学术运营任务的《亚太创新创业学刊》(*Asia Pacific Journal of Innovation & Entrepreneurship*, APJIE)进入稳定运行状态。APJIE聚焦亚太地区创新创业理论与实践，刊发创新生态、孵化器、企业创新、学术创业等领域的重大科研进展、研究动态及最新实践成果，为相关领域和行业的信息交流、科研合作提供学术平台，推动创新创业理论发展，为亚太地区的创新创业实践提供指引。常旭华教授、陈强教授、任声策教授组成联席主编团队，负责APJIE的稿件编审和学术研究推广工作。目前，APJIE已形成以剑桥大学、东京大学、清华大学、上海交通大学、香港理工大学、同济大学、上海大学等知名高校的30多位教师为核心编审成员，总人数超过100人的审稿专家网络。同时，APJIE努力拓宽稿件来源，面向中国、日本、韩国等国的知名专家学者约稿；在中国上海、泰国曼谷、新加坡等地先后组织或参与了6场学术交流和期刊研讨会，扩大了APJIE的国际和国内学术影响力。截至2023年年底，APJIE累计收稿 331 篇，录用 29 篇，已出版 6 期。2023 年 6 月，APJIE 被 ESCI(Emerging Sources Citations Index)数据库收录，2023 年影响因子达 3.1，进入二区期刊行列。

在数据库建设方面，“链科创”数据库已经完成我国近 40 所“双一流”高校科研底层数据的采集和清洗工作，入库教师超过 30 万人，数据条目超过 1 000 万，是国内 50 万级体量、精度较高、字段较全的科研画像数据库平台。“链科创”数据库采取“边研究边建设，边建设边研究”的方式，持续推进，不断完善，支撑产生了一批较有价值的科研成果。

2023 年 12 月，同济大学上海市产业创新生态系统研究中心在之前的研究基础上，于“爱科创”微信公众号发布《锐科创 2023——科创板上市企业科创力排行榜》和《育科创——城市高成长科创企业培育生态指数报告》。两份研究报告已经逐渐形成品牌，赢得学界和业界的广泛关注，先后被证券日报网、凤凰新闻、新浪财经等媒体转载报道。

2023 年，同济大学上海市产业创新生态系统研究中心组织开展学术会议和专家研讨会多次。其中，“上海市科学学研究会 2023 年学术年会暨上海智库论坛—上海全球科创中心新一轮发展治理转型研讨会”形成了良好的社会影响，来自高校、科研机构、政府管理部门和科技企业的从事科学学、软科学研究和管理工作的 120 余名专家学者与会。会议以“科技创新范式变革与上海全球科创中心治理转型”为主题，围绕新时代全球科技创新趋势、高水平科技自立自强、科创中心治理转型、科创中心建设战略实践等展开深入研讨。《中国社会科学报》《文汇报》《上海科技报》等媒体对会议进行了专题报道。

2023 年，同济大学上海市产业创新生态系统研究中心通过人员交流，服务科技部、上海市科委相关工作。2023 年 1 月，中心副主任邵鲁宁副教授被借调至科技部办公厅工作，历时一年。借调期间，邵鲁宁副教授积极与中心联系、沟通，并向科技部上报上海国际科创中心建设成果和相关信息，参与科技部相关调研和简报开发工作，配合完成多项重大专项任务，获得领导和同事的高度认可。科技部办公厅为此专门向上海市科委致感谢信。

同济大学上海市产业创新生态系统研究中心微信公众号“爱科创”继续稳健运行，关注用户数和文章阅读量持续增加，形成了较高的社会影响力。部分原创文章在“爱科创”微信公众号发布后，引起相关方面关注，进而被转载，或被深化开发为决策咨询专报。

全球范围内,科技创新日新月异,科技和产业竞争愈加激烈。上海作为全国改革开放排头兵、创新发展先行者,处在国际科创中心建设的关键时期,需要全社会群策群力,共同推进。"爱科创"全体成员将倍加努力,继续为上海国际科创中心建设这一伟大事业贡献自己的绵薄之力。

陈强　邵鲁宁

2024 年 4 月

# 目 录

## · 国际标杆 ·

## ·新经济、新产业、新模式、新技术与创新治理·

## ·年度研究报告·

# 创新生态理论与框架

# 当战略性基础研究遇到国家重大需求

| 周文泳

战略性基础研究，又称“战略导向型基础研究”，属于定向基础研究范畴，是“关乎‘国之大者’的基础研究，是国家目标导向明确、依靠建制化团队开展长期稳定的联合攻关、投入规模相对较大的基础研究”[1]。国家重大需求，事关国家安全、国民生计等长远发展和全局利益，是战略性基础研究重要的问题来源。

## 一、国家重大需求是战略性基础研究问题的重要来源

从国际竞争的角度看，国家重大需求可分为打造先导优势、获得竞争优势、弥补短板弱项三类。从知识需求链的角度看，国家重大需求最终可转化为对现实和潜在的高质量科技成果的需求。其转化路径如下：国家重大需求—关键产品（工艺、装备、材料、软件或服务等）需求—关键核心技术需求—基础研究成果需求。按重要性区分，基础研究成果需求可以分为重大基础研究成果需求和一般基础研究成果需求；按成果性质区分，基础研究成果需求可以分为共性技术需求、应用理论需求、基础理论需求三类。通过客观识别由国家重大需求引发的基础研究成果需求，可以发现与提出基础研究问题，其中，适合开展的有组织的重大基础研究问题可纳入战略性基础研究问题的范畴。

由此可见，国家重大需求既是战略性基础研究问题的重要来源，也是战略性基础研究的重要驱动因素。由国家重大需求引发的重大基础研究问题中，凡是适合通过有组织科研解决的研究问题，就可以纳入战略性基础研究问题的范畴。

从国家科技竞争的角度看，由国家重大需求驱动的战略性基础研究问题可以分为“打造先导优势”“获得竞争优势”“弥补短板弱项”三类。

## 二、高质量战略性基础研究为满足国家重大需求提供支撑

高质量战略性基础研究的产出包括突破性的共性技术、应用理论成果和基础理论成果。从国际基础研究领域竞争角度看，知识供给链可以分为如下三类：

一是“打造先导优势”的基础研究原创成果，即“从 0 到 1”的基础研究原创成果，包括新理论、新学说、新思想、新规律、新概念、新模型、新原理、新方法和新物质（新粒子、新元素、新材料等）等；二是“获得竞争优势”的基础研究成果，即从“1 到 N”的基础研究成果，此类成果的取得有助于我国在世界科技前沿特定领域处于相对领先的地位；三是“弥补短板弱项”的基础研究成果，此类成果的取得有助于我国缩小与科技发达国家在特定基础研究和应用基础研究领域的差距。

从知识供给链的角度看，高质量战略性基础研究成果满足国家重大需求的路径为：高质量基础研究成果供给—关键技术核心技术供给—关键产品（工艺、装备、材料、软件或服务等）供给—满足国家重大需求。由此可见，高质量战略性基础研究既有助于产出“打造先导优势”“获得竞争优势”“弥补短板弱项”三类基础研究成果，也能为满足国家重大需求提供支撑。

［此文摘自上海市“科技创新行动计划”软科学研究项目（项目编号：22692100600）研究报告。此文在爱科创微信公众号推出后，被《同济报》收录（题目有调整），见周文泳. 面向国家重大战略需求开展战略性基础研究［N］. 同济报，2023-06-15(4).］

## 参考文献

［1］李晓轩，肖小溪，娄智勇，等. 战略性基础研究：认识与对策［J］. 中国科学院院刊，2022，37(3)：269-277.

# 基于共生理论的产学研深度融合生态系统

| 赵小凡　钟之阳

创新生态系统是由企业、高校和科研院所等创新主体，政府部门和中介组织等服务机构，以及各类创新环境和资源要素共同形成的复杂生态系统[1]。在创新生态系统视角下，狭义的创新主体可与服务机构共同组成广义上的创新主体，而创新需要依赖外部环境的变化及各主体的参与合作，各创新主体间不再无视系统的整体利益，而是有意识地组成利益链条，将自身利益与生态系统紧密联系，努力实现共生演化。"共生"概念是由德国真菌学家德贝里(Anton de Bary)提出的，在生物学领域，"共生"是指生物有机体之间进行物质、能量的交换与分享，体现生物有机体共同发展的理想关系[2]。被引入社会科学领域后，"共生"概念逐渐演变为：共生主体为了共同的目标，相互依赖、彼此影响，以达到互动、共赢、效益最佳的理想状态。

基于共生理论，可以将产学研深度融合的创新生态系统分为共生单元、共生模式及共生环境三个部分。共生单元主要由政府、企业、高校和科研院所及中介机构等组成；系统内部主体间的共生模式，是产学研合作的创新组织形式及由此形成的系统成员关系；系统创新共生环境由创新系统主体以外的上下游支撑性、配套性的要素组成。三者之间相互作用形成创新生态系统共生界面(图 1)。

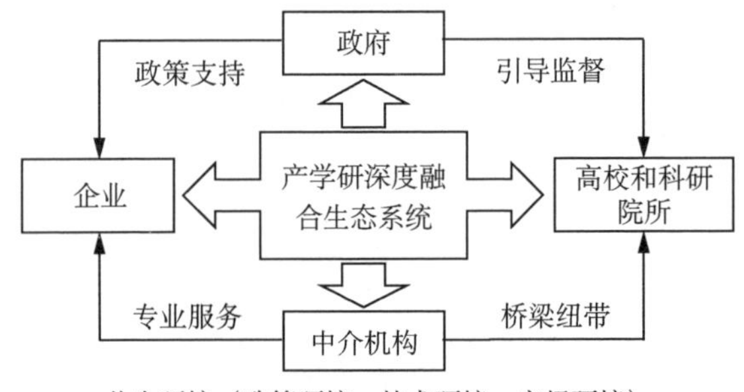


**图 1　基于共生理论的产学研深度融合生态系统概念框架**

## 一、共生单元

产学研深度融合生态系统的共生单元包括政府、以企业为代表的产业界、以高校和科研院所为代表的学术界及中介机构。政府在关键核心技术攻关中发挥组织作用,是产学研深度融合的环境建设主体,为产学研深度融合创建有利的政策和法律环境,保障国家创新生态系统健康运行。企业以市场为导向,以提高自身竞争力为目的,是国家科技创新主体。高校和科研院所是基础研究和知识创新主体,同时担负着为社会教育和培训科技创新人才的责任,是教育和培训技术人员、工程师及科学家等创新人力资源的主体,对提高整个社会的综合素质和科技发展水平具有至关重要的作用。中介机构是产学研合作中从事服务的机构,包括创业服务中心、商会、行业协会、劳动力市场和技术市场等组织机构,还包括会计师事务所和律师事务所等服务机构。中介机构作为产学研深度融合中的服务主体,在产学研合作中起着桥梁和纽带作用,能够提高融合创新水平。

## 二、共生模式

产学研深度融合生态系统的共生模式涉及产学研合作模式、利益分配及合作主体间合作密切程度等因素。按照产学研合作的松弛程度可将产学研合作模式划分为技术转让、委托研究、联合攻关、内部一体化、共建基地、共建实体等。产学研合作模式的选择是产学研合作能否成功的关键,产学研合作模式的选择应以产学研合作目标为导向,选择相应的合作模式,适应各主体的需要。收益在合作主体之间的分配情况会直接影响产学研合作的过程和绩效,因此合作主体应明确合作过程中的职责和义务,以此为基础进行利益分配,并随时根据合作实际情况调节利益分配,激励合作主体间成果创新和成果转化。合作主体间密切合作能推动产学研合作绩效的提高。

产学研深度融合生态系统的共生模式不是静态的组织形式,而是一个动态的过程。实现产学研深度融合,需要创新生态系统内部的企业、高校和科研院所、政府机构和中介机构间实现创新资源的有效流动与配置,而在此期间,创新生态系统内部创新主体需要经历一个长期反复的演化过程。企业是生态系统内各种创新资源的主要拥有者和创新利益的主要享有者,而创新生态系统内的高校和科研机构拥有人才、信息、科研成果等大量异质性创新资源,科研院所与企业间的互动可有效提高企业自身创新能力,从根本上促进创新生态系统整体创新能力与水平的提高。各创新主体通过创新生态系统的要素耦合机制,加速创新的扩散效应。

## 三、共生环境

1. 政策环境

政府在制定政策的过程中发挥了其宏观职能,为产学研深度融合营造了良好的政策环境。政府根据经济和社会发展的需要,对产学研合作机制进行规范,改变其不适应经济发展之处,对产学研合作的参与主体进行规范,使新机制更有利于产学研深度融合生态系统的高效运行。在协调机制运行方面,政府在产学研合作中拥有特殊的权力,同时占有最多的信息,能够保护产学研合作参与主体的合法权益,协调参与主体的行为,为产学研合作创造良好的环境,同时协调成果创新方和成果转化方的利益关系,使研发成果能尽快转化为生产力。在参与机制运行方面,作为产学研合作主体之一的政府具有公共性质,能发挥其作用弥补市场机制中的缺陷。在产学研合作的政策法规支持下,自主创新得到鼓励,产学研合作得到政策支持,具有更大的发展潜力。

2. 技术环境

技术环境包括现有的科技发展水平、科学知识存量和科技发展趋势等。第一,良好的技术环境能够推动产学研合作的开展和技术创新行为的发生。技术环境的情况,在一定条件下表现为科技发展环境建设的情况、专利数量及著作数量,良好的技术环境推动了良好的知识储备形成,加快了产学研合作技术创新的进程。第二,技术环境还作用于产学研合作技术创新成果转化能力及企业新产品研制和消化吸收能力,从而影响产学研合作的绩效。

3. 市场环境

产学研合作的最终目标是将创新成果转化为生产力,市场环境的优劣决定产学研合作最终效果的好坏。随着市场经济的发展,我国市场机制不断完善,市场在资源的配置中起决定性作用,激烈的市场竞争和消费者需求的快速变化要求企业开发更新的技术。市场环境的开放程度关系到技术市场成交合同的数量,从而影响产学研合作项目的数量;市场环境也决定最终产品的市场适应度,以及产学研合作为社会带来的生产力水平。因此,产学研合作应以市场环境为出发点,充分发挥技术市场和消费市场的潜力,使市场环境促进产学研深度融合发展的作用得到最大程度的发挥。

当前，我国的科技发展正在经历前所未有的变革与转型，科研体系从引进吸收、跟踪跟进阶段向加强基础研究、追求原始创新的自立自强阶段转型与跃升，这对创新生态系统内各主体、各要素从协同创新走向深度融合提出新的挑战和要求。共生理论在创新生态系统理论的基础上揭示了系统内各主体、各要素的共生关系，为产学研深度融合提供了理论支持。

## 参考文献

[1] 宋晶，高旭东，王一. 创新生态系统与经济增长的关系[J]. 技术经济，2017，36(12)：23-29.

[2] 杨玲丽. 共生理论在社会科学领域的应用[J]. 社会科学论坛，2010(16)：149-157.

# 打赢关键核心技术攻坚战的体系化思考

| 任声策

## 一、关键核心技术攻坚战的背景

党的二十大报告指出，以国家战略需求为导向，集聚力量进行原创性引领性科技攻关，坚决打赢关键核心技术攻坚战。关键核心技术突破是我国的重大战略需求，需要根据我国技术竞争力、技术复杂度等维度进行分类部署，必须"奔着最紧急、最紧迫的问题去"。

关键核心技术攻坚战，是在中美博弈的总体背景下展开的，中美博弈的核心已发展为科技竞争，成为关键核心技术攻坚战的主战场。

第一，中美博弈是全方位的持续竞争。中美博弈已在政治、经济、军事、科技、文化、外交、舆论等领域全方位、持续地展开，成为常态，是世界百年未有之大变局的重要组成部分，也是全球形势变化的"晴雨表"。自 2017 年特朗普政府上台以来，中美关系发生了历史性的重大变化，特朗普在"美国优先"主张下发起的中美贸易摩擦标志着中美战略竞争时代的开始[1]。美国传统对华关系中的"接触政策"的基本要素已被放弃，滑向"全面脱钩"模式[2]，出现"范式变化"，美国政府的中国政策、中国心态和对国家体系变动的认知和定义出现了重大变化和调整[3-4]。美国推动的"脱钩"战略不局限于经济领域，其是一套涵盖"退群""筑墙"甚至"脱交"的"组合拳"，目的是破坏现有国际秩序和国际规则、维护和巩固美国霸权[4]。拜登政府上台后，美国虽不再主张"全面脱钩"，但推行"小院高墙"精准打击[2]，国际制度竞争也是美国对华战略的重要组成部分，国际议题属性干扰、国际议程载体控制、国际制度身份排斥、国际制度规则替代是拜登政府开展对华制度竞争的基本行为逻辑[5]，这使得中美博弈更加白热化。中美全方位博弈是在中美关系时空背景变化、基本逻辑变化、发展基本样式变化，以及中国战略环境变化的背景下发生的，是一种"混合型竞争"[4]。竞争在利益目标上具有重大性，不仅事关消除美国霸权，实现中华民族伟大复兴，而且涉及西方和非西方关系的根本转变及整个世界力量体系的重构；竞争在时间上具有长期性，它可能会伴随百年未有之大变局与中华民族伟大复兴的全过程；竞争在范围上具有全面性，不仅是利益之争，而且是战略之争、权力之争、制度之争和意识形态之争；竞争在影响上具有全局性，其结局将决定百年未有之大变局的最终走势[4]。

第二，美国在其国内和国际不断成立新组织持续深化竞争。2022 年 12 月 16 日，美国国务院正式成立“中国事务协调办公室”，这是一个为了对付中国而成立的专门机构，坊间称其为“中国组”，就对付中国的问题为美国总统府和国会提供建议。在此之前，美国国防部和中央情报局已相继成立了专门针对中国的“中国任务中心”，美国国土安全部也成立了“中国工作组”。这些组织成立的目的是对中国进行全方位的遏制和打压，例如美国国土安全部的工作组侧重应对现存或新兴的跨领域的“中国威胁”，美国国防部的工作组侧重应对美国在军事安全领域及地缘战略方面所面临的“中国威胁”，而美国国务院的工作组侧重跨越不同的问题和地区来协调实施美国的对华政策。在国际上，美国与欧盟成立新的贸易和技术委员会，表面上是寻求为全球经济制定规则，促进关键技术的联合创新，实则是为了限制中国在人工智能和网络安全等领域的竞争力。2021 年，美国与英国、日本、澳大利亚和新西兰组成“蓝太平洋伙伴”(the Partners in the Blue Pacific)，目的是在太平洋地区对中国的发展形成限制。毫无疑问，中美战略博弈必将导致国际体系发生变动[4]。

第三，科技竞争是中美全面博弈的焦点。美国不断更新关键和新兴技术清单，欲精准遏制中国技术和产业竞争力。2022 年 2 月，美国国家科学技术委员会(National Science and Technology Council, NSTC)发布《关键和新兴技术清单》(*Critical and Emerging Technologies List*)，系对 2020 年 10 月发布的《关键技术和新兴技术的国家战略》(*National Strategy for Critical and Emerging Technologies*)的首次更新。2022 年发布的《关键和新兴技术清单》是美国科学技术政策办公室在美国国家科学技术委员会和美国国家安全委员会共同支持下，通过跨部门联合研究方式形成的。但是美国对其所采取的技术打压行动可能产生的自伤效果也非常警惕。当今各领域的全球化已经非常深入，特别是中美两个大国在科技和经济领域的关联度非常高，美国对中国机构的打压和遏制毫无疑问也会对其自身的发展造成显著冲击。因此，美国在制定相关清单或采取某些措施时力图精准，并强调会关注影响并及时进行动态调整。

## 二、打赢关键核心技术攻坚战的“五打”体系

面对“如何打赢关键核心技术攻坚战”这一重大问题，需要坚持“跳出攻坚战看攻坚战”“跳出‘技术’看‘技术’攻坚战”，层层分解设计研究框架。要根据“打赢”的逻辑，构建“打准—打对—能打—善打—稳打”体系：首先必须“打准”，即确定目标体系；其次要“打对”，即明确主攻方向、路径；接着要“能打”，即提升配置能力；然后是要“善打”，即激活能力，提升攻坚战效率；最后要“稳打”，即有序推进。该体系的逻辑架构如图 1 所示。

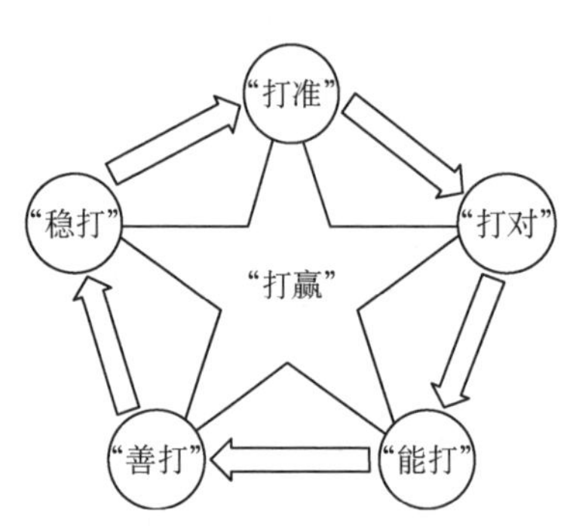


**图 1　打赢关键核心技术攻坚战的“五打”体系逻辑架构**

遵循管理的 PDCA[Plan（计划）、Do（实施）、Check（检查）、Act（处理）]基本理论逻辑，将“如何打赢”这一中心研究问题依次分解为“如何打准”“如何打对”“如何能打”“如何善打”和“如何稳打”。首先研究“如何打准”和“如何打对”，聚焦计划目标和方向；其次研究“如何能打”，聚焦组织力量部署；再次研究“如何善打”，聚焦领导激励机制；最后研究“如何稳打”，聚焦推进控制和系统优化。其中，“能打”和“善打”是关键核心技术攻坚战的决策力和执行力保障。

## 三、建立健全“攻坚战”组织队伍

组织队伍是攻坚战的战斗力基础，意味着“能打”攻坚战，是指在能力建设上对攻坚战形成充分的专门支撑，需要从党的领导到国家战略科技力量皆有对应部署，如同习近平主席主持军委工作以来多次强调的那样“召之即来、来之能战、战之必胜”。

首先，要建设领导指挥系统，从总体战—攻坚战角度设置领导决策力量。美国针对与我国的战略竞争已组建若干个国家级专门部门或委员会，这些新成立的部门内设有若干专门工作组，综合各个方面形成战略竞争方案。领导指挥系统是打赢关键核心技术攻坚战的“司令部”，必须尽快设置。一是设置总体战角度的领导指挥系统，二是建设攻坚战角度的领导指挥体系，三是明确攻坚战领导指挥系统与现有体制机制的关系。

其次，要强化部署战略科技力量，从攻坚战角度分析各战略科技力量的定位和建设。战略科技力量如同作战中的各兵种精锐部队，为了“能打”攻坚战必须部署好战略科技力量。一是明确各类战略科技力量定位与不同类型关键核心技术攻坚战重点任务的匹配关系，二是明确各类战略科技力量的能力发展方向与专门攻坚任务的结合模式，三是提出针对关键核心技术攻坚战的战略科技力量建设对策。

最后，要组建联合攻坚力量，从联合作战角度分析战略科技力量的协同攻关。联合攻坚力量如同联合作战部队，现代战争是混合战争，必须联合作战，战略科技力量之间必须协同才能强化攻坚能力，重点需要部署两类联合攻坚力量在攻坚战中的运用。一是创新新型举国体制在“补短板”和“锻长板”等不同类型关键核心技术攻坚战中的运用模式和适用情境，二是创新联合体在“补短板”和“锻长板”等不同类型关键核心技术攻坚战中的运用模式和适用情境，三是讨论其他可能的联合攻坚模式。

## 四、重塑激活机制

激活机制是作战组织的战斗力促进机制，意味着作战组织“善打”攻坚战，在“效率”和“效力”上更加卓越。重塑激活机制，需要做好推进评价体系改革、激发组织和人才活力、弘扬攻坚战创新文化等重点工作。

首先要建立新型评价体系。当前科技评价体系改革进展并不顺畅，该“破”的未“破”，该“立”的未“立”，人才“帽子”满天飞，解决科技难题有米无炊。“善打”关键核心技术攻坚战，无法离开新型评价体系支撑。一是需要建立适合“补短板”类关键核心技术攻坚战的评价体系，“补短板”研究成果具有“少”“慢”等特征，难以适应现有评价体系，无法调动创新主体的积极性，必须根据长期性特点、按照实际贡献进行评价；二是需要建立“锻长板”类关键核心技术攻坚战的评价体系，且与“补短板”应有明显差异，不能混同对待；三是建立与上述评价体系相适应的评价机制，同时倡导关键核心技术攻坚战的长期化。

其次要构建新型激励机制。当前激励机制对关键核心技术攻坚战的倾向性支持不足，需要在现有激励机制基础上进行优化。一是要从职业发展角度完善针对参与关键核心技术攻坚战科研人员的激励机制，在职称晋升、职业切换和职业培训等方面建立相应的职业发展机制；二是要从精神荣誉角度完善参与关键核心技术攻坚战科研人员的激励机制，在各级奖项设置、人才荣誉设置中单列

“攻坚战”贡献类，可适度参照军队的部分荣誉制度；三是要通过专项津贴、产品及金融市场，为关键核心技术攻坚战工作者及其成果发展提供资金和市场支持。

最后要塑造和推广关键核心技术攻坚战创新文化。文化具有强大号召力和深远影响力，关键核心技术攻坚战需要研究塑造并推广“攻坚战”创新文化。一是要围绕关键核心技术攻坚战，特别是“卡脖子”困境，面对“特朗普—拜登时代”，弘扬“保卫战”文化，调动科研人员参与关键核心技术攻坚战的热情，发扬主人翁精神；二是要强化科学家精神，特别是爱国精神和专业精神，从事“补短板”“锻长板”研究需要有家国情怀，需要有为国家富强、民族振兴而艰苦奋斗的精神；三是要强化榜样力量，及时塑造关键核心技术攻坚战中的榜样并宣传推广。

## 参考文献


[1] 门洪华. 关于中美战略竞争时代的若干思考[J]. 同济大学学报(社会科学版)，2021，32(2)：20-30.

[2] 黄日涵，高恩泽. “小院高墙”：拜登政府的科技竞争战略[J]. 外交评论(外交学院学报)，2022，39(2)：133-154，8.

[3] 朱锋. 贸易战、科技战与中美关系的“范式变化”[J]. 亚太安全与海洋研究，2019(4)：1-14.

[4] 时殷弘，唐永胜，倪峰，等. 中美关系走向与国际格局之变(名家笔谈)[J]. 国际安全研究，2020，38(6)：3-38，153.

[5] 杨慧. 拜登政府对华制度竞争的逻辑路径与结构效应[J]. 东北亚论坛，2023，32(1)：44-59，127.

# 新型研发机构功能定位与布局模式的匹配机制及对策建议

| 陈永恒　苏涛永　邵鲁宁

我国当前处于科技革命与经济增长动能转换的重要战略机遇期，这对科技创新组织范式变革提出了更高的要求。2016 年中共中央、国务院印发《国家创新驱动发展战略纲要》，国务院印发《"十三五"国家科技创新规划》，提出"发展面向市场的新型研发机构"，2019 年科学技术部印发《关于促进新型研发机构发展的指导意见》，进一步明确和规范了新型研发机构的功能定位与运行管理。作为一种新型科技创新组织范式，新型研发机构积极适应当前科学研究范式的变革趋势，以通过科技创新解决问题和满足需求为导向，具有投资主体多元化、管理制度现代化、运行机制市场化、用人机制灵活等特征，通过从事科学研究、技术创新和研发服务，以期实现加速创新融合过程、提高创新协同质量、提升创新成果转化效率的目的，逐渐成为国家创新体系中的重要力量。

## 一、新型研发机构的布局模式和发展挑战

新型研发机构是对传统科研机构所遵循的"线性科研模式"的变革和突破，其包含事业单位、学研机构、企业、投资机构等多元主体，既可以面向特定领域和方向新建设立，也可以依托高校、科研机构、重点实验室、工程研究中心等开展的体制机制和治理模式创新转型而成立[1]。经过多年的实践探索，我国各省(自治区、直辖市)为了支撑经济和产业发展，建立了大量采用新的组织和运行方式的研发机构，形成了学研主导型、企业主导型、多主体共建型等新型研发机构布局模式。大多数模式的新型研发机构在组织属性上存在一定的共性，具有"三无四不像"的特点，"三无"即无级别、无经费、无编制，"四不像"即不完全像大学、不完全像科研院所、不完全像企业、不完全像事业单位。同时，不同布局模式的新型研发机构在运营机制、创新模式、治理结构与功能定位等方面各具特色。

虽然有组织方式、合作模式上的创新，新型研发机构的持续发展还是面临着

一些挑战。总体而言,很多新型研发机构的布局模式只是对传统研发主体的简单组合或增量补充[2],难以激发多学科知识和技术交融激荡,难以快速开展概念验证、技术熟化和产品开发迭代,未能实现主体之间的高效协同与深度融合,制约了其可持续发展。具体而言,不同布局模式的新型研发机构存在不同的痛点。学研主导型布局模式的新型研发机构对市场机制的关注度较低,研发动力不足,降低了技术研发效率与成果转化效率。企业主导型布局模式的新型研发机构创新基础薄弱、创新固定设备的投入意愿及能力有限,限制了技术的实质性突破。多主体共建型布局模式的新型研发机构存在创新协同效率低下、决策制定困难等问题。

## 二、新型研发机构功能定位和布局模式的匹配机制

充分发挥不同新型研发机构布局模式的优势、规避其劣势,是新型研发机构模式创新及可持续发展的前提。在模式布局之初,应考虑新型研发机构功能定位与模式特征的匹配性[3]。新型研发机构的总体功能包括科技研发、成果转化、产业孵化、企业培育、投资服务,具有多元化和集成化的特点,这有助于强化基础研究与应用研究之间的有机联系,解决各主体之间连接不足的问题。但是,新型研发机构参与主体的多样性可能导致有限科技创新资源分散,无法形成特色和优势,因此新型研发机构在功能定位上应有一定的侧重[3]。

基于创新链的理论视角,新型研发机构的功能定位是实现从基础研究到成果转化及产业化再到市场化应用的贯通集成,三者分别对应创新链“从 0 到 1”“从 1 到 10”和“从 10 到 N”的三个环节[4]。各环节之间的运转依托各创新主体之间的有效协同、任务布局的合理化和各类战略科技力量的有序分工,从而实现“有组织的科研”。

从三大环节出发,依次匹配新型研发机构的功能定位和布局模式。在创新链的研发环节,新型研发机构的功能定位应以基础研究为主,从而推动创新链“从 0 到 1”的基础研究突破和关键核心技术攻关,学研主导型布局模式以研发活动为主要目的,注重原始创新、攻克“卡脖子”技术,能更好地匹配这一功能定位。在创新链的转化环节,新型研发机构的功能定位应侧重科技转化,推动“从 1 到 10”的科研成果转化,与多主体共建型布局模式的匹配性更高。在创新链的应用环节,新型研发机构的功能定位应侧重成果应用与溢出,企业主导型布局模式以市场化为导向,可以打通科研与市场间的“快车道”,将科研成果快速推向市

场应用，实现“从 10 到 N”的创新成果产业化（表 1）。

**表 1 新型研发机构功能定位和布局模式的匹配机制**

| 创新链环节 | 功能定位 | 布局模式 |
| --- | --- | --- |
| 研发（“从 0 到 1”） | 基础研究和应用基础研究 | 学研主导型 |
| 转化（“从 1 到 10”） | 成果转化及产业化 | 多主体共建型 |
| 应用（“从 10 到 N”） | 市场化应用 | 企业主导型 |

## 三、新型研发机构功能定位和布局模式的对策建议

在新型研发机构“布局、培育、运行、评估”的建设过程中，地方政府作为政策供给方发挥了重要的引导与保障作用。基于上述分析，谨向地方政府提出如下建议。

（1）在新型研发机构布局之前，地方政府应当结合当地市场创新需求，明确新型研发机构的功能定位，强化创新链条的薄弱环节。此外，地方政府应统筹管理区域各类创新资源禀赋，适当引进创新主体，选择并打造与当地创新生态特征相匹配的布局模式。例如，上海国际科技创新中心建设需要面向国家战略需求、世界科技前沿和上海高质量发展目标，建设一批由顶尖人才领衔的具有国际影响力的高水平新型研发机构。

（2）在新型研发机构布局之初，地方政府应发挥规划设计、制定规章制度、协调各产学研主体等的战略引导作用。围绕创新功能的实现，适应当前科学研究范式变革的趋势特征，积极探索新型研发机构的建设运行机制和科研组织模式，有针对性地调整和创新相关体制机制，解决可能存在的制度阻碍，提高关键技术攻关和产业共性技术研发的效能。

（3）在新型研发机构布局过程中，地方政府可以不断探索多层级、多类型的布局模式。结合区域创新特色，探索多元创新主体深度融合的体制机制，推动新型研发机构深化与高校、科研院所和企业的产学研合作，更高效地打通融合堵点。

（4）在新型研发机构布局完成后，地方政府可以通过提供资金投入、政策引导和公共服务，为新型研发机构建设中的产学研合作、成果转化、科研人员成长等提供保障。支持新型研发机构打造一流创新事业平台，引进、培养和集聚更多优秀人才，进一步激发人才队伍创新活力。

## 参考文献

[1] 江利红. 上海新型研发机构管理体制与机制创新研究[J]. 科学发展,2023,175(6):5-13.

[2] 陈良华,何帅,李宛. 新型科研机构的本质特征与运行机制[J]. 江苏社会科学,2023,328(3):148-158,243-244.

[3] 于贵芳,胡贝贝,王海芸. 新型研发机构功能定位的实现机制研究——以北京为例[J]. 科学学研究,2024,42(3):563-570.

[4] 郭栋,曲冠楠. 面向高水平科技自立自强的新型研发机构布局模式研究——基于创新链管理的视角[J]. 科学学与科学技术管理,2023,44(7):21-32.

# 上海国际科技创新中心建设

# 科创板发展与上海独角兽企业培育

| 任声策

2019 年 7 月，科创板在上海证券交易所启动，截至 2023 年 2 月，已有 504 家公司在科创板成功注册上市。作为资本市场的改革"试验田"，科创板促进了科技和资本深度融合，加强了科技、资本、产业高水平循环，在培育符合国家战略、突破关键核心技术、市场认可度高的科技创新企业方面取得了显著进展。科创板上市企业表现出了明显的科技创新特征，可以为独角兽企业培育提供启发。

## 一、科创板上市企业特征与效果

### 1. 科创板上市企业的科创特征明显

科创板已在新一代信息技术、高端装备、生物医药、新材料、新能源及节能环保六大战略性新兴产业集聚一大批科技创新企业。目前，科创板的新一代信息技术和高端装备领域企业均超过 100 家，在集成电路产业链上已汇聚 80 多家企业，数量约占 A 股同行业公司数量的六成，在生物医药领域有 107 家企业上市，成为除美国、中国香港外全球主要上市地和集聚地。科创板上市企业受到市场高度认可，科创板市场平均市盈率明显高于主板市场(表 1)。

**表 1　科创板与主板概览**

| 品种名称 | 上市公司(家) | 上市股票(只) | 总资本(亿股) | 流通股本(亿股) | 总市值(亿元) | 流通市值(亿元) | 平均市盈率(倍) | 平均市值(亿元) |
|---|---|---|---|---|---|---|---|---|
| 股票 | 2 180 | 2 219 | 47 827.98 | 42 650.46 | 491 285.78 | 422 825.57 | 13.5 | 225.36 |
| 主板 | 1 676 | 1 715 | 46 078.63 | 41 831.16 | 426 351.63 | 390 913.35 | 12.22 | 254.39 |
| 科创板 | 504 | 504 | 1 749.35 | 819.3 | 64 934.15 | 31 912.22 | 48.89 | 128.84 |

科创板上市企业体现出坚持"四个面向"(面向世界科技前沿、面向经济主战场、面向国家重大需求、面向人民生命健康)、加强金融支持科技创新的特点。据

上海证券交易所信息，科创板上市企业中，约97%的企业在上市前获得了创投机构投资，平均每家获投约9.3亿元。可见，科创板打通了创投基金投资科技创新企业的“募、投、管、退”全环节，疏通了堵点，带动了创投公司投资拟上市企业。

在科创板的支持下，一大批科技型企业家在前沿技术、关键技术突破、国产替代方面取得了一批主要成果。据上海证券交易所信息，平均每家科创板上市企业拥有发明专利120项，科创板上市企业牵头或者参与的项目获得国家科学技术进步奖、国家技术发明奖等累计84项重大奖项，超五成企业的产品或研发项目瞄准或实现进口替代。六成科创板上市企业的创始团队为科学家、工程师等科研人才或行业专家，超过120家科创板上市企业的实控人拥有博士学位，近五成科创板上市企业参与国家重要科研专项。

2. 科创板上市企业成长性强

科创板上市企业表现出比主板上市企业更加强劲的成长能力。据上海证券交易所信息，2022年上半年，科创板上市企业共实现营业收入5 195亿元，同比增长33%；实现归母净利润586亿元，同比增长20%；实现扣非净利润502.33亿元，同比增长29%。科创板上市企业中，70%以上企业营收增长，85家企业营收增长50%以上，50%以上企业归母净利润实现增长，107家企业净利润增长50%以上。同期沪市主板上市企业共实现营业收入24.77万亿元，净利润2.33万亿元，扣非净利润2.24万亿元，同比分别增长9%、6%和8%，可见科创板上市企业扣非净利润增长率远高于主板上市企业。

科创板上市企业的科技创新能力持续增强。据上海证券交易所信息，2022年上半年，沪市主板实体企业合计研发支出约2 851亿元，同比增长14%。科创板上市企业研发投入金额合计达460.54亿元，同比增长20%，研发投入占营业收入比例平均为17%，63家企业研发投入强度在30%以上，新增发明专利超4 800余项。如澜起科技2023年率先试产DDR5第二子代RCD芯片，在DDR5世代继续领跑。上海电气风电集团股份有限公司研发的S112超长海上风电叶片顺利下线，是目前国内最长海上风电叶片，标志着该企业迈上了海上风机大风轮时代的新台阶。以上数据及实例表明，科创板的创新支持力度较大。

3. 上海科创板上市企业表现突出

科创板对上海科创企业发展的支持效果明显。截至2022年年底，上海市共有79家科创板上市企业，数量仅略少于江苏省和广东省。上海市的科创板上市企业中，浦东新区有44家，数量占一半以上，其次是闵行区和嘉定区，分别有

9 家和 5 家，主要集中在新一代信息技术、生物医药和高端装备行业，与上海市重点产业规划一致，体现出上海的产业优势（表 2）。

**表 2　上海市科创板上市企业分布**

| 地区 | 总数（家） | 新一代信息技术（家） | 生物医药（家） | 高端装备（家） | 新材料（家） | 节能环保（家） | 新能源（家） |
|---|---|---|---|---|---|---|---|
| 奉贤区 | 3 | — | 2 | — | 1 | — | — |
| 虹口区 | 1 | 1 | — | — | — | — | — |
| 黄浦区 | 2 | 1 | 1 | — | — | — | — |
| 嘉定区 | 5 | 1 | 2 | — | 2 | — | — |
| 金山区 | 1 | 1 | — | — | — | — | — |
| 静安区 | 1 | 1 | — | — | — | — | — |
| 闵行区 | 9 | 2 | 2 | 4 | — | 1 | — |
| 浦东新区 | 44 | 20 | 18 | 4 | 1 | — | 1 |
| 青浦区 | 2 | 1 | — | 1 | — | — | — |
| 松江区 | 4 | 1 | 1 | 1 | 1 | — | — |
| 徐汇区 | 3 | 2 | — | 1 | — | — | — |
| 杨浦区 | 4 | 2 | 1 | — | — | 1 | — |
| 合计 | 79 | 33 | 27 | 11 | 5 | 2 | 1 |

注：数据截至 2022 年 12 月 31 日。

上海市科创板上市企业的科创能力更加突出。根据任声策课题组编制的《锐科创 2022——2022 年科创板上市公司科创力排行榜》①，科创板上市企业科创力排名前 100 位的企业中，上海市有 21 家（参与排行企业 60 家），数量位居全国省级之首，其中信息技术行业 14 家、生物医药行业 5 家，数量亦为全国领先，广东省有 18 家（参与排行企业 62 家），北京市有 16 家（参与排行企业 50 家），江苏省有 14 家（参与排行企业 75 家）。根据任声策课题组编制的《2021 年科创板上市公司科创力排行榜》②，北京市、上海市科创板上市公司总体科创力在全国处于领先位置。就上海而言，在六大行业科创力排行前十位的企业中，上海企业

① 见陈强，邵鲁宁．创新生态与科学治理——爱科创 2022 文集［M］．上海：同济大学出版社，2023．

② 见陈强，邵鲁宁．创新生态与科学治理——爱科创 2021 文集［M］．上海：同济大学出版社，2022．

共占据 11 家(占 1/6),并在三个行业排行榜中位居首位(占 1/2),在各行业排行榜前三位中共出现 5 次(占 5/18),且在六大行业中均有入榜,优于其他地区。

## 二、科创板发展对上海培育独角兽企业的启示

科创板积极响应了国家战略需求。在百年未有之大变局中,我国需要立足新发展阶段、贯彻新发展理念、构建新发展格局、推动高质量发展,要"坚持创新在现代化建设全局中的核心地位,把科技自立自强作为国家发展的战略支撑",需要加强金融对科技的支持。

科创板在新股发行审核中高度关注申请企业的科创属性,提出了科创属性的具体判断依据,并不断更新。2020 年 3 月 20 日,中国证券监督管理委员会在总结前期审核注册实践的基础上研究出台了《科创属性评价指引(试行)》;2021 年 4 月 16 日,中国证监会对《科创属性评价指引(试行)》做了修改,聚焦支持"硬科技"的核心目标,突出实质重于形式,形成"4＋5"的科创属性评价指标;2022 年 12 月 30 日,中国证监会又对《科创属性评价指引(试行)》做了进一步修改。上海证券交易所在科创板企业上市申请审核过程中,在科创属性及财务、合规等方面对企业进行严格审核问询,确保科创板定位的实现。

科创板成立以后,各地纷纷推出科创企业上市奖励、服务和政策支持举措。安徽省率先明确对登陆科创板的企业给予资金补贴,提出"对在科创板等境内外证券交易所首发上市民营企业,省级财政分阶段给予奖励 200 万元"。对于拟在科创板上市的高新技术企业,江苏省财政分阶段逐渐加大比例给予总额 300 万元以内的资金补助。北京市、上海市等地也推出类似奖励政策。各地服务和支持举措逐渐加强,如:2020 年,江苏省南京市、徐州市、南通市、连云港市、淮安市、盐城市、扬州市、镇江市、泰州市和宿迁市联合上海证券交易所成立科创板企业培育中心(南京),为江苏省政府部门和科创板拟上市企业提供专业、精准服务;2021 年,浙江省股权交易中心与嘉善县人民政府共同发起的长三角一体化示范区科创企业上市培育中心成立;2022 年,上海市浦东新区设立科创板拟上市企业知识产权服务站等。

科创板的发展对上海培育独角兽企业主要有以下五个方面的启示。

一是在培育独角兽企业的过程中要把科技创新放在核心位置。科创板所强调的科创属性,不仅反映了科创板定位,更反映了国家战略需求,即我国需要加快实现高水平科技自立自强。立足新发展阶段、贯彻新发展理念、构建新发展格

局、推动高质量发展，是当前培育独角兽企业必须遵循的原则。因此，未来的独角兽企业必将拥有更加突出的核心技术优势，在关键技术突破上表现得更加明显。从这个角度而言，培育专精特新企业比培育独角兽企业更重要，未来独角兽企业更有可能在专精特新企业中产生，培育专精特新企业相当于培育独角兽企业。《中国企业报》报道的独角兽企业数据显示，2022 年新晋独角兽企业新能源、清洁技术、医药、生命科学技术创新特征显著，故培育独角兽企业更应关注技术创新含量高的高成长科技企业。科创板上市的独角兽企业(如联影医疗、澜起科技等)也是科技创新能力突出的企业。

二是在培育独角兽企业的过程中要注意培育能力成长比培育市值增长更重要。培育高能力的高成长企业比培育高市值的独角兽企业更重要，也更有意义。独角兽企业的定义关注市值，但是科创板更注重企业的能力和成长性。科创板上市企业的能力培育重点应是技术创新能力和产品开发、市场开拓能力。数据显示，截至 2023 年 1 月 31 日，科创板 504 家企业市值合计 6.32 万亿元，平均市值 125.4 亿元，中位数为 66.34 亿元，市值不足百亿元的有 328 家，占大多数，即多数科创板上市企业市值未达到独角兽企业规模，但这些企业有良好的科创能力和成长能力。

三是产业方向选择中独角兽企业培育应瞄准重点优势产业、新兴技术产业和未来科技产业。据《2022 中国潜在独角兽企业研究报告》数据，中国潜在独角兽企业分布于 39 个赛道，创新药、集成电路、数字运营、人工智能、体外诊断、医疗器械 6 个赛道集聚近五成中国潜在独角兽企业，独角兽企业正在引领新赛道发展，上海市潜在独角兽企业则主要分布在上海市重点发展产业领域。如今新一轮科技革命和产业革命愈演愈烈，必然将催生一大批未来领先企业。特别是 2022 年上海市人民政府发布《上海打造未来产业创新高地发展壮大未来产业集群行动方案》，支持未来产业集群发展，成为培育独角兽企业的重要方向。

四是在培育独角兽企业科技创新方面，应兼顾“前沿”和“替代”两个方向，注重关键科技人才和团队的挖掘、支持、培育。鉴于我国大规模市场优势，以及加快构建新发展格局所需，“前沿”技术和“替代”技术两种类型的企业都是科创板的重点支持对象。培育“前沿”技术独角兽企业需要关注其技术的国际领先性和竞争力；培育“替代”技术独角兽企业则需要关注其技术的自主替代能力，培育其为我国产业链自主可控作贡献。无论何种技术，重点在人才和团队，科创板上市企业的特征表明，高层次科技人才队伍、高水平科技成果支撑的科创企业更有可能获得科创板支持。因此，相关企业培育需要注重拉长链条，从科技创新的源头，从科技人才队伍中挖掘、培育。

五是在培育独角兽企业的过程中需要加强知识产权和合规指导。对企业科创板上市申请审核过程的资料分析表明，科创属性和财务合规性审查是重点，科创企业在快速发展的过程中，容易在这些领域投入精力不足，导致在这些领域存有瑕疵，影响上市审核进程。科创属性审核问题在知识产权方面表现得尤其突出，鉴于科技型独角兽企业的核心技术优势，需要在知识产权布局、知识产权运用和维护方面尽早部署，化解知识产权风险。当前一些科创板上市企业培育政策中对此有所重视，但要切实将科创企业的核心技术优势转化为科创企业的知识产权能力，需要相关各方秉持上述理念，持续精进。

# 上海和深圳未来产业规划的对比分析

| 刘　笑　黄欣彤

党的二十大报告提出，要建设现代化产业体系，推动战略性新兴产业融合集群发展，构建新一代信息技术、人工智能等一批新的增长引擎。未来产业是以满足人类和社会未来发展需求为目标，以颠覆式创新科技或前瞻性创新科技等为手段，能够影响全球未来经济社会变迁的关键新兴产业，对构建现代化产业体系具有至关重要的作用。作为改革开放排头兵，上海和深圳分别发布了未来产业专项规划，分别为《上海打造未来产业创新高地发展壮大未来产业集群行动方案》(以下简称"行动方案")和《深圳市培育发展未来产业行动计划(2022—2025年)》(以下简称"行动计划")。二者均全力打造具有世界影响力的未来产业创新高地，致力于构建面向未来的现代化产业体系。通过对上海和深圳的分析，发现二者均是通过多维施策加快构建未来产业创新生态系统，但从支持举措来看，二者在未来产业布局重点和培育阶段、人才引育和对象、资金支持方式、开放合作的思路四大方面存在差异。

## 一、上海和深圳布局相同点分析

上海和深圳均通过多维施策加快构建未来产业创新生态系统。要实现未来产业的引领性发展，不能只靠单点的技术突破，必须全面构建各类创新要素充分流动和高效配置的创新生态系统。推动产业创新生态系统架构形成与持续演进，政府在其支撑体系中扮演着重要角色。上海和深圳正是基于这一思路在人才、资金、合作等多维度施策，推动建立政府、高校、企业、市场等多元主体协同发展的创新生态系统，通过激发创新生态系统内各要素的活力与作用，集中精力有重点地攻破关键性、前沿性技术及加快创新成果转化，加快形成动态共生、可持续发展的未来产业创新生态系统。

## 二、上海和深圳布局差异性分析

### 1. 布局重点和培育周期有所差异

由于上海和深圳在创新资源禀赋、城市特色等方面存在差异，因此，二者未来产业规划布局的侧重点也有所不同。深圳提出未来聚焦合成生物、区块链、细胞与基因、空天技术、脑科学与类脑智能、深地深海、可见光通信与光计算、量子信息这 8 大细分领域，上海则表示未来要在未来健康、未来智能、未来能源、未来空间和未来材料这 5 大方向的 16 个细分领域进行布局（表 1）。除此之外，二者在未来产业培育周期上也有所差异，深圳以 2025 年为发展节点制定培育规划，上海的未来产业布局则较为长远，分别提出 2030 年和 2035 年的阶段性发展目标。

**表 1　上海和深圳未来产业布局重点**

| | 上海 | 深圳 |
|---|---|---|
| 未来健康领域 | 脑机接口<br>生物安全<br>合成生物<br>基因和细胞治疗 | 合成生物<br>细胞与基因 |
| 未来智能领域 | 智能计算<br>通用 AI<br>扩展现实（XR）<br>量子科技<br>6G 技术 | 可见光通信与光计算<br>量子信息<br>脑科学与类脑智能<br>区块链 |
| 未来能源领域 | 先进核能<br>新型储能 | — |
| 未来空间领域 | 深海探采<br>空天利用 | 空天技术<br>深地深海 |
| 未来材料领域 | 高端膜材料<br>高性能复合材料<br>非硅基芯材料 | — |

### 2. 引育人才的方式和对象不同

人才是未来产业可持续发展的基本保障和关键力量源泉。从引育人才的方式来看，上海提出以面向全球的“揭榜挂帅”项目吸引创新型人才，通过充分赋予科学家自主权和决策权，为其营造自由探索的良好氛围；而深圳则提出通过加大青年科技创新奖的奖励力度来直接吸引和培育人才，旨在通过提高科技奖励比例，释放青年科研人才的创造力，为未来产业的发展做好人才支撑。科技创新奖是深圳一直以来非常重视的科技奖项，《深圳市科技创新奖励办法实施细则》持续修订完善，专门设置的深圳市科学技术市长奖极大地鼓舞和激励了青年人才。从人才引育的对象来看，深圳提出要重点引进青年人才，上海则表示全面吸纳创新型人才。上海作为国际型大都市，明确提出要引进全球顶尖科技型人才和团队，主要通过举办全球性创新大赛、未来产业大赛来筛选人才，通过跟踪创新成果来培育未来产业创新型人才。

3. 资金支持方式不同

发展未来产业集群，构建现代化产业体系，离不开资金的支持，只有拥有足够的资金并将其合理配置，发挥其最大效用，才能促进产业高质量发展。上海和深圳在资金支持方式上有所差异：上海提出要探索设立市场主导的未来产业引导基金，鼓励金融机构开展产品和服务创新；深圳则提出要建立市科技研发资金和政府引导基金、天使投资引导资金等多项金融资本联动的投入机制。上海强化产业基金投资引导功能，同时鼓励各区对引进重要项目的产业基金给予支持，通过充分发挥市场主导作用引领未来产业集聚。相较于上海采用市场主导的引资方式，深圳更强调政府、金融机构、社会等多主体联动，不仅注重发挥政府的牵头作用，而且注重提升社会资金在未来产业培育中的参与度，将有效激发各类市场主体的活力和推动未来产业的发展进程。

4. 构建开放合作的思路不同

上海和深圳为了推动未来产业创新生态系统架构的形成，均秉持开放包容的思路加强合作交流。不同的是，深圳注重构建现代化的科技创新型城市，重视本地创新要素的高效配置，注重本地合作网络的构建，通过建立创新合作区，设立核心承载区，布局公共技术服务平台、技术创新中心等基础设施，鼓励龙头企业牵头组建“创新联合体”、高校与企业建立紧密合作等推动市内资源合理配置，推动未来产业协同发展；而上海则更加注重构建一个全球性、开放包容的创新网络生态体系，提出要加强国际创新协作，布局一批海外技术转移转化网络节点、国际技术转移和创新合作中心等新型基础设施，提出未来将继续举办全球未来产业大赛，以更好地引进国际科技型人才、创新型团队和企业。上海秉持全球视野推进未来产业创新生态系统的构建，进一步拓展了创新资源要素的获取范围，可以更好地支撑未来产业高质量发展。

通过对上海和深圳未来产业规划的对比分析，我们发现上海和深圳均基于城市特色和产业基础布局未来产业，立足长远、适度超前、多轮驱动对未来产业发展做出科学部署，充分发挥政府在未来产业创新生态系统形成和演化过程中的作用，针对未来产业各领域的不同特点及所处不同发展阶段对多元创新主体精准施策，聚焦人才、资金、平台等核心要素支持，瞄准未来产业核心技术攻关、企业创新能力提升、产业链关键环节培育等加大支持力度，激发各项资源合理配置，加快构建未来产业创新生态系统。

# “环同济”的“致广大”与“尽精微”

| 陈　强

在某种意义上，环同济知识经济圈（以下简称为“环同济”）是简略版的区域创新体系，或是缩微版的国家创新体系。在这片约 2.6 平方公里的土地上，不断上演着知识生产方式的迭代升级、知识传播与扩散的界面更新、知识转化为生产力的路径变迁，以及区域创新生态的蝶变进化。同济大学作为区域经济增长和社区治理创新的主要策源地，相关优势学科在需求侧的高频刺激下，获得了长足进步的机会和融合发展的空间。“三区融合，联动发展”是“环同济”多年来发展取得的重要经验，杨浦区人民政府与同济大学不等不靠，紧密配合，联手制定总体发展规划纲要，以政策引导、环境优化、载体供给、促进主体间交流互动为抓手，主动破除大学校区、科技园区和居民社区之间各种有形或无形的障碍，推动人才培养、学术研究、成果转化、创业孵化、衍生企业培育的衔接和贯通，企业、人才、技术、资本及各类功能性资源闻风而动，鱼贯而来，知识密集型服务业发展的创新生态和社会氛围悄然形成。“环同济”区域总产出从 2005 年的 50 亿元增加到 2022 年的 557 亿元，增速十分可观。同济大学的土木工程、城乡规划、环境科学与工程、管理科学与工程、设计学等学科也在高强度的“望闻问切”式学科实践中蒸蒸日上。

当前，全球经济面临“需求收缩、供给冲击、预期转弱”的三重压力。“环同济”也不例外，知识需求侧正在经历变化，从旺盛到衰退再到重新腾飞前的彷徨踯躅，知识供给侧也在承受凤凰涅槃式的转型阵痛。谋划未来发展，“环同济”既要注意战略上的“致广大”，也要兼顾治理上的“尽精微”。

战略上的“致广大”主要指向两个方面。一是要面向未来。“环同济”过去一个时期的发展得益于高速的城市（镇）化进程，持续 40 多年，平均每年约 1 个百分点的城镇化率增幅是“环同济”爆发式增长的强劲动力。可以认为，知识生产的质量和效率，以及其潜在的市场空间是“环同济”未来发展的关键核心要素。在新一轮科技革命和产业变革中，“环同济”既要在数字化、智能化、绿色化浪潮推动下，开启城市建设与发展相关学科建设的新篇章，也要密切关注人工智能、大健康、智慧交通、新材料、新能源等新兴领域的基础前沿问题，着手进行学科发展的前瞻性布局，充分考虑学科交叉和交叉学科建设，为学科新增长点的涌现创造更多的可能性。二是要放眼世界。无论是知识创造，还是产业创新，都需要与外部世界保持高水平、高效率的要素和能量交换。同济大学一直以来高度重视国际交流与合作，在科学研究和人才培养方面，与众多海外名校开展广泛且深入的合作。“环同济”企业在对接国内市场需求方面表现不凡，接下来还要主动融入国际市场，与全球高端需求紧密互动，进一步释放产业能量，在高端知识密集型服务业领域打造中国品牌。

治理上的“尽精微”则有三层含义。一是要注意“有为政府”与“有效市场”的结合。“环同济”缘起于旺盛的市场需求，成就于地方政府与高校、企业的协同治理，以及地方政府与高校、企业适时适度的干预。因此，必须不断深化对“环同济”未来主导产业技术逻辑和市场逻辑的认识，建构更具科学性的治理逻辑。二是要尊重科学研究规律和市场主体成长规律，探索科学研究范式、科技创新模式、科研组织形式转型升级的方向和节奏，在政策设计和制度安排上作出有效响应，为其提供更有针对性的支撑条件，营造适宜的微观创新生态和产业生态。三是要密切关注需求侧的结构特征和趋势性变化。例如，“环同济”所处的杨浦区属于上海中心城区中的老工业区，老旧公房和老龄人口高度集中，适老化设施及服务体系建设相对滞后，与不断加快的老龄化进程存在一定程度的脱节。“环同济”企业应关注这一矛盾日益加剧的社会现象，依托同济大学相关学科的研究力量，开发面向中心城区深度老龄化群体的适老化设施及服务集成解决方案，在满足老年人日益增长的美好生活需要的同时，赢得“银发经济”之商机。

“致广大”而“尽精微”，在战略高度和治理精细度上做好文章，一定可以让“环同济”学科与产业起飞，为上海国际科创中心建设作出新的贡献。

# 科学研究、人才培养与成果转化

# 新型研究型大学发展的若干关系思考

| 蔡三发

2020 年 9 月，习近平总书记在科学家座谈会上指出，要加强高校基础研究，布局建设前沿科学中心，发展新型研究型大学。2021 年 3 月，《中华人民共和国国民经济和社会发展第十四个五年规划和 2035 年远景目标纲要》发布，提出要强化国家战略科技力量，“支持发展新型研究型大学、新型研发机构等新型创新主体，推动投入主体多元化、管理制度现代化、运行机制市场化、用人机制灵活化”。新型研究型大学自提出以来，一直广受关注，在实践方面的探索不断推进，相关研究和讨论众说纷纭。本文尝试分析新型研究型大学发展的若干关系。

## 一、传统研究型大学与新型研究型大学

新型研究型大学的“新”不是建立时间“新”，而主要是发展模式“新”和发展内涵“新”。不管是成立已久的研究型大学，还是新成立的研究型大学，如果相较于传统研究型大学发生了一定程度的局部的组织创新及体制机制创新，我们都可界定其正向“新型研究型大学”转型发展。因此，新型研究型大学既包括中国科学院大学、南方科技大学、上海科技大学、香港科技大学（广州）、西湖大学等新兴的研究型高校；也包括在组织创新和体制机制创新转型后具备了新型研究型大学特征的“传统”研究型高校，例如成立上海自主智能无人系统科学中心的同济大学、建设中国西部科技创新港的西安交通大学、成立国际联合学院的浙江大学等。

基于以上认识，笔者总结了传统研究型大学和新型研究型大学在时代特征、学科发展、人才培养、科技创新、社会服务等方面的不同发展特点，如表 1 所示。

**表 1　传统研究型大学与新型研究型大学特点比较**

| 类别 | 传统研究型大学 | 新型研究型大学 |
| --- | --- | --- |
| 时代特征 | 传统知识生产 | 新一轮科技革命 |

（续表）

| 类别 | 传统研究型大学 | 新型研究型大学 |
| --- | --- | --- |
| 学科发展 | 学科分野 | 学科交叉融合 |
| 人才培养 | 教学与科研结合 | 科教融合 |
| 科技创新 | 传统学科知识加工 | 信息、生命等前沿领域创新 |
| 社会服务 | 服务经济社会发展 | 服务国家重大战略需求 |

持续创新应是新型研究型大学的灵魂，新型研究型大学不会只有一种发展模式或者保持一种发展形态，只有持续创新，才能更好地适应时代和社会的要求，保持“新型”的发展状态。

## 二、新型研究型大学的教学、科研与服务

尽管新型研究型大学的提出更多基于科技创新发展的需求，与加强基础研究、实现“卡脖子”科研与技术难题的突破、打造国家战略科技力量等国家重大战略需求紧密相关。但是，毫无疑问，新型研究型大学是教育、科技、人才的重要结合点，新型研究型大学的人才培养、科学研究、社会服务等职能是紧密融合且相互作用的。

新型研究型大学必须面向现代化、面向世界、面向未来，坚持“科技是第一生产力、人才是第一资源、创新是第一动力”，聚焦前沿学科领域与重大科学问题，以高水平科学研究为拉动力，依托高水平的科研平台，集聚高层次教师和优秀学生，强化科教融合、产教融合，更好地探索人才培养、科学研究、社会服务协同发展的道路，才能更好地实现拔尖创新人才培养、自主创新能力提升与服务国家区域重大战略需求的目标。

## 三、新型研究型大学的制度与文化

新型研究型大学除了学科发展体系、人才培养体系、科学研究体系、社会服务体系等方面的建设与创新，最根本的还是师生学术共同体的制度、文化建设与创新。

新型研究型大学要构建师生追求卓越的学术共同体，一是要加强学术共同体的制度建设，在教师招聘、培养、评价，以及学生招生、培养、评价方面形成良好的制度；二是要加强学术共同体的文化建设，形成师生共同的学术价值追求、卓

越目标定位、奋斗探索精神等；三是要加强师生间的有效互动，推动师生共同开展学习与研究，互相促进、互相启发，共同成长。新型研究型大学要用良好的制度与文化来促进和保障师生学术共同体的建设，塑造开放、平等、包容、多元、共进的环境和氛围，进而促进新型研究型大学更高质量的发展。

（本文根据 2023 年 2 月 21 日作者在同济大学“新型研究型大学高质量教育体系构建研究”研讨会上的发言整理。）

# 新型研究型大学：发展动因、实现形式与实现过程

## ——基于可持续性创业型大学中国模式的视角

陈旭琪　蔡三发

知识型社会发展下，大学除承担传统的教学和科研两大使命外，还须承担第三使命，即社会服务[1]。社会服务使命要求大学以学术方式积极影响社会事务、服务国家重大战略需求、推进学术共同体范式创新、促进产业变革[2]，推动传统"象牙塔"大学向创业型大学转变（图 1）。新型研究型大学，实现了我国大学范式的转型创新，能够帮助高校承担三大使命，从而加快科技强国建设，实现高水平科技自立自强，更好地服务国家创新驱动发展战略的需要[3]。Cai 和 Ahmad 提出了可持续性创业型大学的概念，认为其由创业型大学演化而来，将可持续发展中所包含的经济、社会和环境三大目标融入大学的三大使命[4]。图 1 展示了大学范式的演化阶段。马近远认为我国新型研究型大学应适应创新生态体系可持续发展的需求，探讨了我国新型研究型大学的创生动因、身份特征及转型策略[5]。延续上述学者的思想，本文将新型研究型大学视为可持续性创业型大学的中国模式，试图厘清新型研究型大学的发展动因（Why）、利益相关者（Who）、实现形式（What）及实现过程（How）等关系（图 2）。

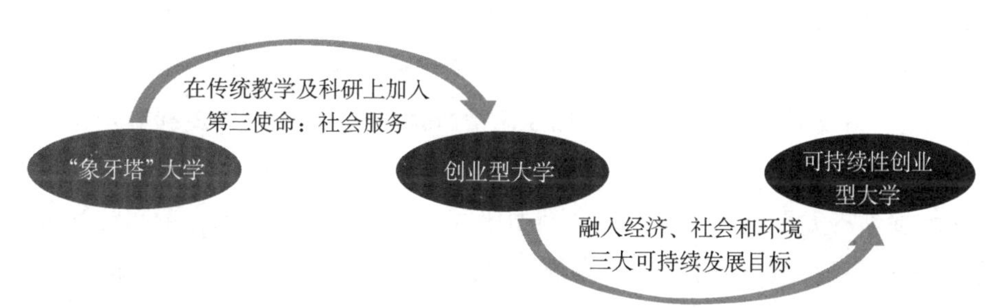


**图 1　大学范式的演化阶段**

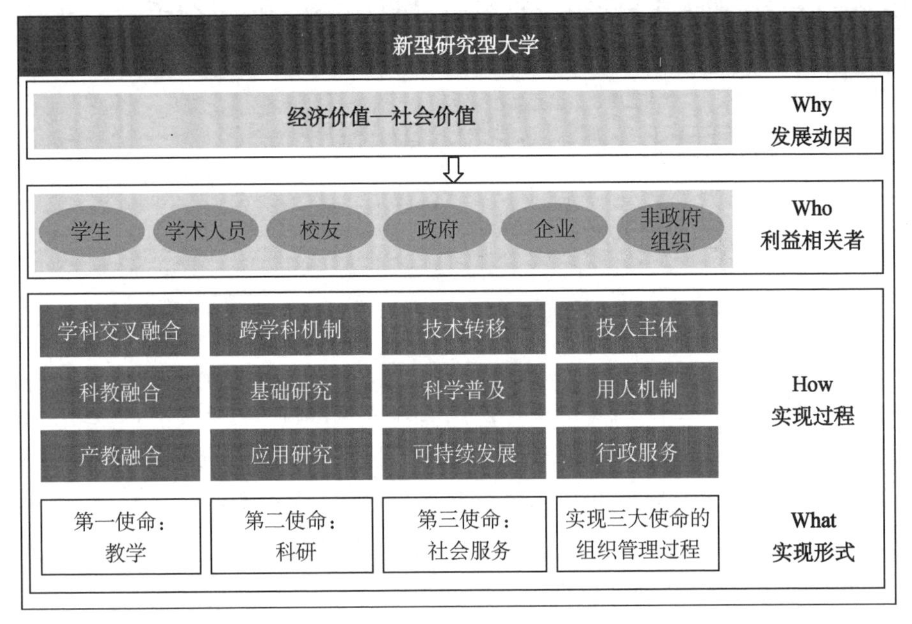


**图 2　新型研究型大学的发展动因、利益相关者、实现过程和实现形式**

## 一、新型研究型大学的发展动因

新型研究型大学的发展是由经济和社会需求共同驱动的。当前，全球知识社会迅猛发展，知识生产模式从最初的单一的、传统的知识生产模式Ⅰ，逐渐转变成模式Ⅰ、模式Ⅱ、模式Ⅲ长期并行发展的混合模式[6]。知识生产模式Ⅲ是在知识分型创新环境中由多层次、多形态、多节点的知识生产群[7]形成的知识生产、知识扩散和知识使用的复合系统，不同质的知识都可能成为创新网络的节点，在网络中不断碰撞，形成联系。在这一知识模式影响下，大学与社会的联结更加紧密，高校从传统人才培养向加强产学研合作转型，通过更多利益相关者的参与产生更广泛的社会和民主价值。同时，这一经济价值和社会价值的影响也从区域逐渐扩大至全国乃至全球。新型研究型大学通过广泛包容不同的利益相关者，积极搭建创新网络与知识集群，实现服务国家战略需求的相关知识创造，培养具备原始创新水平、服务国家社会的人才。

不同利益相关者在大学使命中扮演着不同的角色，对于改善社会经济环境并创造价值至关重要[8]。新型研究型大学民主化进程加速，纳入了更多的利益相关者：大学在校学生、各类学术人员、有意愿与大学合作的校友、支持新型研究型大学建设的国家和地方政府，以及非政府组织、与大学开展合作的企业。其中，校友对新型研究型大学的声誉和发展有一定的影响力，可以通过捐赠、提供就业机会或支持研究项目等方式参与和支持大学的发展；政府是大学的监管机构和资金提供者，通过政策制定、资金投入和监管等方式支持新型研究型大学的发展，并期望大学能为国家科技创新和经济发展作出贡献；企业通过与大学建立合作关系，为大学提供资金支持、实习机会或开展研发活动等，从而促进产学研合作和技术转移；非政府组织更专注于社会问题的解决，为大学提供实践机会和社会参与机会，为社区提供教育、环境等方面的支持，共同推进社会变革和可持续发展目标实现。以上利益相关者共同构成了新型研究型大学的利益共同体，创造了经济和社会价值，各方合作与互动对于新型研究型大学的长期可持续发展至关重要。

## 二、新型研究型大学的实现形式

Cai 和 Ahmad 认为，可从教学、科研、社会服务及实现三大使命的组织管理过程四个方面衡量可持续性创业型大学，本文将这四个方面视为新型研究型大学的实现形式，并列出了可持续性创业型大学的概念框架（表 1）。

**表 1　可持续性创业型大学的概念框架[4]**

| 大学职能及使命 | 谱系/范式特征 | 可持续性创业型大学 |
|---|---|---|
| 教学 | 教学场所 | 更广泛的教学场所，线上教学成为常态 |
| 科研 | 知识功能 | 知识民主化，由知识生产模式范式多元化驱动，包括模式Ⅰ、Ⅱ和Ⅲ |
| | 科研方向 | 可持续发展成为研究方向的主要指引 |
| | 知识生产目的 | 知识不仅具备经济价值，还拥有可持续性和社会价值 |
| 社会服务 | 知识转化和技术转移 | 从技术转移到知识交换及共同创造 |
| | 高校和社会的联结 | 既服务社会需求，又塑造未来社会 |
| | 对社会的贡献 | 贡献从区域扩大至全球 |
| | 利益相关者 | 多元利益主体中公民的作用愈发重要 |
| 实现三大使命的组织管理过程 | 学科组织 | 跨学科合作正在制度化 |
| | 大学治理主体 | 大学合作网络成为大学治理新来源 |

（续表）

| 大学职能及使命 | 谱系/范式特征 | 可持续性创业型大学 |
|---|---|---|
| 实现三大使命的组织管理过程 | 财政观念 | 高校经费是社会正义和道德责任下的置换 |
| | 身份认知 | 学术身份和实现可持续的社会责任意识共存 |

## 三、新型研究型大学的实现过程

基于可持续性创业型大学这一理想大学的概念框架，新型研究型大学在实现可持续发展目标的过程中表现出以下几方面特点。

教学方面，新型研究型大学强调以教学学术推动教学发展，并采用多种跨学科、跨国别/文化、跨行业的人才培养模式[7]。注重学科交叉融合，通过在教学中融入多学科，开阔学生视野，激励学生不断创新。

新型研究型大学注重科教融合，将科研成果和前沿知识融入教学，提高教学质量。注重产教融合，精准对接地方产业与社会需求，满足产业界对人才的需求，并促进经济发展。例如，上海自主智能无人系统科学中心与同济大学电子信息工程、交通、人文、经济与管理等多种学科全方位协同，开展“人工智能学科交叉示范项目”“人工智能系列讲座”等，构建立体式学术交流和协同网络。上海科技大学充分发挥科教融合特色，学校约 80％的本科生可在大一至大三期间进入实验室参与科研工作，约 10％的本科生收获了科研成果。

科研方面，新型研究型大学强调面向基础研究、面向应用研究，并提倡跨学科、交叉学科的知识生产行为。香港科技大学（广州）在传统学科的学院架构之外，引入融合学科的枢纽架构（包括社会枢纽、功能枢纽、信息枢纽、系统枢纽等架构），与传统学院架构错位发展，为校内学科交叉融合提供平台。此外，浙江大学国际联合学院明确表示不按学科属性设立学院机构，只建设学科交叉平台，为科研创新创造条件。

社会服务方面，新型研究型大学注重搭建高校技术转移体系；注重科学普及，向社会大众传播科学理念，弘扬科学家精神；注重社会的可持续发展，面向人类命运共同体，奉献人类文明进步。例如，西湖大学围绕科技成果转化全链，构建以综合服务、产业赋能和金融投资三大服务平台为基础的“双螺旋”架构服务体系。同时，以学校成果转化办公室为核心，协同多方，在地方政府的强力支持下，强化外部产业与社会资本联动、深化资源整合、集成产业赋能，构建多边合作共赢发展的科技创新生态。上海自主智能无人系统科学中心将科学普及放在与科技创新同等重要的位置,通过策划组织形式多样的科学文化传播活动,以公众喜闻乐见的形式展现人工智能专业知识,入选 2021—2025 年第一批全国科普教育基地。上海科技大学为实现我国"碳中和"战略目标,组建相关研究院。

组织管理过程方面,新型研究型大学投入主体呈现多元化特点,行政管理趋于扁平化,用人机制也不断改革。例如,西湖大学由社会力量举办,相当部分资金来自社会大众;上海科技大学由中国科学院和上海市人民政府共同举办;南方科技大学的独立 PI(Principal Investigator)制,是新型研究型大学用人机制的创新改革,各 PI 可独立决定自身科研方向和分配资源,还可自主组建包含助理教授、博士后等的科研团队。

行政管理方面,行政部门以学生和教师为中心,强调服务,淡化管理。学校避免让科研人员承担一定的行政职务,严格区分行政和科研,为教师科研提供更多便利。

## 参考文献


[1] LAREDO P. Revisiting the third mission of universities: toward a renewed categorization of university activities? [J]. Higher Education Policy, 2007, 20(4): 441-456.

[2] 刘益春."强师计划"的大学使命与政府责任[J]. 教育研究,2022,43(4):147-151.

[3] 陈杰,蔡三发,郑高明,等. 新型研究型大学高质量教育体系的组织创新与保障策略[J]. 中国高教研究,2023(4):1-7.

[4] CAI Y, AHMAD I. From an entrepreneurial university to a sustainable entrepreneurial university: conceptualization and evidence in the contexts of European university reforms [J]. Higher Education Policy, 2023(36): 20-52.

[5] 马近远,朱俊华,蔡瑜琢. 创新生态体系视域下中国大学的范式转型[J]. 高等教育研究,2022,43(11):44-56.

[6] 陈杰. 中国特色世界一流大学治理改革:演进、特征与路径[J]. 中国高等教育,2021(6):41-44.

[7] 武学超. 模式 3 知识生产的理论阐释——内涵、情境、特质与大学向度[J]. 科学学研究,2014,32(9):1297-1305.

[8] TEMPLE P. Handbook on the entrepreneurial university [J]. London Review of Education, 2014(12): 239-240.

# 新型研究型大学教育体系画像

## ——基于系统视角的调查分析

| 钟之阳　沈晶晶　刘春路　任　梦

2010年以来，我国涌现出一批各具特色的新型研究型大学，如南方科技大学、西湖大学、上海科技大学、宁波东方理工大学等，这些新型研究型大学在科研体制、师资队伍、人才培养等方面都进行了不同层面的改革和探索[1-3]。究竟何谓新型研究型大学？新型研究型大学"新"在何处？国内外学界已有不少学者从知识生产模式变革、时代特征、办学理念目标、办学实践等方面对此进行了讨论，对新型研究型大学的兴起和特征作了分析和总结[4-6]。基于此，本文从系统视角对新型研究型大学相比于传统型大学"新"在何处进行探索。

### 一、新型研究型大学教育体系画像

系统调查面向相关领域研究的学者和专家开展，他们的观点在一定程度上展现出当下学术界对新型研究型大学的期待。调查收集了学者和专家针对笔者所列出的新型研究型大学应具备的特征的看法。通过分析调查数据，笔者初步从五个方面梳理出十一个模块共同赋能新型研究型大学教育体系的构建(图1)。

1. 环境趋势

新型研究型大学的建设受到我国科技发展相关政策、高等教育相关政策及其体制机制改革，以及全球知识生产模式变革和新技术革命等各种外界环境变化趋势的影响。

2. 制度规范

新型研究型大学遵循扁平化组织结构和跨学科体系构建的原则，通过培养创新创业精神和可持续发展的校园文化，承担起相应的社会责任。

3. 可持续教育理念

新型研究型大学紧紧围绕可持续发展、终身学习、国际化、开放化等的发展理念开展教学和科研活动。

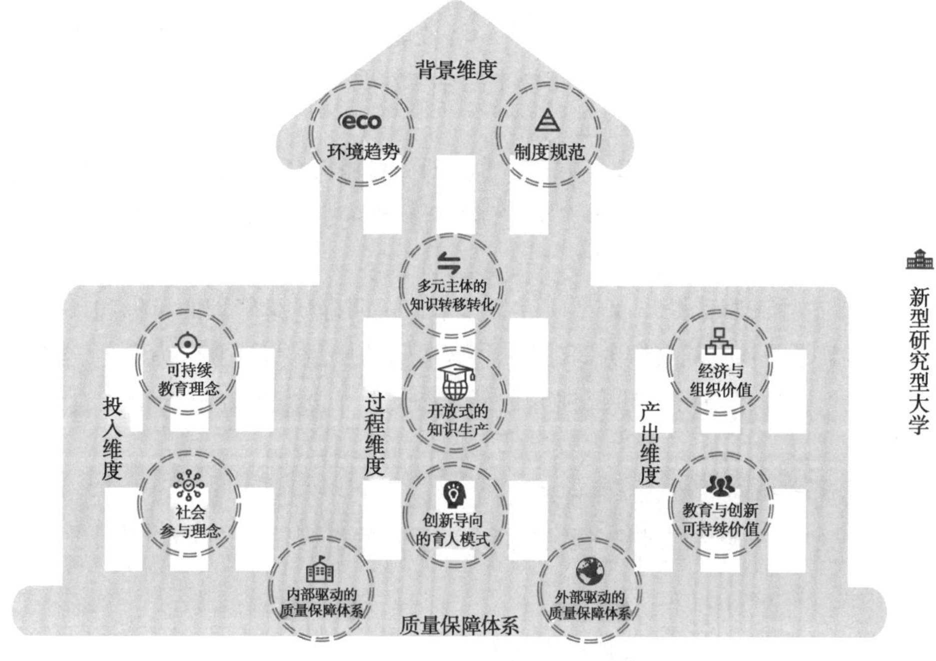


**图 1　新型研究型大学教育体系画像**



4. 社会参与理念

新型研究型大学将社会服务作为自身发展的一个重要目标，在接受多元科研投入来源的同时，围绕国家和产业需求开展科学研究，积极向社会开放，促进经济社会的发展。

5. 创新导向的育人模式

在人才培养过程中，新型研究型大学重视创新创业教育，通过建立学科融通的科教融合育人体系、整合内外部力量开展教学等方式，着力培养创新型人才。

6. 开放式的知识生产

在知识的生产过程中，新型研究型大学不仅重视内部学生的能力素养内化，而且重视自身与外部社会的联结，充分利用超越大学边界的内外部知识进行知识的生产。

7. 多元主体的知识转移转化

在知识的转移转化过程中，强调应用与开放，在多元主体的协同下实现知识的转移转化。

8. 经济与组织价值

新型研究型大学的知识生产具有经济效能，大学中的院系和跨学科机构应具有同等行政地位，能够在竞争市场中生存与发展。

9. 教育与创新可持续价值

新型研究型大学培养的学生具有良好的创新能力、能够取得创造性成果，同时大学能不断为社会和创新生态系统创造全球性的、可持续性的价值。

10. 内部驱动的质量保障体系

为促进教育质量提升，新型研究型大学通过明确质量管理的目标和预期成果，针对教学、科研、社会服务等建立规范、透明的质量保障制度，为学生、教师、科研人员、管理人员等提供反馈和纠错机制，全程全方位促进内部质量保障建设。

11. 外部驱动的质量保障体系

新型研究型大学通过接受政府、行业及市场的审核，利用外部监督促进大学的发展。

## 二、新型研究型大学特征与发展方向

1. 新型研究型大学的办学理念和办学导向均体现了可持续理念的影响

新型研究型大学通过可持续理念重塑了大学的组织身份，并围绕这一理念创新融合大学资源和优势，培养创新人才，并研究和开发致力于可持续发展的科学和技术。

2. 新型研究型大学塑造开放式创新生态，以打破制约知识、技术、人才等创新要素流动的壁垒

新型研究型大学的知识生产及重大问题的解决在开放和包容的创新生态中得以推进，在不同创新主体间、在科学研究的不同阶段开展知识转移和技术转化，满足社会需求、服务国家战略。

3. 新型研究型大学应积极探索以高质量发展为目标的教育质量保障体系

新型研究型大学的形成及其组织性质决定了其在办学过程中已具有一定的自我保障的内在动力和能力，其教育质量保障体系在结合实际情况并借鉴国际经验的基础上，进一步明确了政府、社会和高校的相互关系，具备了多样化、国际化、内外协调的特征。

## 参考文献

[1] 黄飞燕.新型研究型大学科研评价服务探索——以南方科技大学图书馆为例[J].图书馆论坛,2022,42(10):131-140.

[2] 丁建洋.科学的本土化应用:西湖大学科学活动的逻辑图景——一种新型研究型大学的改革方略[J].江苏高教,2019(3):30-36.

[3] 夏泉,苏朗.实现高校跨越式发展探索的启示——以南方科技大学一流师资队伍建设为例[J].中国高校科技,2020(6):4-7.

[4] 沈红.研究型大学的自我迭代:新型研究型大学的诞生与发展[J].教育研究,2022,43(9):22-32.

[5] 沈红,熊庆年,陈洪捷,等.新型研究型大学的"新"与"生"[J].复旦教育论坛,2021,19(6):5-19.

[6] 蔡三发.新型研究型大学应该"新"在何处[EB/OL].(2022-03-04)[2022-10-10].https://news.tongji.edu.cn/info/1003/80127.htm.

# 博士研究生拔尖创新人才培养改革的既有实践与未来思考

| 史　轲　蔡三发

随着全球化的深入，人才成为赢得国际竞争主动的重要战略资源。党的二十大报告明确提出："全面提高人才自主培养质量，着力造就拔尖创新人才。"博士研究生教育作为我国高等教育人才培养的最高层次，是教育、科技、人才的重要结合点。我国约有50万名在读博士研究生，深入开展博士研究生拔尖创新人才培养改革，对于服务国家重大战略需求、支撑高水平科技自立自强、服务世界重要人才中心和创新高地建设具有重要意义。

## 一、博士研究生拔尖创新人才培养的内涵

党的十六大报告将"造就一大批拔尖创新人才"作为教育工作的重要目标，但并未明确拔尖创新人才的具体内涵。2002年，时任清华大学党委书记陈希首次在学术研究层面界定拔尖创新人才的概念，认为我国现代化建设所需要的拔尖人才首先应该是各自专业领域的佼佼者，并提出他们应具有探索未知的兴趣与想象力、创新的勇气与思维方式、完善的素质结构与知识结构、强烈的国际竞争意识及崇高的精神品质[1]。郝克明认为，拔尖创新人才是指在各个领域特别是科学、技术和管理领域，有强烈的事业心和社会责任感、有创新精神和能力，为国家发展作出重大贡献，在我国特别是在世界领先的带头人和杰出人才[2]。杨卫认为，合理的知识结构、较强的创新与实践能力、良好的非智力因素是拔尖创新人才基本的素质特征[3]。高晓明认为，拔尖创新人才是一个概念模型，意指各行各业中试图通过变革引领发展、为整个社会经济的顺利转型作出突出贡献的杰出人物[4]。李明媚、李世勇和龚敏通过构建以"创新能力"为核心，涵盖文化基础层、自主发展层、社会参与层三个维度的拔尖创新人才核心素养三维模型，刻画了拔尖创新人才的多重属性[5]。国外学者K. A. Heller突出强调国际竞争力，认为拔尖创新人才所取得的成绩应能够被国际社会所公认[6]。D. K.

Simonton 认为创造性是拔尖创新人才的核心特征[7]。

综上所述，目前学界就拔尖创新人才的概念还未形成一致的理解，学者往往从专业知识、创新能力、社会贡献、科研品质等多个角度，各有侧重地描述了拔尖创新人才应具备的特质。在此基础上，徐玲和母小勇界定了“研究生拔尖创新人才”的概念，认为研究生拔尖创新人才是具有成为拔尖创新人才潜能的研究生群体，并指出研究生拔尖创新人才的学术素养应包含科研知识、技能与方法、科学认知能力、自我调节与发展能力、科研态度与品质五个方面[8]。简言之，我国的“博士研究生拔尖创新人才”是高等教育最高培养层次中的创新型、高质量人才，能够在国际科学前沿与国家重大关键科学技术研究中发挥重要作用，能够在未来全球科技竞争中发挥主要作用，是国家未来科技竞争力和人才竞争力的重要体现。

## 二、高水平研究型大学博士研究生拔尖创新人才培养改革实践

2015 年 10 月，国务院印发《统筹推进世界一流大学和一流学科建设总体方案》，将培养拔尖创新人才作为一项重要任务。“培养拔尖创新人才是大学义不容辞的重任”[?]。实际上，20 世纪 70 年代末以来，我国研究型大学逐渐开始对拔尖创新人才培养模式进行探索，并积累了不少有益经验。典型的培养模式如中国科技大学的少年班模式(1978 年开始实施)、浙江大学的竺可桢学院模式(2000 年开始实施)、北京大学的元培模式(2001 年开始实施)、清华大学新雅书院模式(2014 年开始实施)等。然而，上述高校的拔尖创新人才培养模式探索主要聚焦本科阶段的人才培养，对于研究生(尤其是博士研究生)的培养关注不足。近年来，一些高水平研究型大学针对博士研究生拔尖创新人才培养进行了改革与创新(表 1)，在培养理念上，强调聚焦国家重大战略发展需要；在培养模式上，突出跨学科(交叉学科)培养、导师制、科研项目制、国际化培养机制等内容。

**表 1　国内部分高校博士研究生拔尖创新人才培养改革措施**

| 学校 | 名称 | 培养理念/方针 | 改革内容 |
| --- | --- | --- | --- |
| 北京大学 | 研究生教育改革 | 以国家需求为导向<br>以基础学科为基石<br>以学科交叉为牵引 | 优化学科布局<br>重基础的跨学科培养<br>重交叉的联合导师制<br>重交流的国际化培养机制 |

（续表）

| 学校 | 名称 | 培养理念/方针 | 改革内容 |
|---|---|---|---|
| 北京航空航天大学 | 工科博士研究生培养改革 | 拓宽基础、瞄准前沿、构建团队、自主创新 | 课程建设:名师授课<br>导师制支持与资助:提高奖助学金<br>组织支持制度:营造学术氛围 |
| | 跨学科博士研究生团队培养 | 培养能够打破学科界限、具有独立研究能力的博士研究生 | 共享办公室<br>跨学科课程学习<br>系列研讨会和组会<br>联合导师指导或多导师指导<br>年度专题学术会议<br>联合研究基地 |
| 武汉大学 | 博士研究生跨学科拔尖创新人才培养试验区 | 以培育满足国家经济社会发展需要的高层次复合交叉型人才为重点 | 遴选方式:科研项目需求驱动<br>导师团队合作指导<br>跨学科选课<br>实验室轮转<br>跨学科国际化培养<br>激励机制 |
| 天津大学 | 博士研究生教育综合改革 | 瞄准国家重大战略需求,依托重大科技和工程项目培养拔尖创新人才 | 交叉融合培养<br>试点项目制模式<br>推动双轨评价<br>国际联合指导 |

资料来源:根据相关文献与新闻报道整理。

## 三、博士研究生拔尖创新人才培养改革发展方向思考

面向未来,博士研究生拔尖创新人才培养改革亟须进一步深化创新,要更加紧密地与发展科技第一生产力、培养人才第一资源、增强创新第一动力结合起来,努力塑造发展新动能、新优势。

1. 培养目标创新

博士研究生拔尖创新人才培养要面向新一轮技术革命与产业变革,坚持“四个面向”,以服务国家重大战略需求为核心导向,瞄准国家“卡脖子”的重点、前沿技术领域,为创新驱动发展作出实质性贡献。

2. 培养过程创新

从培养过程来看,可以在课程体系、科研训练、科研平台、国际合作等方面探索博士研究生拔尖创新人才培养创新模式。在课程体系建设方面,要加强基础学科知识的课程设计,培养基础学科拔尖创新人才,充分发挥基础学科对于其他

研究领域的支撑和带动作用；要注重学科交叉培养，站在科技发展前沿，打破学科与专业间的壁垒，鼓励博士研究生跨学科选课。在科研训练方面，要促进产学研深度融合，加强高校与企业、科研机构的协同合作，实行“企业＋高校”联合导师培养模式，让博士研究生参与企业研发过程。在科研平台方面，要加大“科教融合”力度，依托国家高水平重大科技创新平台，聚焦优秀导师队伍和培养优秀博士研究生。在国际合作方面，要让博士研究生融入全球创新网络，通过高质量国际合作提升博士研究生培养质量。

3. 评价与激励机制创新

建立科学的评价体系与长效的激励机制，充分激发博士研究生的创新潜能。在评价制度方面，淡化学术成果量化评价标准，更加重视毕业论文的质量，更加注重代表性成果。在激励机制方面，相较于物质激励，高水平且负责的导师、国际前沿的研究课题、充足的研究项目、氛围良好的科研团队和组织文化等具有更加有效的激励与驱动作用。要鼓励博士研究生敢于创新，挑战未知与最前沿研究领域，努力实现“从 0 到 1”的突破。

4. 培养主体与协同机制创新

要以拔尖创新为目标，紧紧围绕博士研究生这一培养主体开展综合改革，加强协同机制建设。政府要加强资源投入和政策引导，社会(企业、科研机构等)要积极参与，高校和博士研究生培养机构要发挥主导作用，学科、科研平台、导师组及思政、管理等有效协同，形成博士研究生拔尖创新人才成长的良好环境。

## 参考文献

[1] 陈希. 按照党的教育方针培养拔尖创新人才[J]. 中国高等教育，2002(23)：7-9.

[2] 郝克明. 造就拔尖创新人才与高等教育改革[J]. 中国高教研究，2003(11)：8-13.

[3] 杨卫. 坚持卓越教育理念培养拔尖创新人才[J]. 中国高等教育，2007(21)：14-16.

[4] 高晓明. 拔尖创新人才概念考[J]. 中国高教研究，2011(10)：65-67.

[5] 李明媚，李世勇，龚敏. 拔尖创新人才核心素养及培育路径：基于茨格勒理论[J]. 高教学刊，2022，8(33)：156-160.

[6] HELLER K A. Scientific ability and creativity[J]. High Ability Studies, 2007, 18(2): 209-234.

[7] SIMONTON D K. Creativity and genius[J]. The SAGE Handbook of Gifted and Talented Education, 2018(9): 70.

[8] 徐玲，母小勇. 研究生拔尖创新人才的学术素养：内涵、结构与作用机理——基于扎根理论的分析[J]. 研究生教育研究，2022(2)：24-31.

# 数字化背景下的研究生教育转型与创新

| 蔡三发　姚　昊

人工智能、大数据、区块链等技术迅猛发展，将深刻改变人才需求格局和教育形态。数字化赋能研究生教育是数字科技变革下研究生教育发展的必然选择。同时，外部环境中世界各国的教育数字化发展加速、竞争加剧，为抢占未来发展先机，在国际竞争中处于优势地位，世界各国纷纷出台国家数字化教育发展战略。而我国数字技术发展为研究生教育数字化奠定了良好的前期基础，数字化赋能研究生教育是推进高等教育强国建设的有效途径。

当前我国研究生教育数字化程度和水平相对不高，相关政策制度尚未较好建立，主要表现在：研究生教育数字化发展相关法律文件、制度、标准和政策存在缺失；研究生教育数字化发展治理体系和高校激励制度尚未形成；数字技术在研究生教育领域的教育教学过程、实践过程、教育管理与监测、评价与决策等方面应用不够；区域间、校际间、学科间数字资源差异分化明显；对科研新范式和人工智能技术的突破性进展应对不足；数字技术相关专业的研究生培养规模和培养质量还不足以支持数字强国建设；研究生导师的数字化水平跟进程度不够、数字技术应用有待加强；数字技术在研究生教育应用中存在消极影响和伦理问题，以及存在一定的风险；等等。

面向未来，我国可以综合利用各种数字技术和数字手段，赋能研究生教育的学科专业建设、培养教育、管理服务等各个方面，促进研究生教育的转型与创新，使研究生教育更好地适应未来社会发展的需要，更好地服务教育强国和人才强国战略。

1. 基于数字技术构建交互式学习情境，提升研究生主体性和互动性

利用交互式数字白板，集课程资源、作业设计、学生评价、师生互动、视频交互、跟踪指导于一体。利用在线协作空间，促进研究生互动性提升和创造性培养。

2. 采用虚拟现实（Virtual Reality，VR）技术模拟真实环境，促进研究生科研创造力和问题解决能力提升

VR技术促进研究生能力提升由认知和社会建构主义、心流理论、情境相关

记忆和情境学习等理论支持。VR 技术应用计算机程序、移动应用程序、多媒体文件和视频材料，围绕交互式工具、交互模板和交互行为，模拟真实环境。目前 VR 技术在工程、医学、物理学、焊接、心理干预、语言学习等领域得到了广泛应用，可进一步推广至人文社科领域。该技术能够增强研究生学习的互动性，实现以学生为中心的教学目标，且人工智能的分析可以帮助教师及时调整教学方式。该技术聚焦实际情境中的问题解决、智能交互、应急协同，突出培养研究生科研创造力和问题解决能力。

3. 利用生成式 AI＋元宇宙赋能，形成研究生私人订制“导师”

基于深度学习、神经网络等先进算法，能够生成内容、解决方案或新概念。代表性的 AI ChatGPT 采用的模型使用了“利用人类反馈强化学习(Reinforcement Learning from Human Feedback, RLHF)”的训练方式，不断迭代，让模型逐渐有了评判生成答案的能力。而 AI＋元宇宙设计则有望成为虚拟私人定制导师，即 AI 以助教的身份从事授课、讨论、测试等个性化学习指导工作，包括个性化学术论文写作指导、随时学科知识咨询、课程学习辅助、科研项目定制设计、数据驱动匹配职业发展规划，为传统教育提供虚实结合的新场景、师生交互的新模式，给予研究生定制化、特色化培养套餐，以及大批量实验数据生成拓展新知识。

4. 创新虚拟交流和虚拟国际化推动研究生学习范式变革

虚拟交流和虚拟国际化综合了互联网技术、跨文化学习环境和小组协作学习，是高等教育国际化的重要实现形式，能够有效改善传统高等教育国际化造成的不平等，为全球弱势群体学习者提供国际优质教育机会。此外，数字叙事作为一种虚拟交流方式，被视为一种自我思考的工具，学生通过数字叙事分享他们的实践经验，能够提升高阶思维能力和数字素养。

5. 通过数字化与智能化赋能，迭代生成知识，拓展学科边界

数智赋能可以加速学科研究(资料获取、实验模拟、数据计算、知识生成)，创新学科研究(大数据探求规律、迭代生成知识、拓展学科边界)。可以利用数字化和智能化加快学科的转型与发展，实施 AI for Science 等行动，面向未来，形成前沿研究方向、产生交叉成果和促进人才培养创新。

6. 建设数字监测平台，优化研究生学科结构与布局

数字化赋能研究生学科学位点的监督、分析与调整，基于动态数据优化学科布局，通过数据平台和 AI 开展行业人才需求预测、毕业生就业反馈预警及人才使用情况评价，适时发布区域有关重点产业和行业人才需求。

7. 运用数字化学习管理系统，强化研究生培养过程质量保障

建设数智融合的全流程教学管理体系，连通教务、学工、研工及人事管理等系统。建设以学生为本的全过程培养体系，贯穿招生、复试、授课、考试、答辩、毕业等教育培养各环节，强化全过程在线支撑，为构建数字化育人生态打下坚实基础。

8. 利用数字画像关注研究生发展的动态历程和改进举措

采用多源异质数据整合和可视化学习分析技术，使数字画像具有标签化、实效性、动态性的特征。通过构建研究生学术创新能力模型，关注研究生行为过程、认知技能和学术表现，实施“数据收集—分析—画像—指导反馈—预测”全过程。为研究生个体的学习成长和职业发展提供数据分析和指导，为高校精准招生提供选拔标准，为研究生分层培养提供数据支持。

# 把握“链式孵化”三层含义，加快建设“高质量孵化器”

| 鲍悦华

## 一、引言

1987 年 6 月，武汉东湖创业者服务中心在武汉东湖新技术开发区的成立，标志着中国科技企业孵化器事业正式起步。经过近 40 年的发展壮大，科技企业孵化器已成为我国各地培育经济发展新动能的“标配”，在实现区域经济高质量发展方面发挥着不可替代的作用。但在快速发展过程中，我国科技企业孵化器也不可避免地存在着重“器”轻“孵化”、创新资源整合能力不足等问题。受俄乌冲突、供应链中断、欧洲能源危机等事件影响，全球科技创新行业增速正前所未有地放缓，初创企业的估值降低，在维持增长和削减成本等方面面临着巨大压力。全球科技企业孵化器在经受了全球新冠疫情大流行迫使大量企业居家办公的“洗礼”后，又必须面对初创企业租金支付能力下降等方面的挑战。即使像 WeWork 这样的共享办公与企业孵化巨头也面临巨额亏损、难以持续经营的挑战[1]，反映出该行业的动荡程度极大。

2023 年 7 月 21 日，上海市人民政府办公厅印发《上海市高质量孵化器培育实施方案》，提出“到 2025 年，全市建成不少于 20 家高质量孵化器，示范带动不少于 200 家孵化器实现专业化、品牌化、国际化转型升级，打造 2—3 个千亿级产值规模的‘科创核爆点’，建设全球科技创新企业最佳首选城市”[2]。2023 年 8 月，上海市委书记陈吉宁专题调研创新企业和创新服务机构时指出，要对标国际最高标准、最好水平，进一步强化创新策源、优化空间布局、完善服务配套，打造良好创新生态，加快形成更具影响力的创新引擎。上海在全球科创中心建设步入内涵建设关键时期提出建设“高质量孵化器”的要求，不仅能够直接加速硬科技企业培育和未来产业高质量发展，更是牢牢把握住了科技企业孵化器未来升级发展的方向。《上海市高质量孵化器培育实施方案》明确指出，“高质量孵化器”建设将“坚持多链协同，打通裉节”作为重要基本原则。本文主要从不同视角出发，对“链式孵化”的概念及其三层含义进行探讨，为“高质量孵化器”建设提供支撑。

## 二、“链式孵化”概念的提出

“链”意为“用金属环节连套而成的索子”。“链式孵化”基于“链”的这层含义，强调在科技创新企业孵化过程中，针对初创企业在各个发展阶段所产生的需求提供异质性服务，并且这些服务应“连套”，通过彼此串联、耦合协同，实现服务内容全覆盖、服务效用叠加，在赋能企业发展的同时提升整个孵化服务体系的韧性。

“链式孵化”并不是一个新的概念，早在 2012 年，我国科学技术部就已经介绍了天津市通过“孵化器＋成果转化基地＋产业化基地＋商业生活配套”的硬件设施环境建设和“公共技术创新与服务平台＋管理运营机制”的软实力建设，为科技中小企业发展提供承载空间的链式孵化模式[3]。房汉廷认为，要使“双创”从单一的“孵化”模式发展为“卵化—孵化—羽化”链式模式[4]。其中“卵化”指凝聚可商业化的技术和模式，为创业者提供更多的优质卵，“羽化”则是指由“羽化器”统一打理融资、管理、商务、政务这些容易成为企业短板的事务。上述关于“链式孵化”的论述反映出链式孵化的部分内涵，我们可以从不同视角出发，对“链式孵化”的三层含义及其对应的孵化模式有更为全面的理解，从而更好地指导“高质量孵化器”建设与发展。

## 三、“链式孵化”的三层含义与孵化模式

### 1. 从科技成果商业化过程视角理解“链式孵化”

目前关于“链式孵化”的第一种理解，主要是基于科技成果商业化过程，从培育孵化所需载体的角度，提出建设“众创空间＋孵化器＋加速器＋产业园区”的全链条孵化载体及服务体系。图 1 展现了科技成果商业化全过程与“链式孵化”之间的这种联系。

2017 年 6 月，科学技术部办公厅发布《国家科技企业孵化器“十三五”发展规划》，提出要加强和完善“众创空间—孵化器—加速器”创业孵化链条建设[5]。2019 年 3 月，科学技术部、教育部颁布《关于促进国家大学科技园创新发展的指导意见》，提出要打造全链条孵化载体，围绕“众创空间＋孵化器＋加速器＋产业

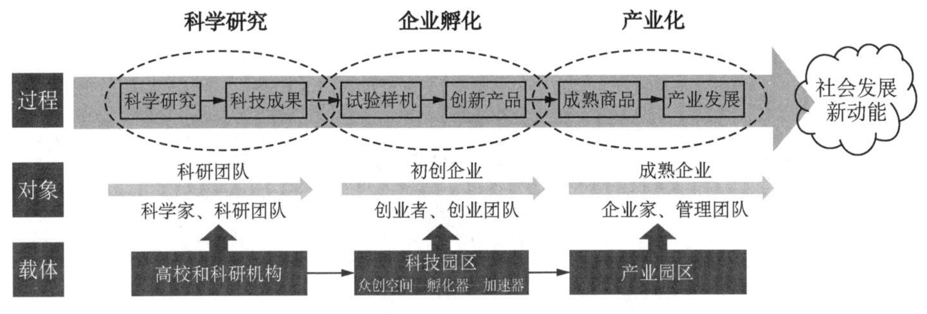


**图 1　基于科技成果商业化全过程的“链式孵化”模式**

园”创业孵化链条，依托高校优势学科构建科技型创新创业生态[6]。在《关于促进国家大学科技园创新发展的指导意见》中，孵化链条进一步增加了“产业园”环节，结合该文件对于国家大学科技园“创新资源集成、科技成果转化、科技创业孵化、创新人才培养、开放协同发展”五大功能的定位，不难看出，科技成果“链式孵化”实际已不仅仅关注初创企业孵化，而是将孵化链条的两端分别延伸至科学研究和产业化环节，为科技成果商业化全过程提供坚实支撑。《上海市高质量孵化器培育实施方案》进一步提出了“超前孵化”新模式，引导高质量孵化器“超前发现”，加强对基础研究的跟踪对接，从“选育项目”向“创造项目”转变[2]。

在科技成果商业化全过程视角下，“链式孵化”一方面要求加强“众创空间＋孵化器＋加速器＋产业园”载体空间和与之配套的专业服务能力建设，另一方面要求孵化器与高校和科研机构通过众创空间、概念验证中心、科技智库合作等途径建立起更为紧密的联系，成为高校和科研机构创新策源能力的辅助赋能者，确保科技成果在科学研究、企业孵化和产业化三个环节紧密衔接、融会贯通。

2. 从产业链发展视角理解“链式孵化”

关于“链式孵化”的第二种理解主要基于产业链发展理论，以龙头企业在产业链中横向或纵向一体化发展需求与战略布局为牵引，以龙头企业设立的专业孵化器为载体和枢纽，发挥龙头企业在技术、资金、市场、人才、客户等方面积累的资源和行业中的优势地位的作用，吸引科技成果和初创企业入驻孵化器，同时鼓励龙头企业内部员工也带着科技成果入驻孵化器创新创业，具体模式如图 2 所示。

在孵化器内部，龙头企业通过搭建资源共享、互利共赢的专业服务平台，共享业务数据、开放应用场景，为初创企业营造开放良好的产业创新生态，使初创

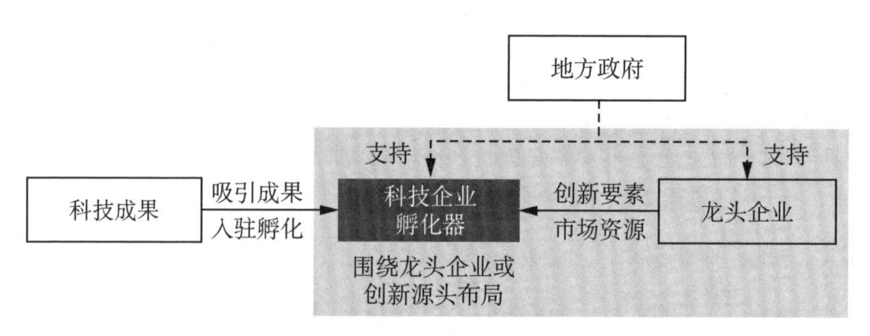


**图 2　龙头企业牵头的"链式孵化"模式**

企业能够享受专业的仪器设备、成熟的市场资源和渠道、先进的管理经验和模式等资源，尽快融入龙头企业主导的产业链，成为产业链发展的新引擎。这不仅能有效帮助初创企业加速成长，也能推进龙头企业自身的创新发展。

从全球来看，微软、谷歌、宝洁等跨国公司已在全球设立多家孵化器；从国内来看，海尔、腾讯、三一、百度、科大讯飞等诸多行业龙头企业也在积极参与孵化器建设与运营。在数字新经济领域，同样也已经形成了如涵控股等专业电商网红孵化器。专注于某个产业细分领域的垂直孵化器也正逐步兴起。

龙头企业推进科技成果孵化和产业化也得到了各级政府的支持。2019 年 4 月，工业和信息化部办公厅、财政部办公厅印发《关于发布支持打造大中小企业融通型和专业资本集聚型创新创业特色载体工作指南的通知》，肯定了这种模式发挥的作用，提出要着力支持打造"龙头企业＋孵化"的大中小企业融通型载体[7]。《上海市高质量孵化器培育实施方案》也提出："推进大中小企业'共携手'。鼓励科技领军企业、外资研发中心、国资龙头企业等设立高质量孵化器，建设大企业开放创新中心。鼓励大企业通过释放创新需求、开放应用场景、搭建共性平台等方式，组建创新联合体，畅通创新通道，促进中小微企业融入大企业创新链、产业链、供应链体系。"[2]

3. 从创新要素资源视角理解"链式孵化"

关于"链式孵化"的第三种理解主要基于创新要素资源配置理论，强调以孵化器为载体和枢纽，推动创新链、产业链、资金链、人才链四链融合发展，配齐初创企业在发展过程中所需的市场、资金、人才、专业服务等各种资源。2022 年 10 月，习近平总书记在党的二十大报告中提出推动"四链"深度融合。

根据"四链"深度融合的要求，孵化器在建设发展过程中，一是要前瞻布局产业链，围绕主导产业和未来产业形成自身产业特色，搭建产业公共服务平台，提升基于产业的专业服务能级，在孵化器内部培育产业小生态；二是要优化升级创新链，加强孵化器与高校、科研院所的合作，合作共建联合与共享实验室，建立与园区企业的产学研合作机制，为双创团队提供全周期、全要素服务，促进科技成果有效落地转化；三是要梯度配置资金链，在孵化器内部形成覆盖企业全生命周期的阶梯式科技金融服务体系，为企业提供各类科技金融服务产品，积极探索体制机制突破，建立“员工持股孵化”“专业孵化＋CVC 投资”等新投资模式，实现孵化和投资的真正深度融合；四是要双向延伸人才链，在积极帮助企业招揽人才的同时，通过校企人员互聘、共建创新创业实训基地等举措加大产教融合力度，依托孵化器的产业资源拉近高校师生与产业发展的距离，助力“创意—创新—创业—创造”的“四创”人才培养，实现人才与产业的相互赋能。其具体模式如图 3 所示。

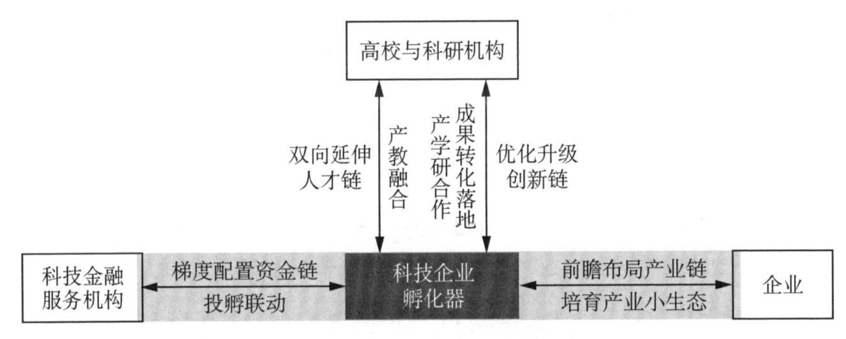


**图 3 “四链融合”下的“链式孵化”模式**

“四链融合”关键在“融”，要围绕产业链部署创新链，围绕创新链布局产业链，围绕创新链、产业链完善资金链与人才链，积极创新孵化服务模式，在孵化器内部形成技术、资金、人才等创新要素集聚与流动，形成赋能初创企业发展的良性循环。

## 四、结语

本文围绕《上海市高质量孵化器培育实施方案》提出了“高质量孵化器”培育要求，从不同视角出发，对“链式孵化”的概念及其三层含义进行了探讨。以上三层含义彼此之间并不冲突，通过这三个视角的复合我们能够更为全面地把握科技企业孵化器高质量发展的关键因素，从而为“高质量孵化器”建设提供更好支撑。

## 参考文献

[1] 网易. 从 40 亿美元到"持续经营"——WeWork 警告可能破产[EB/OL]. (2023-08-11)[2023-08-15]. https://www.163.com/dy/article/IBSGFMUJ055634LT.html.

[2] 上海市人民政府办公厅. 上海市人民政府办公厅关于印发《上海市高质量孵化器培育实施方案》的通知[EB/OL]. (2023-06-26)[2023-08-15]. https://stcsm.sh.gov.cn/zwgk/kjzc/zcwj/qtzcwj/20230724/37b0f6b71dfa45b3b19c0f2baf3bdc63.html.

[3] 中华人民共和国科学技术部. 天津建设创业服务体系形成中小企业链式孵化模式[EB/OL]. (2012-12-25)[2023-08-15]. https://www.most.gov.cn/dfkj/tj/zxdt/201212/t20121224_98648.html.

[4] 房汉廷. "双创"升级版构想:从单一"孵化"模式到"卵化—孵化—羽化"链式模式[J]. 科技与金融,2018(4):1-2.

[5] 科技部办公厅. 国家科技企业孵化器"十三五"发展规划[EB/OL]. (2017-07-10)[2023-08-15]. http://stic.sz.gov.cn/zwgk/kjgh/content/post_2907998.html.

[6] 中华人民共和国科学技术部. 科技部 教育部印发《关于促进国家大学科技园创新发展的指导意见》的通知[EB/OL]. (2019-03-29)[2023-08-15]. http://www.gov.cn/xinwen/2019-04/15/content_5382977.htm.

[7] 中华人民共和国中央人民政府. 工业和信息化部办公厅 财政部办公厅关于发布支持打造大中小企业融通型和专业资本集聚型创新创业特色载体工作指南的通知[EB/OL]. (2019-04-29)[2023-08-15]. https://www.gov.cn/xinwen/2019-04/29/content_5387379.htm.

# 我国重点高校的专利转让时空距离

| 常旭华　张　钰

当前，我国正在全面推进教育、科技、人才一体化战略，高校作为其中最为关键的一环，同时承担着人才培养、科学研究、社会服务三大使命和重任。在此过程中，高校专利转移是社会服务的最正式渠道，因此，如何加速高校科技成果转化为新质生产力，受到了政府部门、学术界、实务部门的高度关注。由于历史发展阶段、科学文化积淀、资源投入强度等原因，全国高校资源分布极不均衡，专利技术的供给方与需求方存在不可忽视的地理距离；与此同时，既有理论又指出，技术溢出效应通常随地理距离增加而迅速衰减，显示地理距离导致的面对面沟通障碍、信任维系持久性差、区域文化差异等议题难以忽视。综合以上这些考虑，本文拟以 35 所“985 工程”建设高校为例，探究我国重点高校的专利转让时空距离分布情况。

## 一、重点高校的专利转让城市对分布

课题组选取 35 所“985 工程”建设高校为研究对象，剔除了中国人民大学、北京师范大学、华东师范大学和中央民族大学 4 所文科和师范类高校，在 incoPat 专利数据库检索、清洗后获得 43 938 条权利著录项发生变更的专利，时间范围限定为 2010—2022 年。

2010—2022 年，重点高校同城专利转让交易量为 22 475，占重点高校专利转让交易量的 51.15%，具体如表 1 所示。同城交易数据表明，高校大市(如北京、上海、哈尔滨、广州、重庆、西安、武汉、南京等)的各类企业相较外省市企业占据地理上的绝对优势，而地区经济发达程度、产业优势也不足以抵消地理距离障碍。这也佐证了非省会、经济强、科教弱型城市(如苏州、深圳、无锡等)投入重金吸引区域外高校入驻的正确性。只有让高校真正留在当地，才能实实在在地实现技术溢出效应，促进地区企业技术发展水平和能力提升。

表 1　2010—2022 年重点高校的专利转让城市对分布

| 城市对 | 交易量（件） | 专利转让数量前 15 名城市 | 交易量（件） | 专利受让数量前 15 名城市 | 交易量（件） | 专利流入量（件） |
|---|---|---|---|---|---|---|
| 北京—北京 | 4 096 | 北京 | 7 368 | 北京 | 5 409 | −1 959 |
| 上海—上海 | 2 696 | 上海 | 4 992 | 上海 | 3 673 | −1 319 |
| 哈尔滨—哈尔滨 | 2 669 | 哈尔滨 | 4 505 | 哈尔滨 | 2 700 | −1 805 |
| 广州—广州 | 1 590 | 西安 | 3 800 | 西安 | 1 426 | −2 374 |
| 重庆—重庆 | 1 330 | 南京 | 2 827 | 南京 | 1 604 | −1 223 |
| 西安—西安 | 1 295 | 广州 | 2 768 | 广州 | 2 546 | −222 |
| 武汉—武汉 | 1 180 | 重庆 | 2 609 | 重庆 | 1 602 | −1 007 |
| 南京—南京 | 1 085 | 武汉 | 2 576 | 武汉 | 1 297 | −1 279 |
| 成都—成都 | 1 029 | 天津 | 2 301 | 天津 | 1 259 | −1 042 |
| 天津—天津 | 1 001 | 杭州 | 1 969 | 杭州 | 1 460 | −509 |
| 杭州—杭州 | 909 | 成都 | 1 687 | 成都 | 1 362 | −325 |
| 长春—长春 | 858 | 长春 | 1 539 | 长春 | 957 | −582 |
| 长沙—长沙 | 787 | 长沙 | 1 498 | 深圳 | 1 705 | 1 705 |
| 济南—济南 | 460 | 济南 | 824 | 南通 | 1 340 | 1 340 |
| 厦门—厦门 | 449 | 厦门 | 738 | 苏州 | 1 308 | 1 308 |

根据课题组不完全的数据统计，2010—2022 年，绝大多数高教大市的专利都处于净流出状态，例如，北京流出 1 959 件，上海流出 1 319 件等，反映出高教大市对区域外的创新策源能力较强。

受高校数量、经济发展水平、产业结构等因素影响，长沙、济南、厦门等高教大市的高校专利呈现“只出不进”的状态；而深圳、南通、苏州等非省会、经济强、科教弱型城市的高校专利则呈现“只进不出”的状态，该类型城市中专利流入量前 10 名的城市均属江苏、广东、浙江三省（表 2），该现象说明充分利用高校技术溢出效应对经济进步和创新发展具有重要作用，这也是江苏、广东、浙江三省近年来着力吸引知名高校建设异地校区的原因之一。

**表 2　2010—2022 年非省会、经济强、科教弱型城市专利流入量分布**

| 排名 | 专利流入数量前 10 名城市 | 所属省份 | 专利流入量(件) |
|---|---|---|---|
| 1 | 深圳 | 广东 | 1 705 |
| 2 | 南通 | 江苏 | 1 340 |
| 3 | 苏州 | 江苏 | 1 308 |
| 4 | 无锡 | 江苏 | 724 |
| 5 | 宁波 | 浙江 | 538 |
| 6 | 东莞 | 广东 | 414 |
| 7 | 常州 | 江苏 | 412 |
| 8 | 佛山 | 广东 | 384 |
| 9 | 珠海 | 广东 | 382 |
| 10 | 徐州 | 江苏 | 252 |

## 二、重点高校专利转让的时空距离分布

剔除同城专利转让交易，数据显示，“985 工程”建设高校的平均专利转让地理距离为 1 150.87 公里，转让城市与受让城市之间的平均通勤时间为 7.94 小时，专利转让交易的地理距离和时间距离具体分布情况如表 3 所示。结果表明，大多数重点高校的专利溢出距离都在 500 公里范围内(占比 64.28%)或 2 小时以内(占比 61.60%)。

**表 3　重点高校专利转让交易的地理和时间距离分布**

| 地理距离<br>(公里) | 交易量<br>(件) | 时间距离<br>(小时) | 交易量<br>(件) |
|---|---|---|---|
| <250 | 26 177 | 1 | 25 716 |
| <500 | 2 068 | 2 | 1 349 |
| <750 | 1 136 | 3 | 871 |
| <1 000 | 1 334 | 4 | 1 108 |
| <2 000 | 6 554 | 5 | 2 467 |
| <3 000 | 3 068 | 6 | 1 051 |
| <4 000 | 441 | 7 | 898 |

（续表）

| 地理距离（公里） | 交易量（件） | 时间距离（小时） | 交易量（件） |
|---|---|---|---|
| <5 000 | 22 | >7 | 7 340 |
| 平均值 | 1 150.87 | 平均值 | 7.94 |
| 中位数 | 350（剔除 0） | 中位数 | — |

课题组发现，多数专利转让交易的城市对之间在 2010—2022 年陆续开通了高铁，地理距离大大拉近，时间距离大大缩短，极大扩大了高校技术溢出范围，提高了高校技术交易频度。

## 三、启示

一是地理距离带来的阻隔效应无法忽略。即便是知名度较高的“985 工程”建设高校，仍然会受到地理距离的限制；大部分地方高校更应将科技成果转化的重心放在其所处区域，加强科技成果的在地转化；经济实力强、高教实力弱的城市，应当考虑通过吸引区域外高校入驻提升自身技术水平；高教实力强、经济实力弱的城市，应当合理提升科技成果的在地转化能力，同时扮演好技术策源地的角色。

二是要合理配置交通基础设施，缓解地理距离对专利转移转化数量的衰减效应。我国各城市的高教资源、产业结构、经济发展水平存在巨大差异，分布极不均衡。课题组研究表明，合理的交通基础设施分布一定程度上能够缓解绝对地理距离的技术溢出衰减效应；各城市之间需要合理配置高速公路、高速铁路、航空三类基础设施，满足人才、技术的高频流动需求。此外，各城市可以通过参与城市群建设，进一步扩大城市边界，扩大专利技术转移转化的同城范围。

# 国家自然科学基金项目专利质量评估

## ——“985 工程”建设高校总体篇

| 喻诚搏　常旭华

党的十八大以来，以习近平同志为核心的党中央高度重视基础研究，将基础研究提高到战略高度。近年来，我国基础研究投入总量与美国、日本等发达国家的差距在缩小，但我国基础研究投入结构占比仍与美国、日本等发达国家存在近 10%的差距。从资助效率视角来看，我国基础研究投入结构劣势的负面效应并不明显，基础研究的资助效率很高。以国家自然科学基金为例，2017—2021 年共有 187 935 个项目结题，这些项目产出了近 17 万篇期刊论文和超过 30 万件专利。根据世界知识产权组织（World Intellectual Property Organization，WIPO）相关报告，美国申请人在 2017—2021 年提交的专利申请累计约 300 万件。国家自然科学基金是我国支持基础研究的主渠道，但其项目产出的技术成果数量竟然超过了美国专利申请总量的 10%，着实有些惊人。

从专利产出维度看，国家自然科学基金项目投入不多但专利产出不少。这是否意味着我国基础研究的效率确实较高？或者基础研究大多产出数量型专利成果？本文拟从发明专利产出视角出发，以我国“985 工程”建设高校 2017—2021 年结项的国家自然科学基金项目的专利成果为研究对象，从法律、技术、经济三方面分析专利成果的质量情况，凝练真实问题。

### 一、整体情况

统计资料显示，2017—2021 年，我国 35 所“985 工程”建设高校（剔除了中国人民大学、北京师范大学、华东师范大学和中央民族大学 4 所以文科为主的院校和师范院校）20 835 个国家自然科学基金项目产出专利成果共计 90 439 项（剔除重复值和缺失值）。专利成果以发明专利为主，共 83 768 件，占比达 93%（图 1）。面上项目是产出专利成果的主要资助类型（图 2），工程与材料科学部是产出专利成果的主要资助领域(图 3),资助金额大于 50 万元、不超过 100 万元的项目是产出专利成果的主要项目(图 4),东部地区高校是产出专利成果的主要依托单位(图 5)。有 9 869 件专利重复出现在多个项目的结题成果中(以下简称“重复专利”)。本文主要以 83 768 项发明专利申请为研究对象,从法律、技术和经济三个层面选取相应指标对专利质量进行分析。

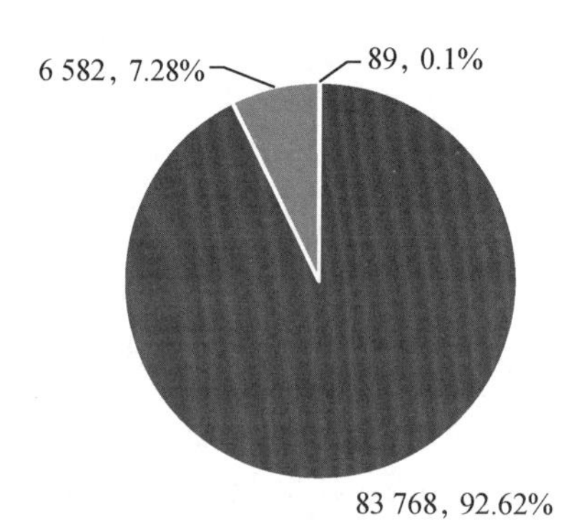


**图 1 国家自然科学基金项目专利成果类别分布情况**

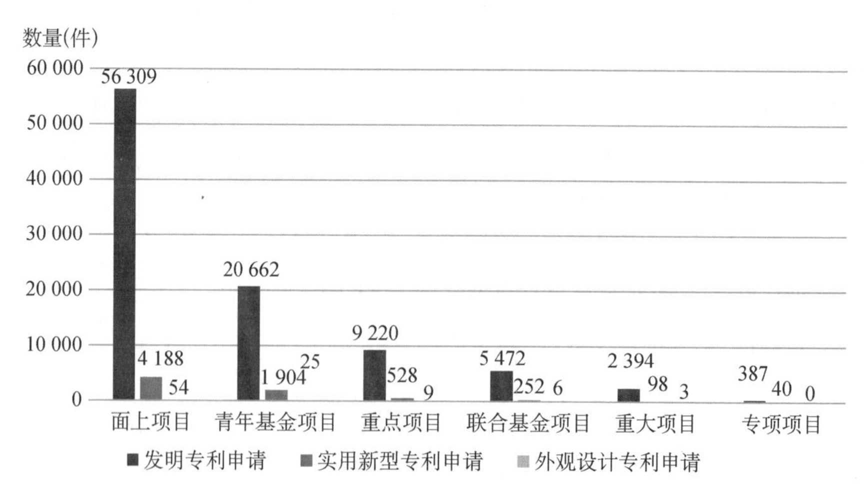


**图 2 不同资助类型国家自然科学基金项目专利成果分布情况**

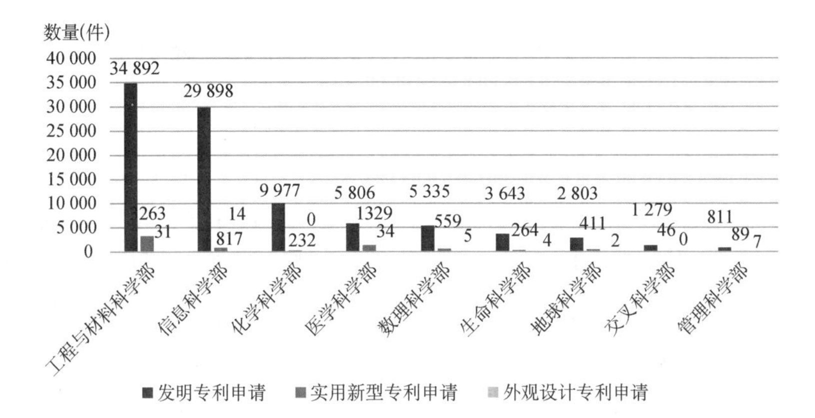


**图 3　不同资助领域国家自然科学基金项目专利成果分布情况**

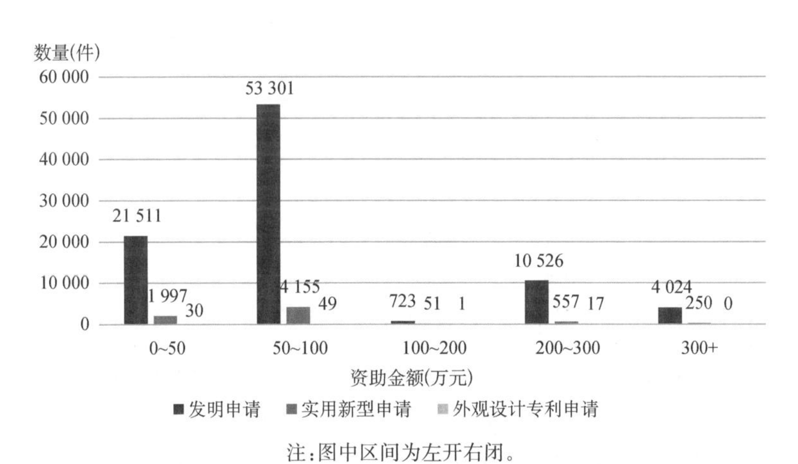


注:图中区间为左开右闭。

**图 4　不同资助金额国家自然科学基金项目专利成果分布情况**

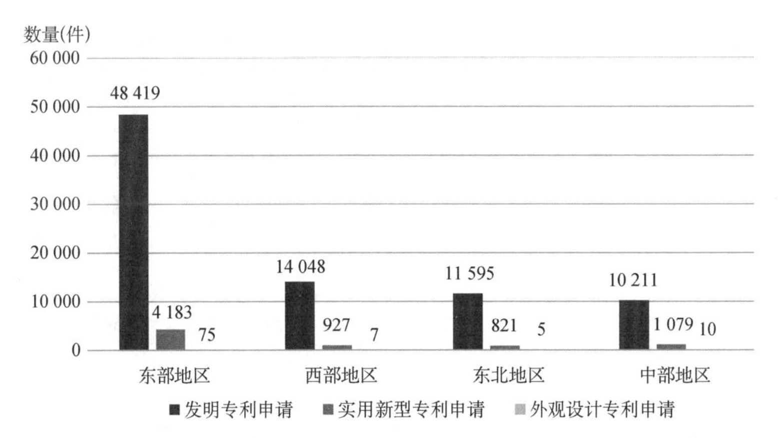


**图 5　不同地区依托单位国家自然科学基金项目专利成果分布情况**

## 二、专利成果法律质量分析：授权率普遍较高，重复专利表现尤为突出

统计数据显示，国家自然科学基金资助项目产出的专利成果的整体授权率为 77.68%，重复专利的授权率更是达到 83.73%。从资助类型来看，专项项目的专利成果授权率最高，重大项目和青年基金项目的专利成果授权率相对较低（图 6）。从资助领域来看，数理科学部的专利成果授权率最高，管理科学部的专利成果授权率最低（图 7）。从资助金额来看，资助金额超过 300 万元的项目专利成果授权率最高，资助金额不超过 50 万元的项目专利成果授权率最低（图 8）。从依托单位区域分布来看，中部地区高校自然科学基金项目专利成果授权率最高，之后依次为西部地区、东部地区、东北地区（图 9）。

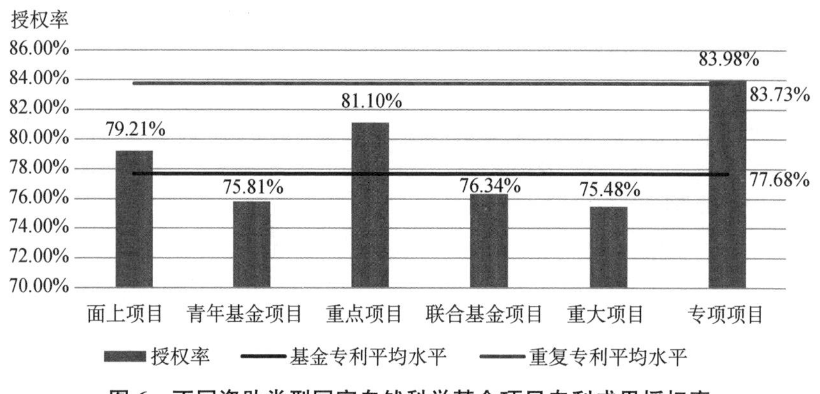


**图 6　不同资助类型国家自然科学基金项目专利成果授权率**

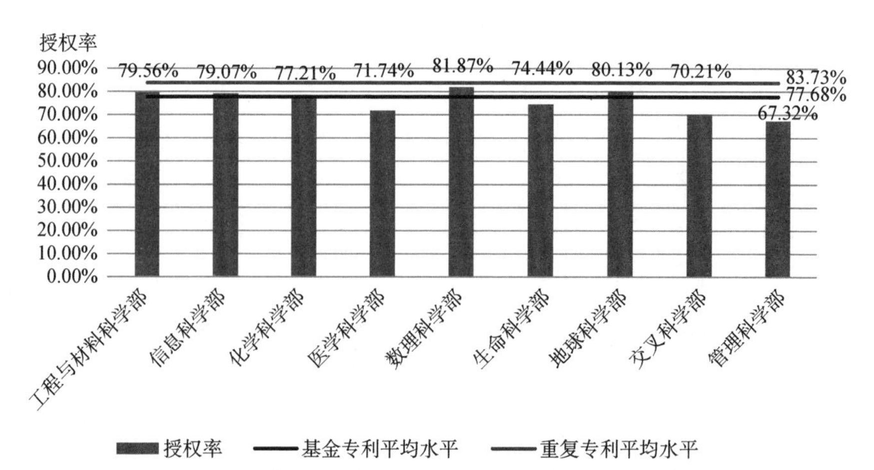


**图 7　不同资助领域国家自然科学基金项目专利成果授权率**

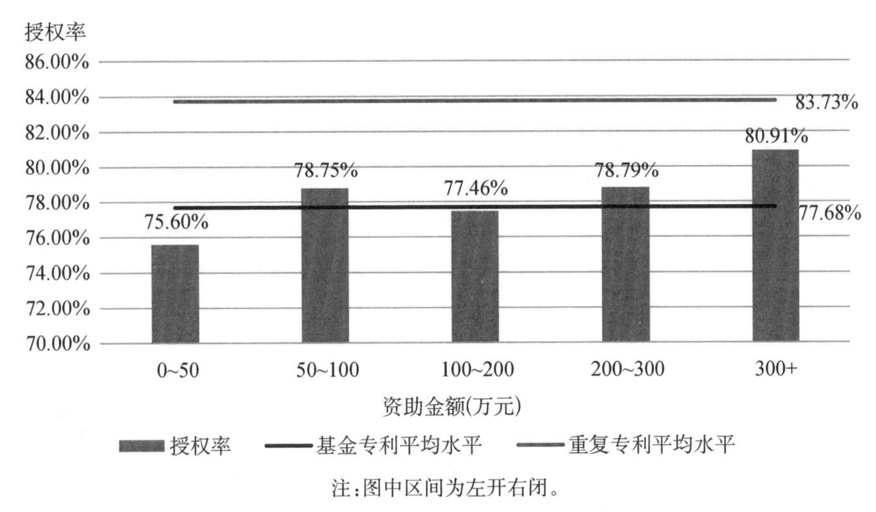


注:图中区间为左开右闭。

**图 8 不同资助金额国家自然科学基金项目专利成果授权率**

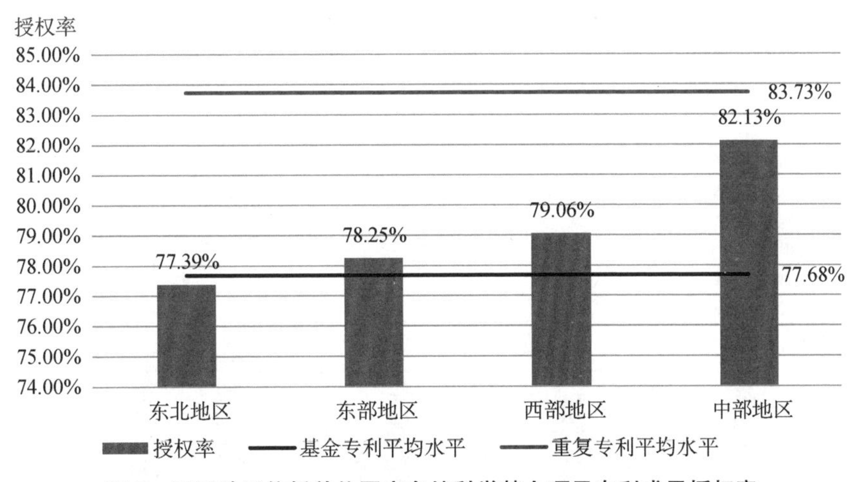


**图 9 不同地区依托单位国家自然科学基金项目专利成果授权率**

## 三、专利成果技术质量分析:被引表现参差不齐,重复专利有相对优势

统计数据显示,国家自然科学基金项目产出的专利成果平均被引频次为6.69次,重复专利平均被引频次为7.45次。从资助类型来看,专项项目专利成果的平均被引频次最高,青年基金项目专利成果的平均被引次数最低(图

10)。从资助领域来看,信息科学部项目专利成果的平均被引频次最高,医学科学部和生命科学部项目专利成果的平均被引频次相对较低(图 11)。从资助金额来看,资助金额超过 300 万元的项目专利成果平均被引频次最高,资助金额不超过 50 万元的项目专利成果平均被引频次最低(图 12)。从依托单位来看,东北地区高校项目专利成果平均被引频次最高,之后依次为中部地区、西部地区、东部地区(图 13)。

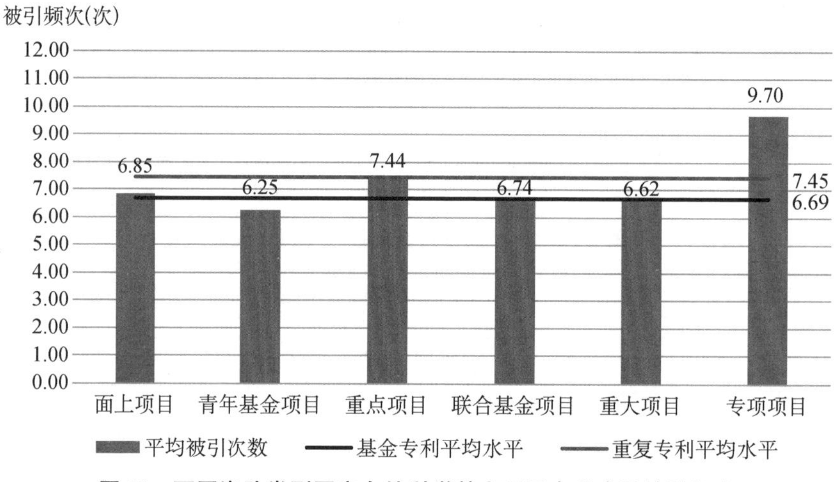


**图 10　不同资助类型国家自然科学基金项目专利成果被引频次**

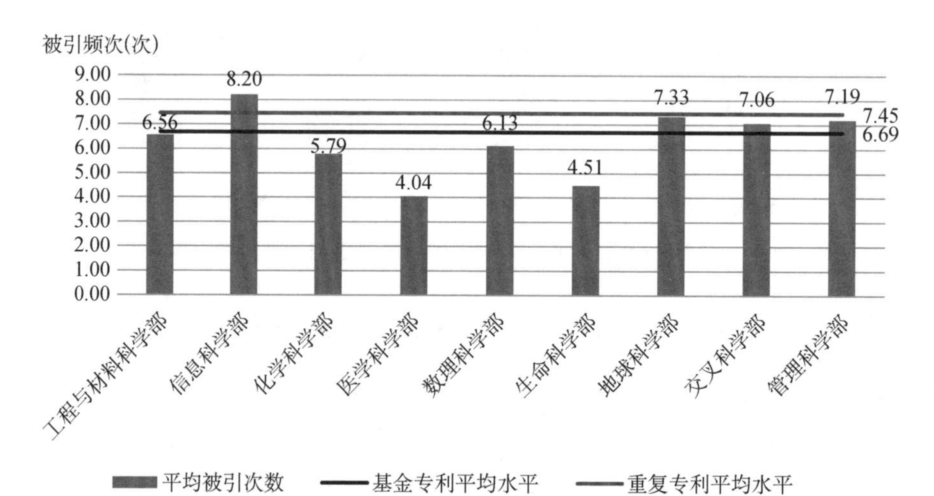


**图 11　不同资助领域国家自然科学基金项目专利成果被引频次**

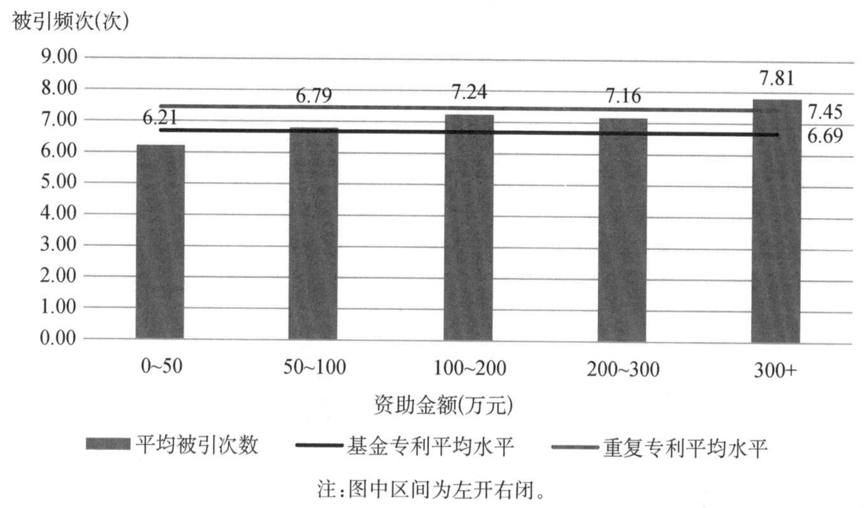


注:图中区间为左开右闭。

**图 12　不同资助金额国家自然科学基金项目专利成果被引频次**

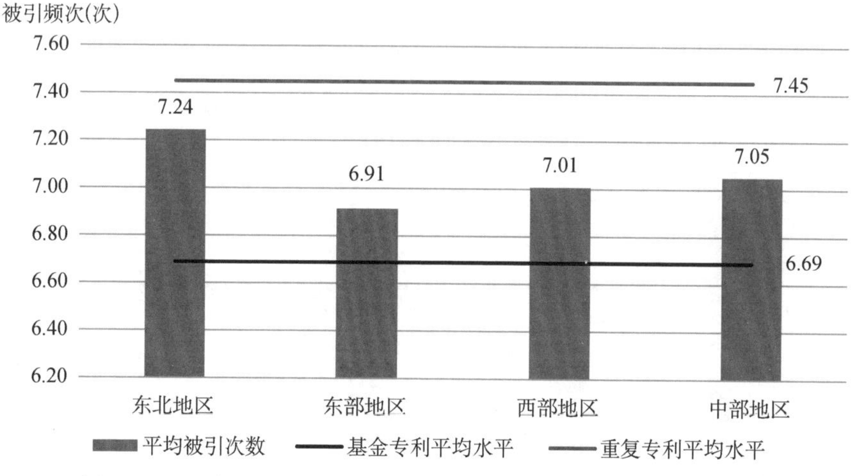


**图 13　不同地区依托单位国家自然科学基金项目专利成果被引频次**

## 四、专利成果经济质量分析:重复专利弱于整体水平

统计数据显示,国家自然科学基金项目专利成果转让数量占比为 6.01%,重复专利中有转让记录的专利占比为 5.82%。从资助类型来看,转让专利主要集中于面上项目和青年基金项目。专项项目的转让专利数最少,但转让专利占比最大(图 14)。从资助领域来看,转让专利主要集中于工程与材料科学部和信

息科学部项目,而医学科学部和生命科学部的转让专利占比相对较大(图 15)。从资助金额来看,转让专利主要集中于资助金额在 50 万元以上、不超过 100 万元的项目,资助金额超过 300 万元的项目转让专利占比最大(图 16)。从依托单位来看,转让专利主要集中于东部地区高校项目,而东北地区高校项目转让专利占比最大(图 17)。

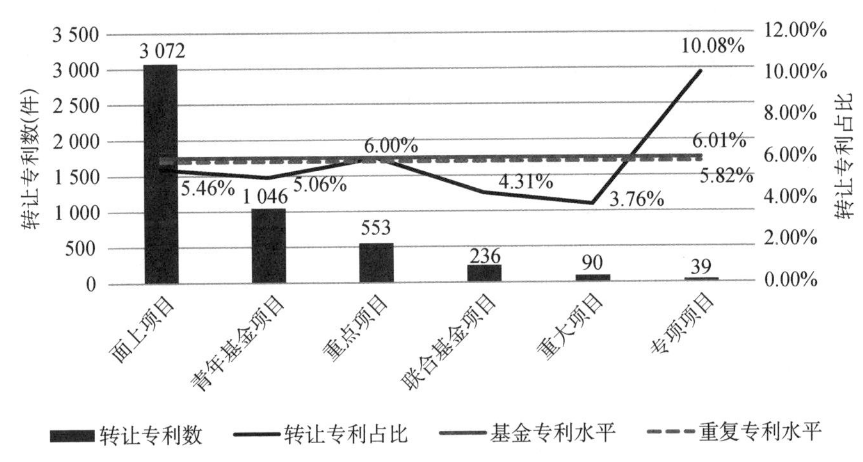


**图 14　不同资助类型国家自然科学基金项目专利转让情况**

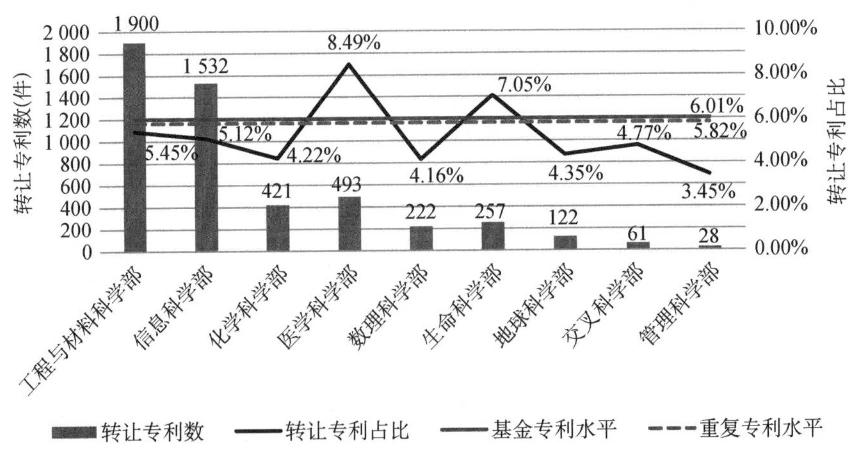


**图 15　不同资助领域国家自然科学基金项目专利转让情况**

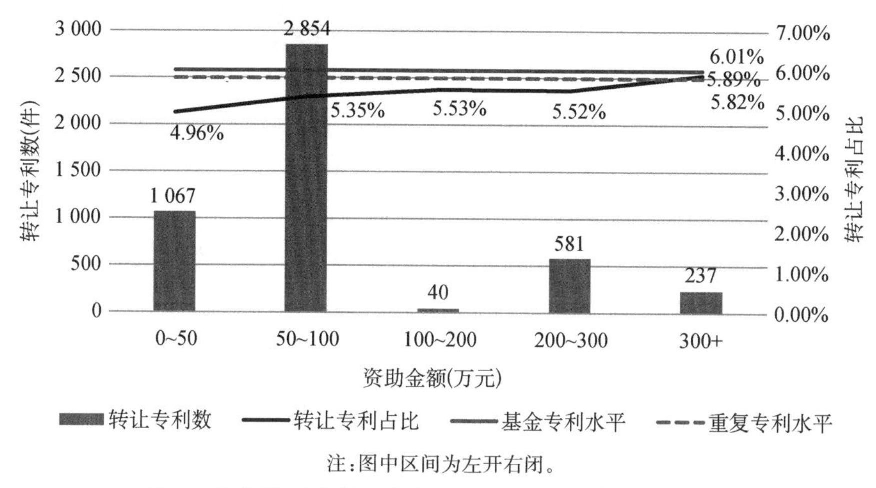


注：图中区间为左开右闭。

**图 16　不同资助金额国家自然科学基金项目专利转让情况**

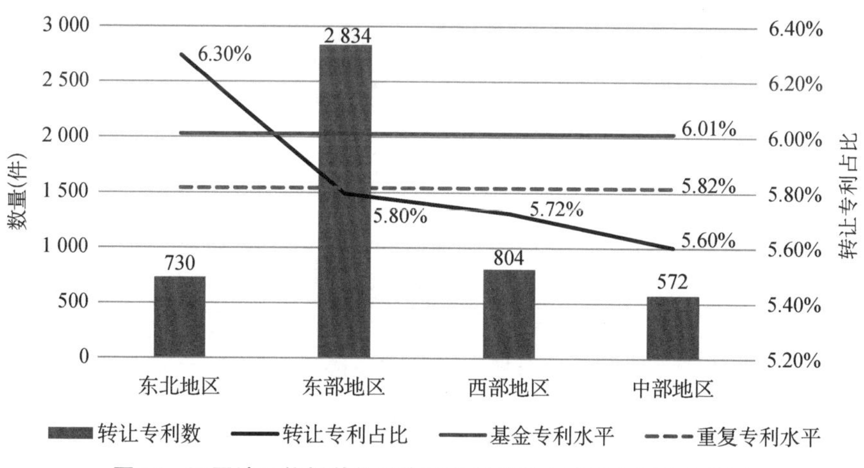


**图 17　不同地区依托单位国家自然科学基金项目专利转让情况**

## 五、结语

根据以上数据统计分析可知，我国 35 所“985 工程”建设高校国家自然科学基金项目产出的专利成果整体表现出以下规律。

第一，国家自然科学基金项目专利成果以发明专利为主，面上项目是产出专利成果的主要资助类型，工程与材料科学部是产出专利成果的主要资助领域，资助金额大于 50 万元、不超过 100 万元的项目是产出专利成果的主要项目，东部地区高校是产出专利成果的主要依托单位。

第二，重复专利的授权率、平均被引频次相对较高，这说明多个国家自然科学基金项目共同资助产出的专利成果的法律质量、技术质量更高。这可能是因为，不同项目团队所拥有的资源各不相同，不同团队的合作能起到互补作用，产出的专利成果质量相对较高。重复专利的转让比例较低，这可能是由于多个项目团队共有专利成果的权属问题相对复杂。

第三，国家自然科学基金项目的资助金额与整体授权率、专利平均被引频次、转让专利占比基本呈正相关关系，即资助金额越高的国家自然科学基金项目产出的专利成果的法律质量、技术质量和经济质量越高。

第四，不同资助类型、不同资助领域、不同资助金额、不同地区依托单位的专利质量存在差异。专项项目、数理科学部项目、资助金额超过 300 万元的项目，以及中部地区高校项目专利成果授权率较高，法律质量相对较高；专项项目、信息科学部项目、资助金额超过 300 万元的项目，以及东北地区高校项目专利成果平均被引频次最高，技术质量相对较高；专项项目、工程与材料科学部项目、资助金额超过 300 万元的项目，以及东北地区高校项目转让专利占比最大，经济质量相对较高。

说明：

本文数据源于课题组搭建的“链科创”数据库与 incoPat 专利数据库，数据更新至 2023 年 11 月 20 日。除上述结论外，国家自然科学基金资助项目产生的专利成果的授权率可能还会受科研人员披露选择的影响，不同资助类型、资助领域、资助金额和依托单位所在地区的样本数量存在一定差异，可能导致一定误差。受篇幅限制，不在此赘述。

东部、中部、西部、东北地区的分类参考国家统计局相关划分。东部地区包括北京、天津、河北、上海、江苏、浙江、福建、山东、广东和海南；中部地区包括山西、安徽、江西、河南、湖北和湖南；西部地区包括内蒙古、广西、重庆、四川、贵州、云南、西藏、陕西、甘肃、青海、宁夏和新疆；东北地区包括辽宁、吉林和黑龙江。

# 国家自然科学基金项目专利质量评估

## ——同济篇

| 喻诚搏　常旭华

国家自然科学基金以国家设立的高等学校、科研机构等的科学研究项目为主要资助对象，是我国支持基础研究的主渠道，为推动中国自然科学类基础研究追赶国际先进水平、促进基础学科建设、培养优秀科技人才作出了巨大贡献。然而，经过30多年的发展，国家自然科学基金以课题项目为主的资助模式不可避免地带来了成果多数量型而非质量型的问题。因此，如果要正确、客观地判断和评估国家自然科学基金资助的真实效果，那么就要研究国家自然科学项目产出论文和专利的真实质量水平。鉴于专利成果数据的可获得性，本文将以同济大学2015—2018年结项的国家自然科学基金项目的专利成果为研究对象，从法律、技术、经济三方面分析专利成果的质量情况，凝练真实问题。

### 一、整体情况

统计资料显示，2015—2018年，同济大学共有1 483个国家自然科学基金项目结项，其中有280个项目产出专利成果共计1 069项。专利成果以发明专利申请为主，共901件，占比达84.3%(图1)。面上项目是产出专利成果的主要资助类型(图2)，工程与材料科学部是产出专利成果的主要资助领域(图3)。因此，本文主要以同济大学901项发明专利申请为研究对象，从法律、技术和经济三个层面选取相应指标对专利质量进行分析。

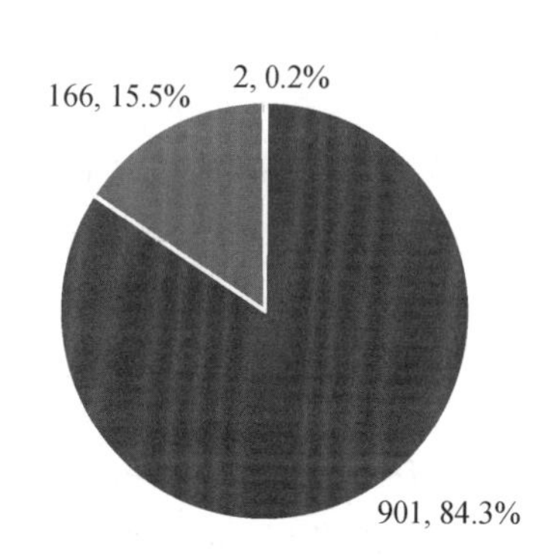


**图1　同济大学国家自然科学基金项目专利成果不同类别分布情况**

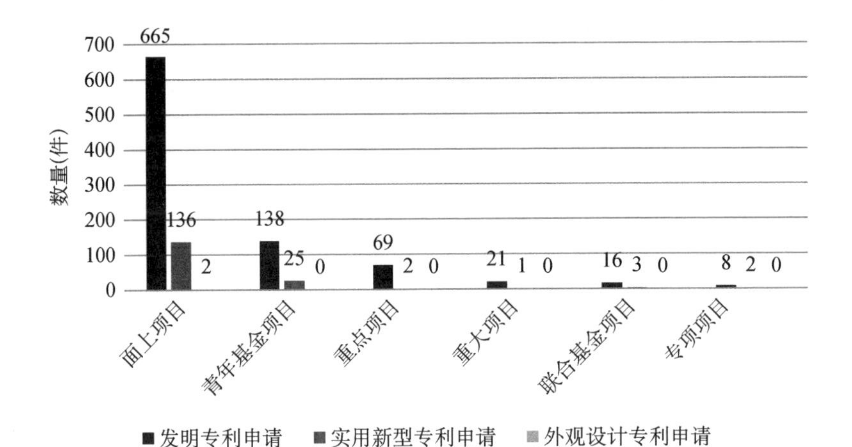


**图 2　同济大学不同资助类型国家自然科学基金项目专利成果分布情况**

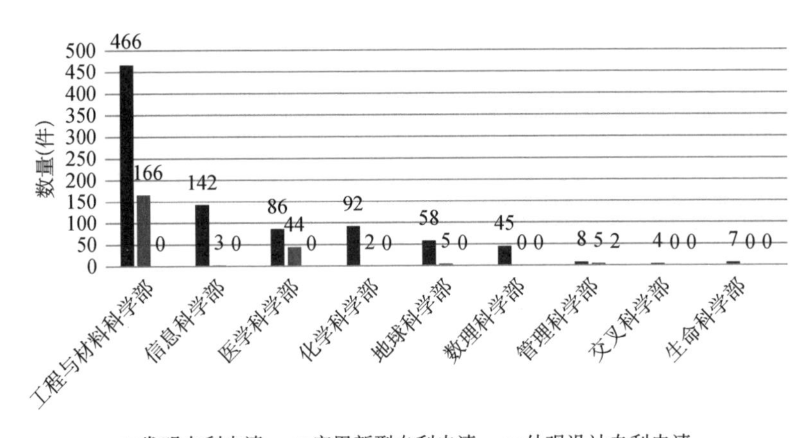


**图 3　同济大学不同资助领域国家自然科学基金项目专利成果分布情况**

## 二、专利成果法律质量分析：授权率高，存续时间短

统计数据显示，同济大学国家自然科学基金项目产出的技术成果平均专利申请授权率高于同济大学整体水平(图 4)。资助类型中同济大学联合基金项目专利成果的授权率最高，青年基金项目专利成果的授权率最低。资助领域中同济大学交叉科学部项目专利成果授权率最高，医学科学部项目专利成果授权率最低(图 5)。同济大学国家自然科学基金项目专利成果的整体授权率为 71.03%，所有资助类型和资助领域的项目专利成果授权率均超过了同济大学整

体水平(51.48%)①。

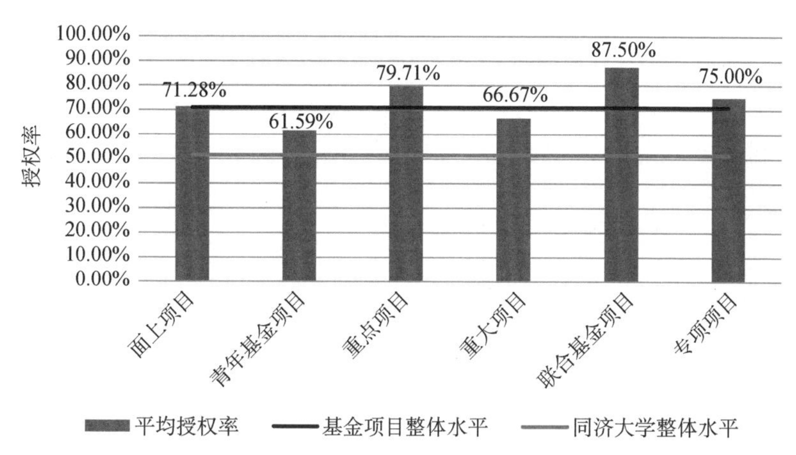


**图 4　同济大学不同资助类型国家自然科学基金项目专利成果授权率**

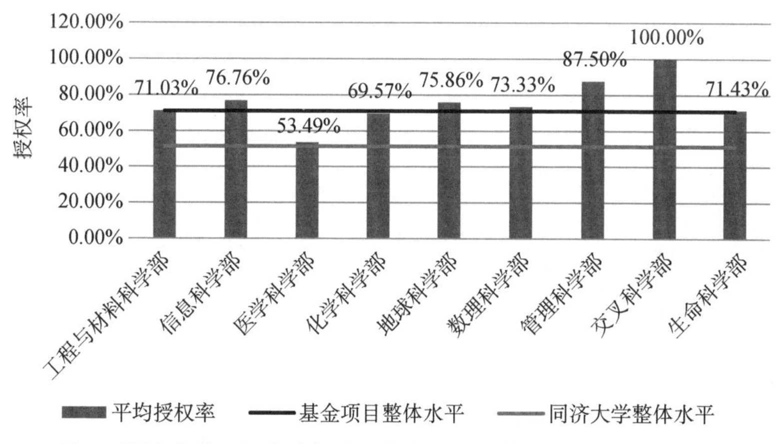


**图 5　同济大学不同资助领域国家自然科学基金项目专利成果授权率**

资助类型中,重大项目与专项项目的专利成果法律状态最稳定;资助领域中,管理科学部项目专利成果法律状态最稳定。国家自然科学基金项目产出的失效专利平均寿命短于同济大学整体水平。有 213 项专利成果目前处于失效状态,占比达 23.64%。重大项目、专项项目及管理科学部项目没有失效专利成果。国家自然科学基金项目失效专利平均寿命为 62.63 月,青年基金项目、重点

---

① 同济大学 2015—2018 年专利成果为申请人单位信息中包含同济大学的 20 019 件发明专利申请。

项目两个资助类型项目的失效专利平均寿命长于基金项目平均值(图 6),医学科学部、生命科学部、信息科学部、数理科学部四个资助领域项目产出的失效专利平均寿命高于平均值。同济大学所有国家自然科学基金项目产出的失效专利成果的平均寿命为 70.69 月,高于所有资助类型、绝大多数资助领域国家自然科学基金项目产出的失效专利成果的平均寿命(图 7)。

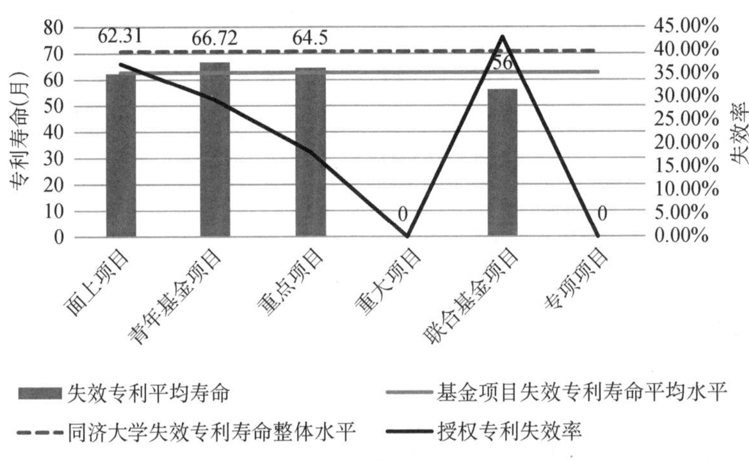


**图 6　不同资助类型国家自然科学基金项目专利成果失效率及平均寿命**

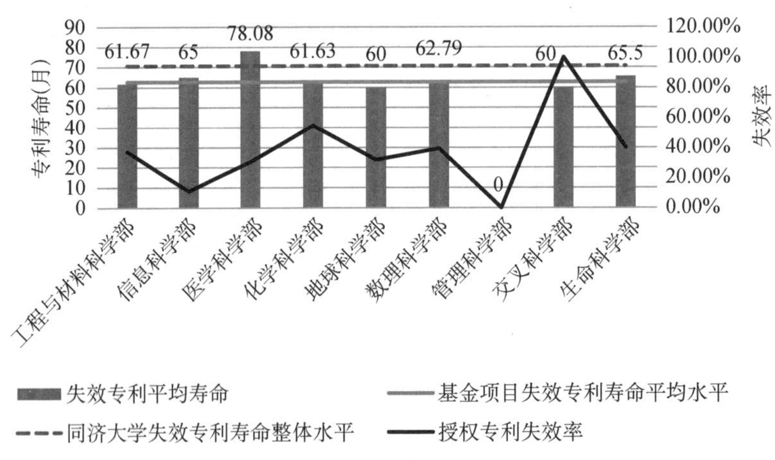


**图 7　不同资助领域国家自然科学基金项目专利成果失效率及平均寿命**

## 三、专利成果技术质量分析:被引表现参差不齐

国家自然科学基金项目产出的专利成果平均被引频次高于同济大学整体水

平，资助类型中重点项目、资助领域中管理科学部项目专利成果被引频次最高（图 8）。联合基金项目、化学科学部项目、医学科学部项目和生命科学部项目专利成果平均被引频次未达到同济整体水平，技术质量相对较低（图 9）。截至 2022 年年底，基金项目专利成果的平均被引频次为 8.31 次，重点项目、面上项目及管理科学部项目、信息科学部项目、地球科学部项目专利成果平均被引频次高于基金项目平均水平。联合基金项目、化学科学部项目、医学科学部项目和生命科学部项目专利成果平均被引频次未达到同济整体水平（5.66 次）。

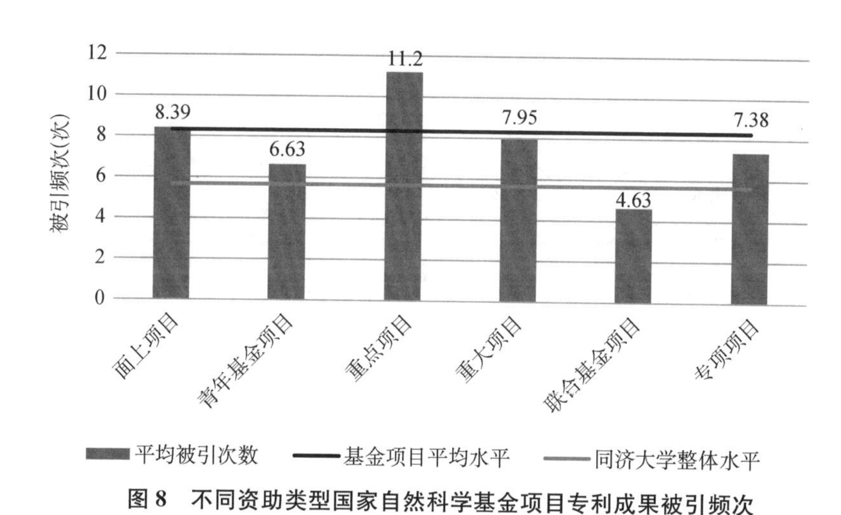


**图 8　不同资助类型国家自然科学基金项目专利成果被引频次**

被引频次(次)
16
14
12
10
8
6
4
2
0
7.89
12.99
4.29
5.05
12.03
6.84
14.5
9
2.85
工程与材料科学部
信息科学部
医学科学部
化学科学部
地球科学部
数理科学部
管理科学部
交叉科学部
生命科学部
平均被引次数
基金项目平均水平
同济大学整体水平

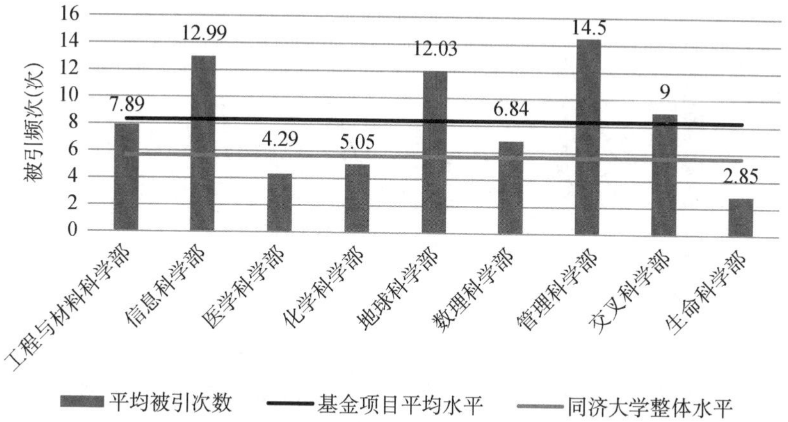

**图 9　不同资助领域国家自然科学基金项目专利成果被引频次**

## 四、专利成果经济质量分析：表现不佳，但优于整体水平

统计显示，同济大学有转让记录的专利集中分布于面上项目和工程与材料科学部项目，国家自然科学基金项目产出的专利中有转让记录的占比高于同济大学整体水平(图 10、图 11)。面上项目共有 33 件专利有转让记录，占比最高(7.08%)。工程与材料科学部项目共有 21 件专利有转让记录，医学科学部项目有转让记录的专利占比最高(13.95%)。国家自然科学基金项目产出的专利转让占比为 4.89%，高于同济大学整体水平(2.12%)。

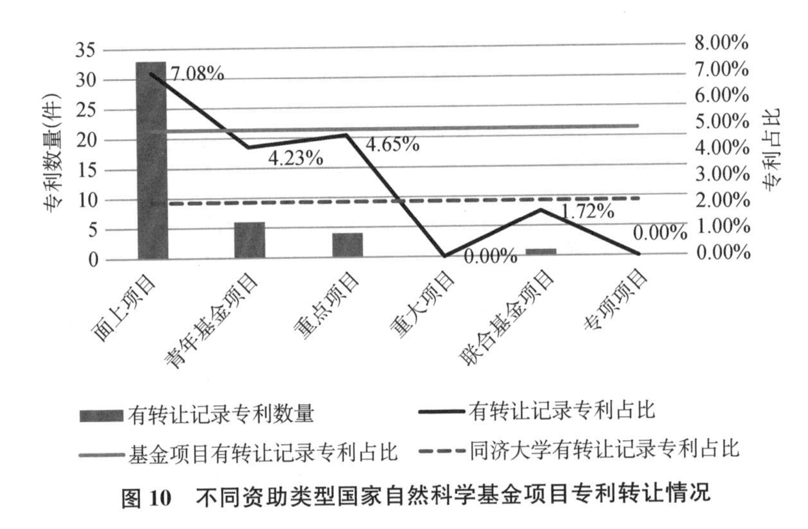


**图 10　不同资助类型国家自然科学基金项目专利转让情况**

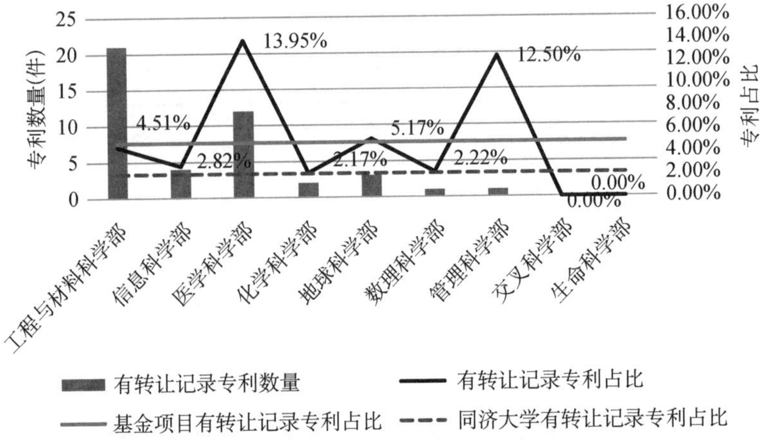

**图 11　不同资助领域国家自然科学基金项目专利转让情况**

## 五、结语

根据以上数据统计分析，同济大学基于国家自然科学基金项目产出的专利成果整体表现出以下规律。

第一，专利成果以发明专利为主，面上项目是产出专利成果的主要资助类型，工程与材料科学部是产出专利成果的主要资助领域。

第二，与同济大学整体样本相比，国家自然科学基金项目产出的专利成果授权率、平均被引频次、转让记录占比更高，显示国家自然科学基金项目专利成果法律质量、技术质量及经济质量表现更佳。但与此同时，国家自然科学基金项目产出的失效专利成果平均寿命短于同济大学整体水平，进一步证实了为应付项目结题而产出数量型成果的不良现象。

第三，不同资助类型、不同资助领域的项目专利质量存在差异。联合基金项目、交叉科学部项目专利成果授权率最高，法律质量相对较高；重点项目、管理科学部项目专利成果被引频次最高，技术质量相对较高；面上项目、工程与材料科学部项目有转让记录专利成果占比最高，经济质量相对较高。

说明：本文数据源于课题组搭建的“链科创”数据库。除上述结论外，国家自然科学基金项目产出的专利成果授权率可能还会受到科研人员披露选择的影响，不同资助类型、不同资助领域的样本数量存在一定差异，可能导致一定误差。受篇幅限制，不在此赘述。

# 我国一流高校智库科研合作网络特征

## ——基于研究领域的比较分析

| 薛钰潔

随着我国经济与社会的发展，政府为满足决策科学化与民主化的要求，开始注重智库提供的决策支持。作为党和政府科学决策、民主决策、依法决策的重要支撑，国家治理体系和治理能力现代化的重要内容，以及国家软实力的重要组成部分，中国特色新型智库建设受到以习近平同志为核心的党中央高度重视。高校智库作为我国智库建设的重要力量，通常直接挂靠在大学院所，可以广泛利用学术资源，在研究深度与研究广度上都有较大的发挥空间，其提供的研究结论也更具科学性。高校智库具有人才资源集中、学科门类齐全、基础研究扎实等独特优势。高校智库在新时代必将发挥更重要的作用，高校需要更多聚焦于高校智库的建设与发展。

科研合作是当前科学研究的主流方式，特别是跨领域的合作是解决重大科学问题的主要途径。基于共同的研究领域和研究兴趣，不同地域的高校智库联系在一起，开展智库与智库、智库与高校和科研机构、智库与企业的科研合作也是一种常见的科研合作方式。从具体行业角度来看，高校智库科研合作的新的视角是基于行业领域而开展的，机构处于同一个行业且具有相似的研究方向，因为相近的机构背景或业务要求而与高校智库结成合作关系。高校智库最初阶段大多是基于亲缘关系和地缘关系，与其本校及所在地区的研究方向和研究背景相同的有实力的合作对象进行科研合作。随着高校对智库专业化要求的不断提升，高校智库合作对象不再局限于母体高校或是周边一定范围内的高校智库等机构，开始在全国范围内广泛合作，科研合作进入了新阶段。笔者基于 CTTI 的高校智库数据，以及中国知网 CNKI 数据库收录的这些高校智库近年来合作论文的数据进行分析，选取国家治理和国家发展研究领域、教育研究领域与海洋领域三个比较有代表性的行业领域为例进行分析。

## 一、国家治理和国家发展研究领域科研合作网络分析

以国家治理和国家发展这一研究领域为例，在一流大学高校智库名单中选取出属于这一领域的智库并进行分析。选择北京大学国家发展研究院、北京大学国家治理协同创新中心、北京大学国家治理研究院、中国人民大学国家发展与战略研究院、清华大学国际关系研究院、天津大学中国绿色发展研究院、复旦大学政党建设与国家发展研究中心、复旦大学中国研究院、同济大学中国战略研究院、华中科技大学国家治理研究院、中山大学国家治理研究院、华南理工大学社会治理研究中心 12 家高校智库为样本进行分析，构建合作网络，如图 1 所示。该领域合作网络共有 151 个节点、590 条边，网络密度是整体网络的 5 倍左右，科研合作小团体之间的关系紧密程度相对较高、合作效率较高。

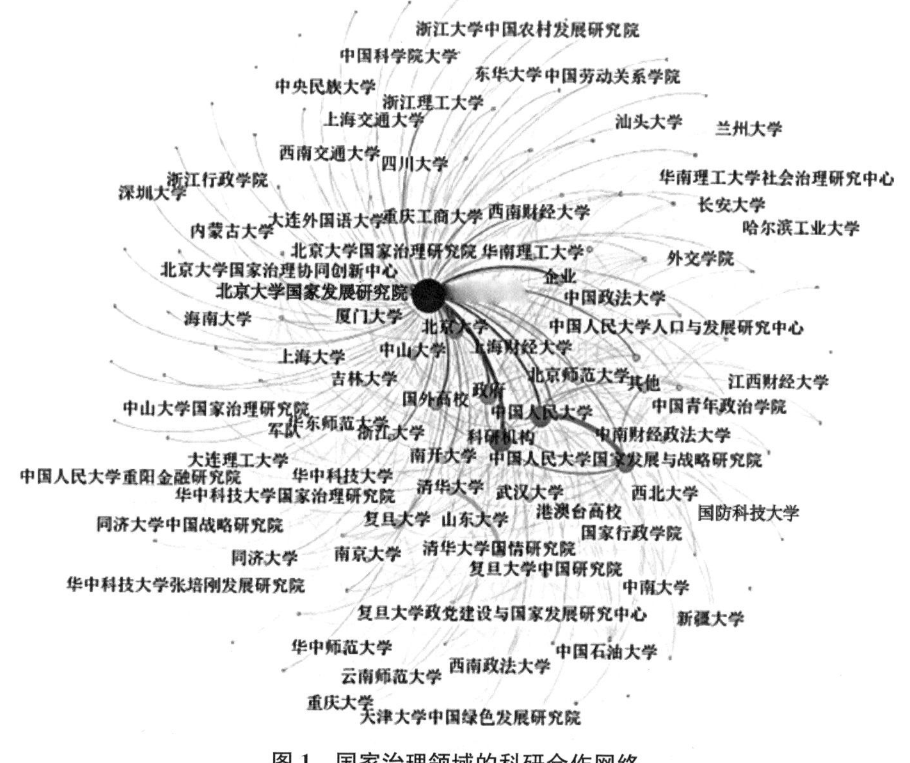


**图 1　国家治理领域的科研合作网络**

合作网络中除样本外的各节点来自全国各地不同高校与机构，以北京大学

国家发展研究院与中国人民大学国家发展与战略研究院为核心，与政府、科研机构、国外高校等主体在国家治理和国家发展这一领域开展科研合作，汇集了国内外顶尖的科研队伍，为国家发展助力。

## 二、教育研究领域科研合作网络分析

以教育研究领域为例，筛选出北京师范大学首都教育经济研究院、北京师范大学智慧学习研究院、北京师范大学中国教育与社会发展研究院、天津大学教育科学研究中心、华东师范大学课程与教学研究所、浙江大学中国科教战略研究院、厦门大学高等教育发展研究中心 7 家高校智库作为研究样本，如图 2 所示。该合作网络得到 688 条合作发文数据，形成了一个拥有 192 个节点、295 条边的科研合作网络，网络密度为 0.016，基于教育领域建立的科研合作小团体之间的关系紧密程度与整体科研合作网络持平，合作效率较高。这些教育领域高校智

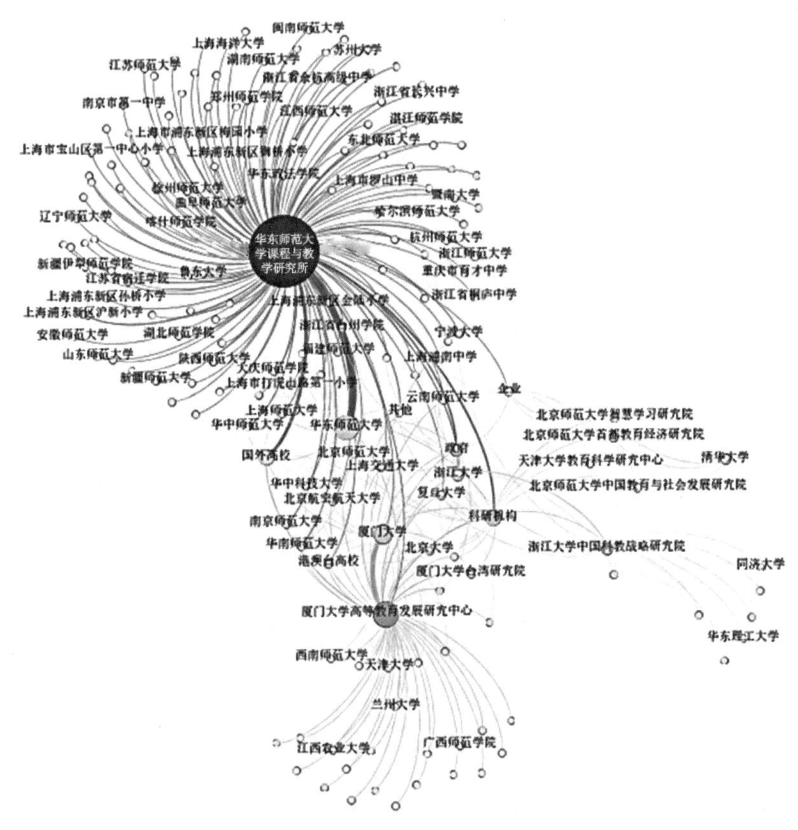


图 2 教育研究领域的科研合作网络

库与政府、国内外高校、企业建立了合作关系，积极进行成果产出与转换，为我国教育事业的发展建言献策。

教育研究合作网络以华东师范大学课程与教学研究所、厦门大学高等教育发展研究中心为核心，与全国各地众多所师范类高校建立了科研合作关系。特别是华东师范大学课程与教学研究所致力于中国特色的课程学术与实践创新，与国内外众多师范类高校有较多的合作和联系；厦门大学高等教育发展研究中心专注于研究高等教育相关领域问题，对国家高等教育改革与发展发挥建设性作用，促进我国高等教育事业优质持续健康发展，其合作关系更多体现在与国内外高校的广泛合作。这充分体现了在教育研究领域内以优秀高校智库为核心，带动行业内相关合作者一起进行科研合作的合作方式。

## 三、海洋研究领域科研合作网络分析

以海洋研究领域为例，选取中国海洋大学海洋发展研究院、武汉大学中国边界与海洋研究院、中山大学南海战略研究院 3 家智库为样本，它们在国家及地方海洋事业发展中发挥着重要决策咨询作用。选取 226 条合作发文数据构建合作网络，共有 38 个节点、117 条边，网络密度为 0.166，与整体网络相比高出非常多(图 3)。

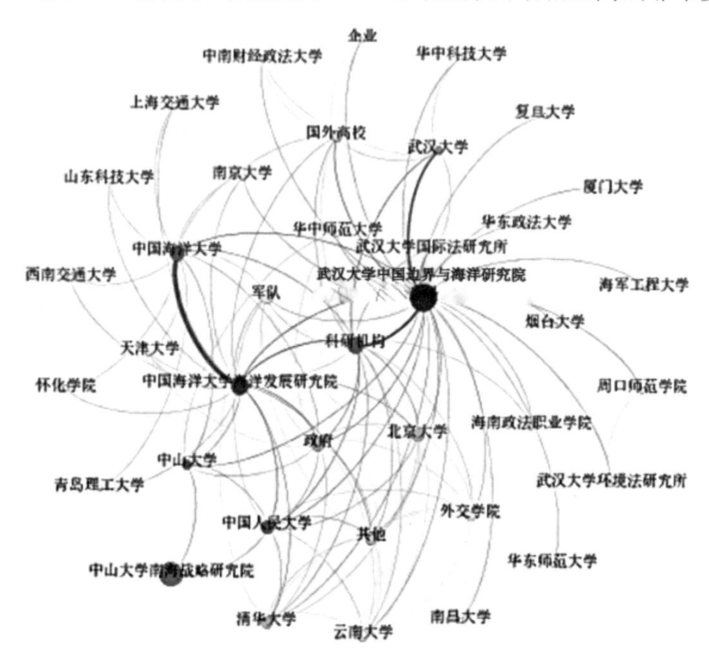


图 3　海洋研究领域的科研合作网络

上述 3 家海洋研究领域的样本智库与政府、科研机构、军队、国内外高校均产生了科研合作关系，中国海洋大学海洋发展研究院研究方向覆盖我国海洋焦点问题的各个方面，其中在区域海洋重大问题研究、极地战略研究、钓鱼岛问题研究、周边国家海洋争端研究等方面独树一帜。中国海洋大学海洋发展研究院与武汉大学中国边界与海洋研究院在海洋领域的开展了较多的科研合作。相较之下，中山大学南海战略研究院与上述两家高校智库的科研联系的紧密度较低。该智库近些年聚焦南海问题，为外交决策提供支持的定位与上述两家海洋研究领域智库的交叉范围有限，其参与的科研合作更多聚焦国际关系与国际政策领域。

由以上研究领域的科研合作网络分析可以看出，各领域高校智库的研究方向各有侧重，通过在相同领域的合作，可以汇聚最优质的科研资源与人力资源，为国家、社会建言献策，打破地域的限制，跳出封闭的合作圈子，形成高效的合作网络，有利于成果产出与转化，大大提高为政府、为社会服务的效率与质量。

# 国际标杆

# 中国国际科技合作战略转向的趋势分析*

胡 雯 鲍悦华

## 一、引言

2023年11月15日，国家主席习近平在美国旧金山斐洛里庄园同美国总统拜登举行中美元首会晤。习近平主席指出，相互尊重、和平共处、合作共赢，这既是从50年中美关系历程中提炼出的经验，也是历史上大国冲突带来的启示，应该是中美共同努力的方向。只要双方坚持相互尊重、和平共处、合作共赢，完全可以超越分歧，找到两个大国正确相处之道。近年来，中国国际科技合作战略布局在技术政治时代已发生转向，这种转向同时也受到中美在科技领域的竞争日益加剧的冲击与影响。本文在对中国国际科技合作战略转向进行定性梳理的基础上，利用文献计量分析法进一步对定性分析得到的战略转向趋势开展量化验证和具体分析，为中国在中美科技竞争加剧的背景下，如何更好地应对时代挑战、提升合作能级、拓展合作空间等提供启示。

## 二、中国国际科技合作的战略转向

中华人民共和国成立以来，中国对国际科技合作的定位经历了4个发展阶段，自1986年中国国际科技合作进入全面、平稳、深入发展阶段后，"国际科技合作"逐步向"国际科技创新合作"演化[1]。2018年以后，国际竞争格局进入剧烈重构期，中国国际科技合作战略在百年未有之大变局下，战略目标由参与全球创新向引领全球创新转向，战略理念由提升开放水平加快向全面开放创新转向。

"十二五"至"十三五"前期，经济全球化趋势带动国家间科技合作空前繁荣。中国国际科技合作政策体系逐步完善，以提升科技开放和合作水平、充分吸引全

---

* 本文系国家社会科学基金重大项目"新形势下进一步完善国家科技治理体系研究"(项目编号：21ZDA018)的阶段性研究成果。

球创新资源为主旨，逐步形成多主体共同参与、多渠道全面推进、多形式相互促进的合作格局。在发达国家合作机制上，主要采用高层双边/多边对话机制和联委会机制推进科技合作。在发展中国家国际合作机制上，主要采用论坛框架，合作领域上主要集中在能源资源开发利用、新材料与先进制造、信息网络、现代农业、生物与健康、生态环境保护、空间和海洋、公共安全等。

"十三五"中后期，以中美贸易摩擦为开端，中国国际科技合作战略面临逆全球化趋势的严峻挑战。2019 年 11 月，习近平主席在第二届中国国际进口博览会开幕式上发表"开放合作 命运与共"主旨演讲，明确中国持续推进更高水平对外开放的立场，强调了"共建开放合作、开放创新、开放共享的世界经济"的愿景。在战略目标和理念上，一方面希望通过全方位融入和布局全球创新网络，实现全球范围内的创新资源优化配置，从而形成互利共赢、共同发展的国际科技合作关系；另一方面提出要深度参与全球创新治理，成为若干重要领域的引领者和重要规则的贡献者，增强中国在国际规则制定中的话语权和影响力。在十大创新对话机制和七大科技伙伴计划的基础上，积极参与国际组织和多边机制，支持学界和业界参与国际日核聚变实验堆计划（International Thermonuclear Experimental Reactor, ITER）、地球观测组织（Group on Earth Observations, GEO）等大科学计划和大科学工程，旨在利用多边舞台主动参与全球创新治理，并发挥中国在科技核心议题上的引领作用[2]。

通过对相关政策文本和文献资料的阅读与梳理，将"十二五"和"十三五"期间中国国际科技合作战略布局作对比，如表 1 所示。

**表 1 "十二五"和"十三五"期间中国国际科技合作战略布局对比**

| 项目 | 时期 | |
|---|---|---|
| | "十二五"至"十三五"前期（2011—2017 年） | "十三五"中后期（2018—2020 年） |
| 目标 | 营造对外开放与合作的良好环境，推进外交战略、促进经济社会发展和增强自主创新能力，形成多主体共同参与、多渠道全面推进、多形式相互促进的国际科技合作新格局，吸引全球创新资源 | 全方位融入和布局全球创新网络，形成互利共赢、共同发展的国际科技创新合作新局面；科技创新与外交战略相结合；深度参与全球创新治理，成为若干重要领域的引领者和重要规则的贡献者；支持企业深度参与国际科技创新合作 |
| 理念 | 提升开放水平 | 全面开放合作、开放创新、合作共赢 |

（续表）

<table>
<tr><th colspan="3" rowspan="2">项目</th><th colspan="2">时期</th></tr>
<tr><th>“十二五”至“十三五”前期<br>（2011—2017 年）</th><th>“十三五”中后期<br>（2018—2020 年）</th></tr>
<tr><td rowspan="5">路径</td><td rowspan="4">合作机制</td><td>发达国家</td><td>中美：高层科技战略对话，科技联委会机制；中欧：科技伙伴计划；中日韩：科技部长会议机制，联合研究计划</td><td rowspan="2">发挥政府间科技创新合作“伞”式作用，丰富和深化与大国的“创新对话”机制。谋划建立双（多）边“创新基金”，支持双（多）边技术创新与成果转移转化合作。在“创新对话”机制下，与相关国家（地区）建立“创新论坛”，为政府间和民间国际科技创新交流与合作搭建新的机制与平台。加强同周边国家（地区）和发展中国家（地区）科技创新需求的对接，建立或完善与发展中国家及新兴经济体之间的科技伙伴计划<br>十大创新对话机制；七大科技伙伴计划</td></tr>
<tr><td>发展中国家</td><td>中俄：高层定期会晤机制，全面科技合作战略；中印：科技合作指导委员会；东盟十国和中日韩：“10＋3”机制；中国和拉美：中拉科技创新论坛；中非：中非科技论坛框架；中国和阿拉伯国家：中国—阿拉伯国家合作论坛框架</td></tr>
<tr><td>国际组织</td><td>—</td><td>鼓励和支持中国科学家和科研管理人员到国际组织任职，大力推进国际组织任职高端化，逐步形成国际组织任职人才梯队</td></tr>
<tr><td>“一带一路”共建国家</td><td>—</td><td>全面发挥科技创新合作对共建“一带一路”的先导作用，打造发展理念相通、要素流动畅通、科技设施联通、创新链条融通、人员交流顺通的创新共同体。通过科技援助项目支撑“一带一路”倡议</td></tr>
<tr><td colspan="2">重点领域</td><td>中美：清洁能源、节能减排、现代农业、应对气候变化等。在能源资源开发利用、新材料与先进制造、信息网络、现代农业、生物与健康、生态环境保护、空间和海洋、公共安全等合作重点领域建设一批国际化的联合研究和创新平台</td><td>面向全球有目的、分重点地在基础研究、前沿技术、竞争前技术等领域加强和优化国际科技合作布局</td></tr>
</table>

资料来源：根据《国际科技合作“十二五”专项规划》《“十三五”国际科技创新合作专项规划》《我国国际科技合作政策演进研究及对新时期政策布局的思考》《中国科技发展 70 年：1949—2019》综合整理。

## 三、中国国际科技合作战略转向的定性分析

采用文献计量分析法进一步对定性分析得到的战略转向趋势开展量化验证和具体分析。

1. 数据来源

论文是国内外国际科技合作研究的主要媒介[3]，科技论文合著数据可以表征国际科技合作情况[4-5]。本文以 WoS 中的 SCI-Expanded 和 SSCI 数据库为数据来源，对“地址”字段包含“People R China”的论文进行检索，时间跨度设置为 2014—2021 年，文献类型不限。经筛选获得中国国际合作论文记录 925 727 条，其中高被引论文记录 22 139 条。检索时间为 2022 年 7 月 13 日至 18 日。在具体分析中，将论文作者地址涉及国家数量大于 1 的样本定义为国际合作论文，则国际科技合作率＝国际合作论文数量/总论文数；采用高被引国际合作论文样本分析主导地位变化及合作网络演化趋势[6]。在国际合作论文中，作者署名的顺序关系能够体现出作者及其所在机构在研究中的相对贡献差异，可用于识别主导地位或局部参与[7]。其中，在主导地位分析中借鉴袁军鹏和薛澜，Wang XW、Xu SM 和 Wang Z，岳晓旭、袁军鹏、潘云涛等的研究方法[8-10]，将通讯作者地址字段所在国家识别为主导国家。

2. 总体发展趋势

中国 SCI 和 SSCI 论文发表总量、国际合作论文数量、国际科技合作率三个指标的总体发展态势如图 1 所示。从论文总量指标来看，中国的论文发表总量增速较快，2014—2021 年一直保持超过 10％的增长率，2021 年达到约 68.16 万

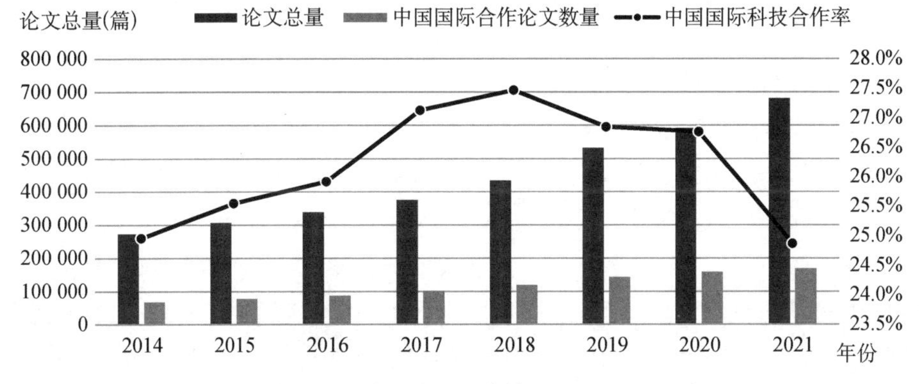


**图 1　中国国际合作论文总体情况(2014—2021 年)**

篇。从国际科技合作率指标来看，2014—2018 年，中国的国际科技合作率表现出稳步上升趋势，最高达到 27.47%，但在 2018 年后逐步回落到 2014 年水平，整体合作率约为论文总量的 25%。

从合作国家的变化情况来看，中国在 2018 年后虽然与 G7 国家(除美国)和金砖国家的合作比重均有所上升，但国际合作率仍呈现快速下降态势，原因是受到中美合作比重大幅降低的影响(2021 年比 2018 年下降近 10 个百分点)。一方面，中国与发达国家间合作比重有所增加，2021 年达到 33.43%，处于 2014—2021 年高位；另一方面，中国与其他金砖国家(巴西、俄罗斯、印度、南非)合作比重持续稳步增长，2021 年达 6.52%，表明中国国际科技合作在新兴经济体、"一带一路"共建国家方面有所侧重，但在合作规模上仍有较大发展空间，由于中美合作比重严重下降而析出的国际科技合作需求没有得到充分转移和补充，具体如图 2 所示。

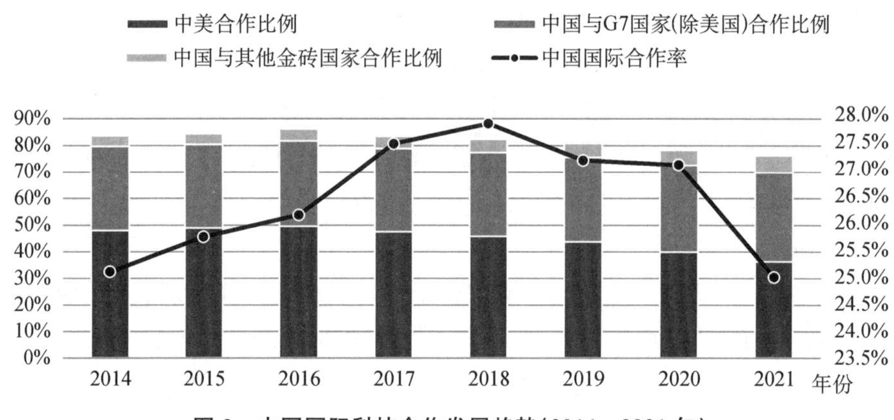


**图 2　中国国际科技合作发展趋势(2014—2021 年)**

3. 主导地位变迁

以通讯作者地址国家为主导国家开展分析工作，对 2014—2021 年中国高被引合作论文中的主导论文数量进行统计，进而计算得到主导率，结果如图 3 所示。中国的高被引合作论文主导率从 2014 年的 50.94%快速增长到 2021 年 70.79%，增幅高达约 20 个百分点。这表明中国在参与高水平国际科技合作过程中的主导地位有显著提升，且在寻求国际合作上具有很强的主动性。但过高的主导率也反映出国外对中国科技合作需求的减弱，这可能与主要国家在技术政治战略上的博弈有关，尤其是中美科技合作的减少对中国主导率变化有显著影响。

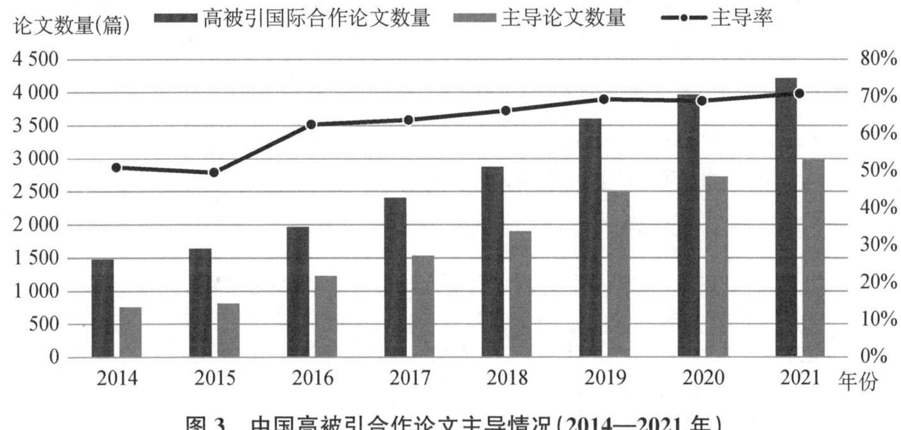


**图 3　中国高被引合作论文主导情况(2014—2021 年)**

根据定性分析结果和中国国际科技合作发展趋势,2018 年是中美国际科技合作变化的重要节点,本文进一步对比 2018 年前后的情况,选取 2015 年、2018 年、2021 年三个时间节点进行分析。从主导领域来看,中国高被引合作论文主要集中在工程、化学、材料、计算机、环境、物理、能源、自动化、数学、生物(主要是分子生物)等领域(表 2)。从时间维度上来看,2018 年后表现出较为多样的变化趋势,工程、计算机、环境、自动化等技术应用领域的排名有所上升,化学、物理、数学等基础学科领域的排名有所下降,表明中国高水平国际科技合作的重点领域偏向创新链后端。

**表 2　中国高被引合作论文主导领域前十位发展趋势**

| 排名 | | 1 | 2 | 3 | 4 | 5 | 6 | 7 | 8 | 9 | 10 |
|---|---|---|---|---|---|---|---|---|---|---|---|
| 2021 年 | 学科 | 工程 | 化学 | 材料 | 计算机 | 环境 | 物理 | 能源 | 自动化 | 数学 | 分子生物 |
| | 变化 | ▲1 | ▼1 | — | ▲1 | ▲2 | ▼2 | ▼1 | ▲5 | ▼1 | ▼1 |
| | 占比 | 27.79% | 22.49% | 14.62% | 13.21% | 10.79% | 9.25% | 7.51% | 6.03% | 3.96% | 3.29% |
| 2018 年 | 学科 | 化学 | 工程 | 材料 | 物理 | 计算机 | 能源 | 环境 | 数学 | 分子生物 | 电信 |
| | 变化 | — | — | — | — | — | ▲3 | — | ▼2 | ▲4 | ▲2 |
| | 占比 | 31.77% | 21.57% | 19.15% | 13.57% | 9.78% | 9.36% | 8.00% | 5.58% | 3.89% | 3.47% |
| 2015 年 | 学科 | 化学 | 工程 | 材料 | 物理 | 计算机 | 数学 | 环境 | 自动化 | 能源 | 植物 |
| | 占比 | 25.03% | 24.29% | 14.30% | 13.93% | 10.97% | 7.52% | 7.27% | 7.03% | 5.92% | 3.70% |

注:由于“科技—其他专题”类别没有明确的学科和领域指向,因此将其从排名计算范围中剔除。

从国外资助来源的变化情况来看，对于中国而言，虽然2018年前后美国都是最主要的资助来源国家，但美国资助所占比例呈断崖式下降，由2015年的21.21%降低至2021年的9.82%，降幅超过11个百分点。此外，来自欧盟、澳大利亚、英国、德国等国家和地区的资助比例总量和变化均较小(表3)。这表明一方面中国对国外科研资助的利用度不足，另一方面中美科技竞争所产生的负面影响没有获得有效缓解。

**表3　中国主导的高被引合作论文国外资助来源情况**

| 国家/地区 | 主要来源机构 | 2015年 | 2018年 | 2021年 |
|---|---|---|---|---|
| 美国 | 美国国家科学基金会、美国国立卫生研究院，以及其他联邦机构 | 21.21% | 20.88% | 9.82% |
| 欧盟 | 欧盟委员会 | 4.56% | 4.58% | 4.49% |
| 澳大利亚 | 澳大利亚研究理事会 | 4.69% | 5.58% | 4.12% |
| 英国 | 英国研究与创新机构 | 4.81% | 3.31% | 2.61% |
| 德国 | 德国研究基金会 | 2.96% | 1.89% | 2.51% |
| 加拿大 | 加拿大自然科学与工程研究理事会 | 1.36% | 1.74% | 1.61% |

4. 合作网络演化

继续将2018年作为关键节点，着重研究中国机构合作网络和关键词共线网络在2014—2017年(第一阶段)、2018—2021年(第二阶段)两个阶段内的变化。

中国高被引国际合作论文中排名前100的机构绘制两个阶段的合作网络图如图4所示。近年来，中国国际科技合作机构数量和机构间连接强度增长迅速，出现5次以上的机构数量由第一阶段的1 009家增加到第二阶段的1 876家。

表4显示了排名靠前的国外机构变化情况。两个阶段排名前十的国外机构中，来自美国的机构数量有明显下降，由第一阶段的6席下降到第二阶段的3席，取而代之的是来自澳大利亚和加拿大的机构，整体上由第一阶段的1席上升到第二阶段的4席。此外，前三甲机构没有明显变化，分别是新加坡南洋理工大学、新加坡国立大学，以及沙特的阿卜杜勒阿齐兹国王大学。

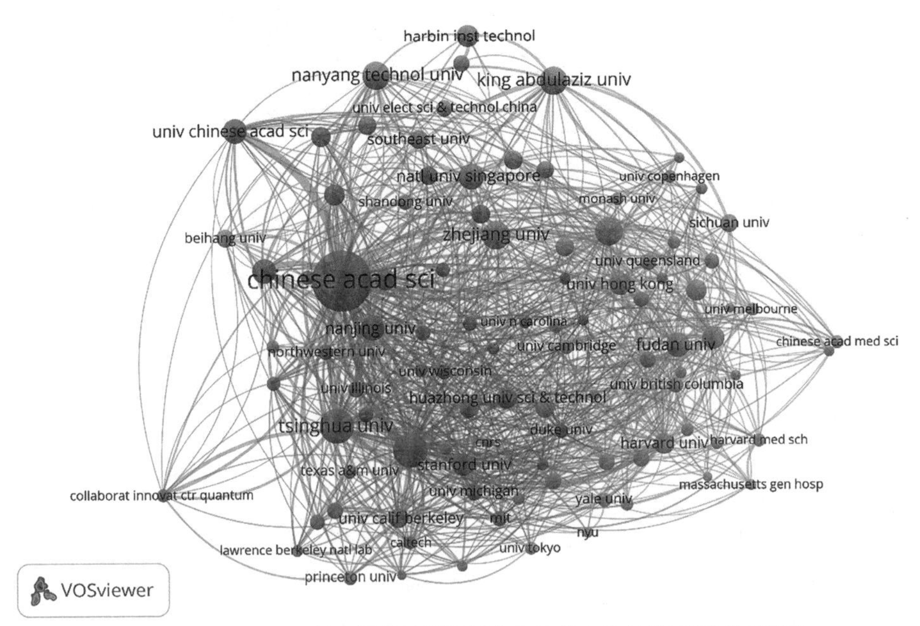


(a) 2014—2017年中国高被引国际合作论文中排名前100的机构网络

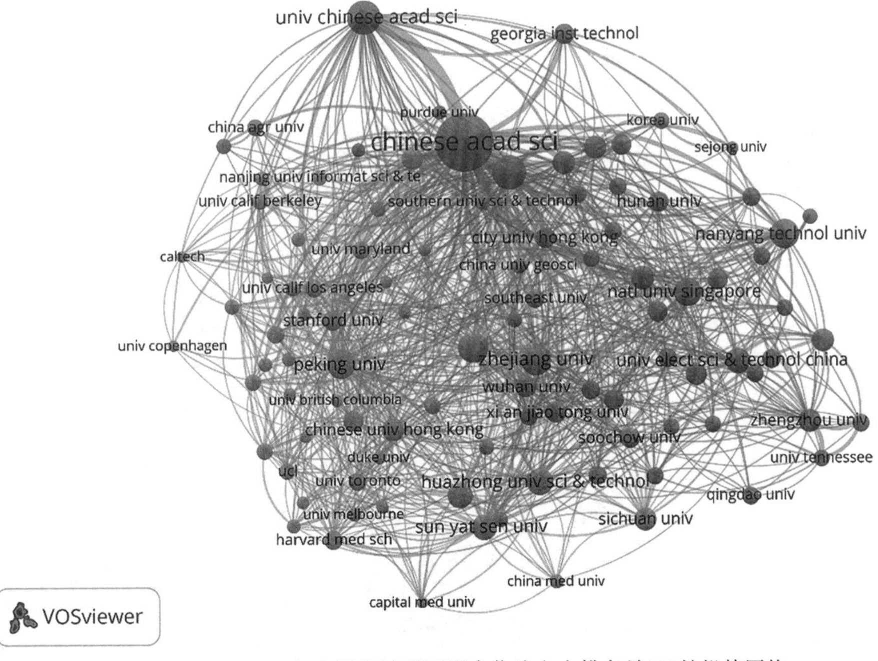


(b) 2018—2021年中国高被引国际合作论文中排名前100的机构网络

**图 4　中国高被引国际合作论文的机构网络演化情况**

**表 4　中国高被引国际合作论文中排名前十的国外机构**

| 排名 | 2014—2017 年 | | | 2018—2021 年 | | |
|---|---|---|---|---|---|---|
| | 国外机构 | 发文量 | 连接强度 | 国外机构 | 发文量 | 连接强度 |
| 1 | 南洋理工大学 | 259 | 263 | 南洋理工大学 | 465 | 636 |
| 2 | 阿卜杜勒阿齐兹国王大学 | 252 | 296 | 新加坡国立大学 | 448 | 662 |
| 3 | 新加坡国立大学 | 209 | 296 | 阿卜杜勒阿齐兹国王大学 | 286 | 322 |
| 4 | 斯坦福大学 | 156 | 335 | 斯坦福大学 | 244 | 540 |
| 5 | 佐治亚理工学院 | 145 | 227 | 佐治亚理工学院 | 231 | 418 |
| 6 | 哈佛大学 | 140 | 362 | 昆士兰大学 | 229 | 336 |
| 7 | 加州大学伯克利分校 | 135 | 317 | 悉尼大学 | 203 | 372 |
| 8 | 华盛顿大学 | 109 | 279 | 哈佛医学院 | 201 | 405 |
| 9 | 加州大学洛杉矶分校 | 105 | 193 | 悉尼科技大学 | 179 | 241 |
| 10 | 阿德莱德大学 | 94 | 104 | 多伦多大学 | 178 | 401 |

注：连接强度(total link strength)是指该机构与其他机构在同一篇论文中共同出现的次数(包括重复共现次数)。

从关键词共线网络的变化趋势来看，中国的关键词分布长期以来一直聚焦于新兴技术发展与应用领域，如图 5 所示。

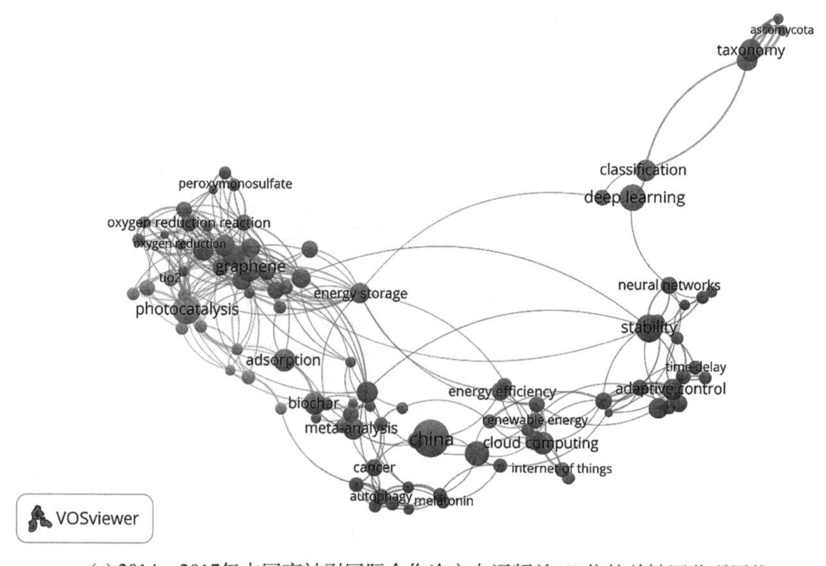


(a) 2014—2017年中国高被引国际合作论文中词频前100位的关键词共现网络

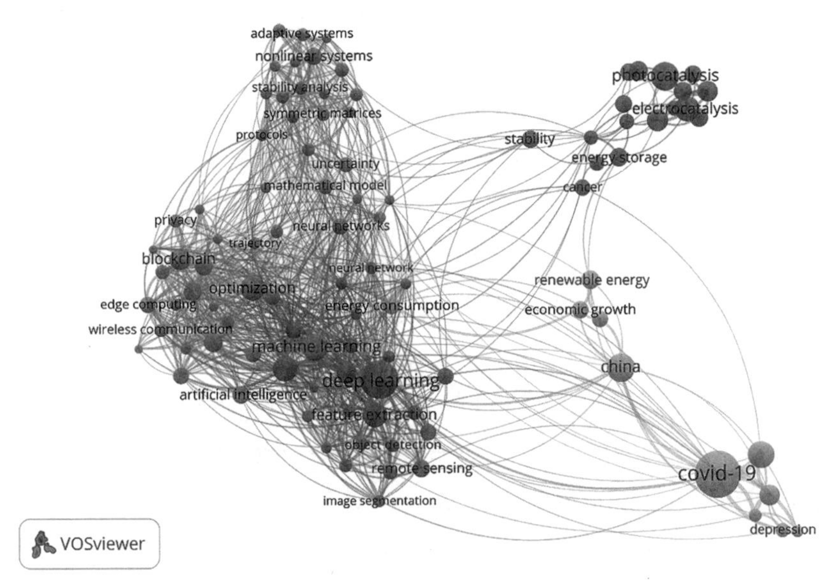


(b) 2018—2021年中国高被引国际合作论文中词频前100位的关键词共现网络

**图 5　中国高被引国际合作论文的关键词共现网络**

可以观察到，中国第一阶段的关键词主要围绕新材料（石墨烯）、新能源（光催化、电催化、水分解、析氢反应等）、人工智能（深度学习、云计算等）、气候变化议题。第二阶段的关键词主要围绕新冠疫情、新能源、人工智能（深度学习、机器学习等）、新材料（金属有机骨架化合物）、区块链、物联网等议题（表 5）。

**表 5　中国高被引国际合作论文中频次排名前十的关键词**

| 排名 | 2014—2017 年 | | 2018—2021 年 | |
|---|---|---|---|---|
| | 关键词 | 频次 | 关键词 | 频次 |
| 1 | 中国 | 82 | 新冠肺炎/新冠病毒 | 577 |
| 2 | 石墨烯 | 52 | 深度学习 | 251 |
| 3 | 光催化 | 49 | 中国 | 144 |
| 4 | 深度学习 | 44 | 光催化 | 138 |
| 5 | 气候变化 | 36 | 机器学习 | 133 |
| 6 | 电催化 | 32 | 电催化 | 105 |
| 7 | 云计算 | 31 | 金属有机骨架化合物 | 87 |

（续表）

| 排名 | 2014—2017 年 | | 2018—2021 年 | |
|---|---|---|---|---|
| | 关键词 | 频次 | 关键词 | 频次 |
| 8 | 生物炭 | 29 | 区块链 | 86 |
| 9 | 水分解 | 28 | 析氧反应 | 73 |
| 10 | 析氢反应 | 28 | 物联网 | 66 |

## 四、研究结论

中国以"开放创新"为核心理念，致力于全方位融入和布局全球创新网络，深度参与全球创新治理，由参与全球创新向引领全球创新转向，但在国际科技合作战略转向过程中受到的负面影响较为明显。

从合作态势来看，中国国际科技合作率在 2018 年后逐步回落到 2014 年水平，虽然与发达国家间合作比重，以及与其他金砖国家合作比重均有增加，但中美合作规模的快速下降仍显著拉低了整体合作率。从主导地位上来看，中国在参与高水平国际科技合作过程中的主导率显著提升，但过高的主导率也反映出国外对中科技合作需求的减弱，同时主导论文获美国资助的比例快速下降，表明中美科技竞争所产生的负面影响没有获得有效缓解。从合作网络上来看，排名靠前的国外机构中，来自美国的机构数量明显下降，表明中美机构间关系仍有待修复。

从合作能级来看，中国国际科技合作能级提升速度较快，但在机构合作网络规模与密度、核心合作机构层次上仍有上升空间。在利用国外资助上，来自欧盟、澳大利亚、英国、德国等发达国家和地区的资助比例总量较小，尤其是主导论文中获得欧盟资助的比例不到 5%，仍有较大提升空间，有必要在欧盟研发框架计划(Framework Programme, FP)和"地平线 2020"(Horizon 2020)计划基础上持续探索深化合作的可能性。

从合作领域来看，中国国际科技合作领域已转向以气候变化、新冠疫情为代表的全球性挑战议题和以人工智能为代表的新兴技术，显示出较好的国际科技合作发展潜力。

对于中国而言，围绕国际科技合作战略转向的最新趋势，应加快制定针对性战略与行动方案，在战略上辨证看待主要国家国际科技合作战略转向挑战，加强国际科技合作战略的系统性和协调性，在战术上积极寻求新型科技合作伙伴关系的建立，在操作上对内保持战略定力，重点围绕新兴技术领域做好关键技术研发，对外注重合纵连横，利用与其他金砖国家合作推进的良好势头，加强与欧盟、南亚、非洲、南美洲等地区和“一带一路”共建国家的合作，利用《区域全面经济伙伴关系协定》(*Regional Comprehensive Economic Partnership*，RCEP)等与周边国家和地区开展长期稳定合作。

## 参考文献

[1] 智广元.技术政治视野下新中国成立以来科技发展脉络与基本立场[J].甘肃理论学刊，2020(5):20-28.

[2] 中华人民共和国科学技术部.中国科技发展70年:1949—2019[M].北京:科学技术文献出版社，2019:446-461.

[3] 浦墨，袁军鹏，岳晓旭，等.国际合作科学计量研究的国际现状综述[J].科学学与科学技术管理，2015,36(6):56-68.

[4] 王文平，刘云，何颖，等.国际科技合作对跨学科研究影响的评价研究——基于文献计量学分析的视角[J].科研管理，2015,36(3):127-137.

[5] 温军，张森，王思钦.“双循环”新发展格局下我国国际科技合作:新形势与提升策略[J].国际贸易，2021(6):14-21.

[6] 凌茜，汤建民.中国离世界科技强国还有多远——基于中美英德四国在世界顶尖期刊所发表论文的数据比较[J].科学与管理，2022,42(6):10-18.

[7] LIU HI, HUANG MH. Research contribution pattern analysis of multinational authorship papers[J]. Scientometrics, 2022(127): 1783-1800.

[8] 袁军鹏，薛澜.主导与协同:中国国际科技合作的模式和特征分析[J].科学学与科学技术管理，2007(11):5-9.

[9] WANG XW, XU SM, WANG Z, et al. International scientific collaboration of China: collaborating countries, institutions and individuals[J]. Scientometrics, 2013, 95(2): 885-894.

[10] 岳晓旭，袁军鹏，潘云涛，等.中国国际科技合作主导地位变迁和效度分析[J].科学学与科学技术管理，2016,37(1):3-13.

# 加速大科学工程成果转移转化:德国 ErUM 转化行动计划的经验与启示*

| 鲍悦华

## 一、背景

当今时代,知识生产模式正在由“小科学”向“大科学”转变。科学研究问题与目标已变得明确、宏大且复杂,往往涉及诸多学科交叉、多领域知识协同,研究规模也日趋扩大,对科研经费投入、科研仪器设备性能、科学家科研能力和参与研究工作科研人员数量等方面的要求也大幅提高,仅依靠个别科学家或者单个国家往往力有不逮、技有不及。大科学工程始于曼哈顿计划和阿波罗登月计划,兴于大洋钻探计划和人类基因组计划[1]。人类基因组计划耗资近 30 亿美元,在 1990—2003 年由来自美国、英国、法国、德国、日本和中国 20 个大学和研究中心的跨学科团队,包括工程、生物学和计算机科学等领域的专家,共同生成了基本完整的人类基因组序列[2]。大科学工程在产生最前沿的知识、带来巨大的科学突破的同时,也会创造巨大的社会与经济价值。人类基因组计划耗资虽然耗资巨大,但它带来的积极经济效益已大大抵消了其成本,万维网和 Wi-Fi 也是这一类型的经典案例。因此,世界主要科技强国在大力布局大科学装置,吸引全球最顶尖科学家施展才能,实现前沿科学领域的新突破的同时,也积极谋划加速大科学工程成果转移转化。

德国“红绿灯”政府上台执政后在多个领域加速德国科技成果转移转化。2023 年 4 月,德国联邦教研部(Bundesministerium für Bildung und Forschung, BMBF)推出了《ErUM 转化行动计划:基础研究的创新》(*Aktionsplan ErUM—Transfer: Innovationen aus der Grundlagenforschung*),其核心目标是在“科学

* 本文系国家社会科学基金重大项目“新形势下进一步完善国家科技治理体系研究”(项目编号:21ZDA018)的阶段性研究成果。

收获”之外,推进大科学工程设施与基础研究的“创新收获”[3]。

## 二、大科学工程科技成果转化的特点与成功要素

BMBF 认为,大科学工程及其设施已成为重要的创新成果源头,因此 BMBF 正大力支持它们的建设、运行和进一步发展。但是,基础研究阶段的想法和概念通常处于较低的技术成熟水平,离商业化实际应用距离较大,创新链也往往还存在很大空白,其成功转移转化还需许多步骤,离不开科学界与产业界的紧密合作。BMBF 还认为,根据技术成熟度的 9 等级(TRL1-9)划分标准,基础研究科技成果通常处于技术开发的早期阶段(TRL2-4),为了在创新链的早期阶段成功推进科技成果转移转化,激励、资源、实践知识和网络四大关键要素,以及这些关键要素间的充分互动至关重要。

### 1. 激励措施

在基础研究阶段,职业选择与发展重点都集中在科学成就上,对于科技成果转移转化及相关创新工作,需要给予额外的激励与认可;对产业界同样也需要制定激励和奖励机制,以便在技术发展早期阶段能够吸引对于创新想法和概念的投资。

### 2. 资源

无论是在科研机构还是企业,都必须有负责科技成果转移转化的专职人员,这些人员拥有必要的资源与能力,帮助科研人员与企业建立商业联系,助力科研人员的早期研究获得针对性支持。在大科学科技成果转移转化过程中,企业也能够贡献它们的资源和专业知识。

### 3. 实践知识

科研人员必须具备对市场的足够理解和创业思维,在知识产权、成立衍生企业、商业模式、市场营销等方面拥有创业所需知识技能。产业界则需要对大科学设施的创新潜力有足够理解。

### 4. 网络

寻找合适的项目合作伙伴对于企业和科研人员而言都非常耗时,技术转移办公室可以发挥中介服务作用,帮助企业了解大科学仪器设备的特殊性能与创新潜力,大幅简化合作网络建设。

## 三、ErUM 转化行动计划的主要内容

ErUM 转化行动计划基于 BMBF 于 2017 年开始实施的“宇宙与物质研究”

(Erforschung von Universum und Materie, ErUM)框架计划,该计划年投资额约为 15 亿欧元,旨在利用德国与分布在全球的大科学设施进行“从最小粒子的研究到浩瀚宇宙的探索”。在该框架计划下,最小的粒子、可以想象的最大的物体、超快的过程和材料都在极端条件下被研究,能够创造出许多潜在的科技成果产业化应用可能性,因此该计划在一开始就将知识和技术的转移作为核心目标之一[3-4]。此外,ErUM 转化行动计划已经实施了旨在加强大学、科研基础设施与社会网络构建的 ErUM-Pro 计划及推进基础研究数字化的 ErUM-Data 计划,在加速基础研究科技成果转移转化方面具备较为良好的基础。

ErUM 转化行动计划主要以对科学和产业的需求分析为支撑,通过创造积极的战略框架条件,充分挖掘大科学设施及其基础研究的创新潜力。在合作项目中加强科学和产业的平等合作,以及在 ErUM 项目内为衍生企业提供特别融资机会是该行动计划的核心支柱。此外,该行动计划还围绕四大关键要素供给与匹配,致力于简化潜在的合作伙伴网络构建,并通过能力建设来促进“科学创业”。该行动计划的主要内容如图 1 所示。

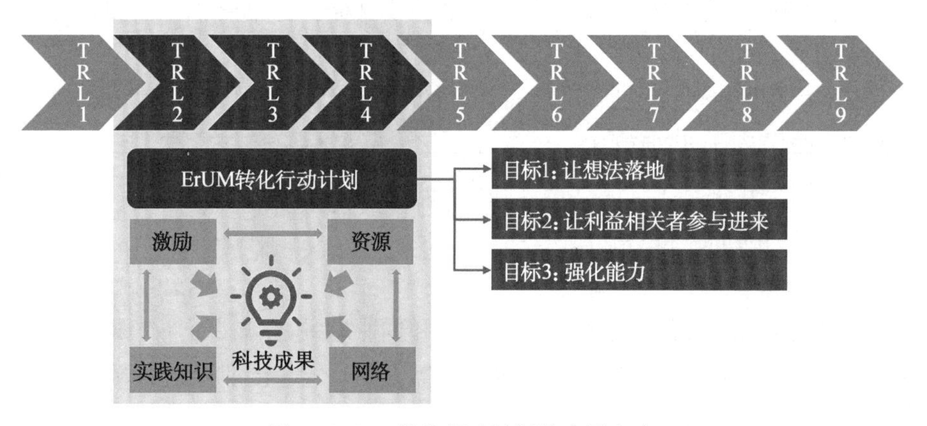


**图 1　ErUM 转化行动计划的主要内容**

ErUM 转化行动计划主要追求以下三大核心目标。

1. 让想法落地

通过提供资源来支持科研人员和企业共同利用大科学研究形成的巨大知识、方法和技术库,确定合适的想法,实现知识、方法和技术在经济与社会的应用。

2. 让利益相关者参与进来

通过让企业在早期阶段就参与大科学设施科研团队的研发工作,加强知识和技术交流,在科学和商业间创造新的合作界面。

3. 强化能力

为年轻科学家、技术人员提供创业培训,强化科研人员的创业技能,并加强研究人员和企业之间的知识、方法和技能的交流。

该行动计划的实施周期为 10 年,计划先期投入 950 万欧元,在行动计划实施的过程中还将由德国“现实实验室”战略赋能,积极加强与新成立的飞跃式创新局(Die Bundesagentur für Sprunginnovationnen, SPRIN-D)、德国技术转移与创新署(Deutsche Agentur für Transfer und Innovation, DATI)等机构的合作,更好地发挥机构和战略的协同作用[5]。

## 四、ErUM 转化行动计划的具体举措

ErUM 转化行动计划通过一系列具体行动举措来确保三大核心目标实现。

围绕目标 1“将想法落地”,ErUM 转化行动计划将重点发展低门槛、非官僚主义的快速资助,使科研人员和产业界能够快速开启合作。第一,通过支持转移转化发起人来促进合作。将 ErUM-Data 和 ErUM-Pro 现有的资助活动向由企业和中介机构参与的产学研联盟开放,启动科学与商业间的早期合作。第二,设立试点资金作为转移转化催化剂。在合作早期阶段为科学与产业的合作研究工作提供低门槛资金,与中介机构一起评估高风险研究想法的开发潜力。第三,提供衍生企业启动资金作为转移转化助推器。支持与成立衍生企业直接相关的研发工作,加强科研活动的衍生文化。

围绕目标 2“让利益相关者参与进来”,ErUM 转化行动计划采取多种举措促进来自科学与产业的专家建立正式与非正式合作网络,夯实双方合作的基础。第一,通过创新论坛加深彼此之间的信任与合作。创新论坛包含特别研讨会、商业论坛和展会两种互补的形式,在主题上都高度聚焦,为科学和产业潜在合作伙伴提供直接和量身定制的对接交流机会。第二,通过透镜会议(Prisma-Konferenz),加强来自科学界、商界和政界利益相关者的对话,提高转移转化活动的可见度,并展示 ErUM 转化行动计划的最佳实践。第三,通过建立 ErUM 转移转化网络平台,通过差异化的形式,有针对性地向科学、商业、政治、社会等各个利益群体提供信息,支持各利益相关者建立联系。

围绕目标 3“强化能力”,ErUM 转化行动计划建立青年科学家学院,进行“科学创业”针对性教学,增加科研人员对技术转移的兴趣,帮助他们做好与企业

合作的准备，鼓励他们在职业生涯早期创业。

考虑到大科学工程科技成果转移转化的框架条件不断发生变化，ErUM 转化行动计划被设计为一个开放的学习行动框架，通过所有利益相关者的持续参与实现动态调整与发展优化。

## 五、ErUM 转化行动计划对上海的启示

根据《2022 上海科技进步报告》，上海不仅已经建成上海光源一期、上海超级计算中心、转化医学国家重大科技基础设施（上海）等一批国际领先的大科学设施，新一批“十四五”国家重大科技基础设施规划正式项目和储备项目也正稳步推进。考虑到部分大科学设施事关国家安全，上海应在做好大科学设施信息分级分类的基础上，加强其与产业界的联系，建立适合大科学设施基础研究成果转移转化的操作与激励机制，完善科技成果转移转化所需的创新资源要素匹配，提升技术转移中介服务机构能力，让更多前沿基础研究成果助力上海产业提质升级，使大科学设施成为上海科技创新发展的新“核爆点”。

## 参考文献


[1] 常旭华，仲东亭. 国家实验室及其重大科技基础设施的管理体系分析[J]. 中国软科学，2021，366(6)：13-22.

[2] NIH National Human Genome Research Institute. Human genome project fact sheet [EB/OL]. (2022-10-07)[2023-05-09]. https://www.genome.gov/about-genomics/educational-resources/fact-sheets/human-genome-project.

[3] BMBF. Aktionsplan ErUM-Transfer Innovationen aus der Grundlagenforschung[EB/OL]. (2023-04-11)[2023-05-09]. https://www.bmbf.de/SharedDocs/Publikationen/de/bmbf/7/765236_Aktionsplan_ErUM-Transfer.html.

[4] BMBF. Erforschung von Universum und Materie-ErUMRahmenprogramm des Bundesministeriums für Bildung und Forschung[EB/OL]. (2022-01-12)[2023-05-09]. https://www.bmbf.de/SharedDocs/Publikationen/de/bmbf/7/31339_Erforschung_von_Universum_und_Materie.pdf?__blob=publicationFile&v=4.

[5] BMBF. DATI: Deutsche Agentur für Transfer und Innovation[EB/OL]. (2022-11-11)[2023-05-09]. https://www.bmbf.de/bmbf/de/forschung/dati/deutsche-agentur-fuer-transfer-und-innovation_node.html.

# 现实实验室：德国促进先导技术创新与应用的探索*

| 鲍悦华

## 一、引言

科技创新的快速发展正深刻影响与改变着几乎每一个行业，也使新技术的应用落地产生更多的可能性。人工智能、加密货币及数字经济、共享经济等新技术和新模式正越来越多地与成熟法规、监管政策、官僚主义产生摩擦。政府部门已经认识到这些新变化对于产业和未来的重要性，在大力促进创新、抓住机会的同时，又必须面对这些新技术和新模式对传统监管工具乃至社会安全稳定带来的风险与挑战。

英国政府于 2015 年首创“监管沙盒”(Regulatory Sandbox)以强化英国欧洲金融科技中心地位。所谓“监管沙盒”，即政府部门为金融服务机构测试金融创新提供一个时间和范围有限的“安全空间”，在此空间内企业可享受一定的监管豁免，如果测试效果得到监管部门认可，测试完成后可大范围推广。在国际上，类似的试验项目正变得越来越重要，许多倡议集中在金融部门，澳大利亚、新加坡、中国香港、加拿大、韩国、泰国、印度、马来西亚、荷兰等国家和地区基于不同的原则、目的和利益诉求设置了各自的“监管沙盒”，以强化金融领域的创新实践[1]。

德国联邦经济和能源部(Bundesministerium für Wirtschaft und Energie, BMWi)于 2016 年年底引入现实实验室工具(Reallabore)，并于 2018 年 12 月推出“现实实验室作为创新和监管的测试空间战略”(Reallabore als Testräume für Innovation und Regulierung)[2]，为德国应对创新挑战提供新方法，并促进创新

* 本文系国家社会科学基金重大项目“新形势下进一步完善国家科技治理体系研究”(项目编号：21ZDA018)的阶段性研究成果。

实验文化，培养更强的开放性，在监管方面建立一种新常态[3]。

## 二、德国现实实验室及其实施情况

### 1. 现实实验室的概念

“现实实验室”是一个具有跨界特征的概念，诸如“生活实验室”(Living Labs)、“创新空间”(Innovationsräume)或“试验空间”(Experimentierräume)等术语经常被用于现实实验室和类似试验项目。不同利益相关者也从不同视角定义和使用“现实实验室”这一概念。对于学界而言，现实实验室是一种新的研究基础设施，是科学、社会和政治之间特定界面的实现[4]。社会科学通常认为现实实验室主要为社会挑战和转型过程寻求解决方案；而从对创新进行纯粹应用导向测试的视角，关注重点通常只放在技术问题上。从跨学科研究视角来看，现实实验室通过在一个确定或受控的环境中实验性地表现出跨学科知识的应用和变革动力，完成跨学科研究过程的循环。它破坏了所使用知识假定的社会稳健性，明确规范地干预社会进程，利用公认的问题知识来设计社会生态的转变，也为科学学习过程开辟了空间，这反过来又会对跨学科研究的质量产生积极影响[5]。现实实验室在跨学科研究中的位置如图 1 所示。

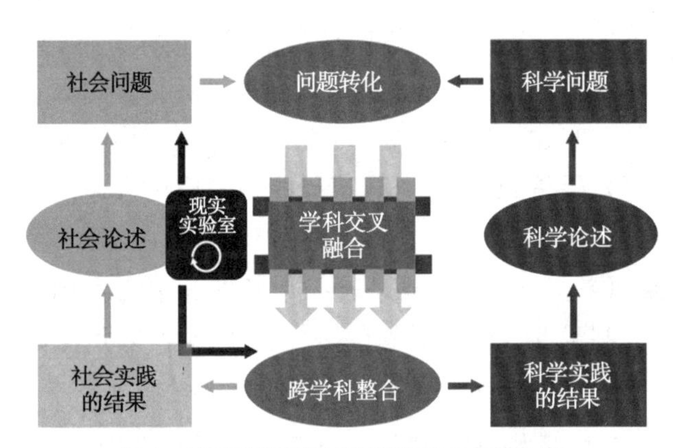


**图 1　现实实验室在跨学科研究中的位置**

资料来源：Thomas Jahn，Florian Keil，2016。

BMWi 将现实实验室定义为一种“创新和监管的试验区”，它在不偏离法律规定的情况下，在真实条件下测试创新技术或商业模式，了解哪些法律规定应被废除，使监管工具得以广泛适用(如数据保护规定)[2-3]。现实实验室使政策能够更加以数据为导向，以经验证据为基础，使立法者通过积极的监管学习获得更好的监管知识，确定监管创新的最佳手段，是现代循证监管政策的一部分。

需要强调的是，现实实验室利用了法律上的回旋余地，使得要测试的技术或商业模式虽尚未在普遍适用的法律框架中得到规定与认可，也可以试验，但它并不以全面放松管制或取消安全保护标准为目标。相反，现实实验的结果也可以是增加额外的规定。许多领域的法律状况存在不确定性与模糊性，在现实实验室建立与运行之前必须首先建立适当的法律法规框架。

2. 德国现实实验室战略的核心目标

正如研究背景所述，新技术的创新力量正深刻地改变着几乎每一个行业，在可持续发展、共享经济和数字管理领域出现了许多监管问题，德国需要将其看作是一个机会，而不是抵制它，这些问题可以在现实实验室中得到解答。“现实实验室战略”的推出主要面向以下三个核心目标[3]。

(1) 为创新提供更多空间

德国希望更好地开发创新潜力，创造必要的法律回旋余地，以便聪明的想法将来能够继续在德国得到测试和实施。

(2) 建立网络和提供信息

现实实验室在创新领域、参与者、目标等方面非常多样化，但面对的挑战往往是相同的。互相学习、寻找合作伙伴、分享知识对需要验证的领域来说特别重要。因此，现实实验室战略的一个核心目标是将来自企业、科研和行政部门的决策者聚集在一起并建立合作网络。

(3) 启动现实实验

通过自下而上的方法，共同确定监管障碍，开发符合法律规定的解决方案，以实现德国的创新，同时为监管积累经验。

3. 德国现实实验室战略实施情况

德国联邦政府认为，现实实验室在消费者、商业和政治因数字转型而面临重大变化的地方具有特别的潜力。人工智能、区块链、物联网等现代数字技术或者一般数字网络和服务行业是其典型应用领域。目前德国已在不同地区、不同领域开展了大量现实实验室项目，并形成了部分典型案例，还于 2020 年和 2022 年举办了现实实验室竞赛活动，为创新技术与商业模式创造更大空间。代表性案例如表 1 所示。

**表 1　德国现实实验室代表性项目**

| 项目名称 | 地点 | 内容 | 时间 | 核心参与者 |
| --- | --- | --- | --- | --- |
| 汉堡电动自动驾驶运输(Hamburg Electric Autonomous Transportation) | 汉堡港口新城 | 研究如何在城市道路交通中安全地使用全自动或自主驾驶的电动小型客车载客 | 2018—2021 年 | 汉堡铁路公司、hySOLUTIONS 公司、西门子公司、DLR-交通系统研究所等 |
| 自动送货机器人(Autonomer Lieferroboter) | 汉堡汉萨城 | Starship 送货机器人的试点测试 | 2016 年 9 月—2017 年 3 月 | 爱马仕德国、汉堡内政和体育部及国家交通局、Starship Technologies 公司、TÜV 汉萨和 HVD 保险公司等 |
| 巴登—符腾堡州自动驾驶测试区域(Das Testfeld Autonomes Fahren Baden-Württemberg) | 巴登—符腾堡州 | 通过自动驾驶测试场允许公司和研究机构测试互联和自动驾驶领域的技术和服务 | — | 德国信息技术研究中心、卡尔斯鲁厄市、卡尔斯鲁厄理工学院、弗劳恩霍夫光电子学、系统技术和图像利用研究所等 |
| 巴登—符腾堡州远程诊所(Teleclinic in Baden-Württemberg) | 巴登—符腾堡州 | 研究远程诊所的运行情况、医生和病人的接受程度、限制等问题 | 2017 年 11 月—2019 年 11 月 | TeleClinic 公司、巴登—符腾堡州医师协会、图宾根大学等 |
| 米特韦达区块链现实实验室(Blockchain-Reallabor Mittweida) | 萨克森州米特韦达市 | 将结构薄弱的米特韦达地区发展成为区块链技术的展示区 | 2019—2023 年 | 米特韦达市、米特韦达人民银行和米特韦达理工学院 |
| 电子政务现实实验室(Reallabors zu E-Government) | 莱茵—内卡大都市地区 | 电子政务现实实验室 | 2005 年至今 | 巴登—符腾堡州、黑森州和莱茵兰—普法尔茨州的地方政府机构、企业和商会 |
| 数字莱姆戈(Lemgo DIGITAL) | 北莱茵—威斯特法伦州莱姆戈市 | 物联网生活实验室 | — | 莱姆戈市、弗劳恩霍夫光电子学、系统技术和图像利用研究所、工业信息技术研究所、东威 |

(续表)

| 项目名称 | 地点 | 内容 | 时间 | 核心参与者 |
| --- | --- | --- | --- | --- |
| | | | | 斯特法伦—利普理工学院 |
| DHL 包裹直升机 3.0(DHL Paketkopter 3.0) | 巴伐利亚州 | 在赖特伊姆温克尔和温克尔—穆萨尔姆之间用 DHL 包裹直升机 3.0 运送紧急药品 | 2016 年 1—3 月 | 巴伐利亚州内政部建筑与交通部、联邦交通和数字基础设施部、上巴伐利亚州政府航空局、德国保险有限公司、赖特伊姆温克尔、亚琛工业大学通用设计技术研究所 |
| 巴特比恩巴赫自动驾驶巴士(Autonomen Busses in Bad Birnbach) | 巴伐利亚州 | 德国第一条自主运营的巴士线路,解决了"最后一公里"的问题 | 2017 年 10 月至今 | 德国铁路公司、罗塔尔—因县、巴特比恩巴赫市、EasyMile 公司、南德意志集团等 |

资料来源:BMWi,2019。

现实实验室战略实施效果总体良好。德国联邦政府正努力确保现实实验室战略在未来法律和法规中得到更多支持。由德国社会民主党、绿党、自由民主党组成的"红绿灯"联盟在其联合执政协议中明确提出,将制定《现实实验室与自由实验区法》(*Reallabor- und Freiheitszonengesetz*),为现实实验室提供统一和创新友好的法律框架条件[6]。

## 三、现实实验室的实践经验

结合现实实验室项目实践经验,BMWi 专门出版了《现实实验室实践指南》,为期望开展现实实验室的企业、研究机构分享来自实践的信息与建议。该指南从准备和规划、法律问题、设计和实施三个方面具体展开[3]。

### 1. 准备和规划

在现实实验室开始的早期阶段,重要的是要与现实实验室的合作伙伴商定具体目标及其实现方式、确定利益相关者及他们的参与方式与影响,有针对性地让他们参与进来。此外,还需要考虑如何有效使用已有合作网络或者构建新的合作网络，考虑时间和资源需求，以及争取其他政府财政资助的可能性。

2. 法律问题

现实实验室需要首先确定具体哪些法律规定阻止了测试技术与商业模式的应用，能够在多大范围内争取到临时试验条款或豁免，并根据相关要求设计具体的临时试验条款或豁免路径。此外，现实实验室还需要事先确定实验可能存在的各类风险，以及结果不理想、不可逆转的实验中的责任分担等问题。虽然临时试验条款为测试创造了空间，但此类条款的制定也不是完全随意的，必须在民主上合法化、在道德上得到保障，并遵守德国《基本法》(*Grundgesetz*)的三项基本原则，即法律保留原则(Vorbehalt des Gesetzes)、确定性原则(Bestimmtheitsgebot)和平等原则(Gleichheitsgrundsatz)，以及国家资助法律的相关要求。

3. 设计和实施

根据核心行动者的目标或实验条款选择合适的试验地点和期限，明确对现实实验室的监督与评估责任，确定关键评价指标的数据来源及收集方法，以及如何有效使用这些成果。

上述三个方面需要考虑的具体问题归纳如表 2 所示。

**表 2　构建现实实验室需要重点考虑的问题**

| 类别 | 活动 | 具体问题 |
|---|---|---|
| 准备与规划 | 制定目标并使其可衡量 | 现实实验室的核心目标是什么<br>对知识的兴趣是什么<br>如何衡量目标的实现情况 |
| | 以有针对性的方式让利益相关者参与进来 | 哪些行动者负责实施、监督和指导？谁是核心行动者<br>哪些行动者将积极参与实施<br>哪些行动者将有选择地参与，以改善再实验的条件<br>哪些行动者会对现实实验室产生影响<br>与现实实验有关的各方利益是什么 |
| | 使用和构建网络 | 已经存在的网络是否可以被整合或使用<br>如何将利益相关者聚集在一个网络中<br>如何规范网络中的合作<br>其他地区或项目的网络结构是否可以转用于现实实验室 |
| | 安排时间和资源 | 现实实验室应该在什么时间范围内准备、计划和实施<br>各个步骤和阶段需要哪些资源 |
| | 检查资助机会 | 是否有机会争取和使用公共资金 |

（续表）

| 类别 | 活动 | 具体问题 |
| --- | --- | --- |
| 法律问题 | 确定法律障碍 | 哪些领域和哪些具体法律规定与现实实验室的实施有关<br>哪些法律规定妨碍或阻止引进测试技术或商业模式 |
| | 寻找可能的豁免 | 临时实验条款或其他豁免的可能性有哪些 |
| | 确定豁免的途径 | 使用豁免权的前提是什么<br>哪些部门负责授予豁免权<br>哪里有这些法规的实际应用经验<br>哪个部门已经在其他案例中给予了豁免 |
| | 明确责任风险 | 试验对各方存在哪些伤害风险<br>谁会对这些伤害风险负责<br>这些风险如何才能规避 |
| | 遵守关于国家资助的法律 | 现实实验室是否应得到公共资金的支持<br>资金是否符合国家资助法律的规定 |
| 设计和实施 | 选择适当的期限和地点 | 实现现实实验室的目标需要多少时间<br>哪个地区最适合回答现实实验室的研究问题<br>现实实验室需要多大的空间范围 |
| | 明确监督和评估的责任 | 对现实实验室进行监督和控制的必要性是什么？谁将负责这一职能<br>谁将负责对现实实验室的评估<br>应该如何对现实实验室的(关键)发展做出反应 |
| | 确定评价的指标和数据来源 | 哪些指标适用于衡量现实实验室目标的实现情况,特别是与相关合作伙伴的知识兴趣有关的指标<br>哪些数据已经获得或可以使用<br>应该收集哪些数据作为评价的一部分<br>对现实实验室的行为者来说会产生什么报告义务<br>哪些方法是合适的 |
| | 有针对性地使用成果 | 评估结果将如何处理<br>如何确保立法者能够从现实实验室中学习 |

来源:BMWi,2019。

## 四、结语

我国已在全国各地大力开展创新创业示范,为新技术创造各类应用场景,并积极探索科技创新管理体制机制创新，破除各类障碍。德国现实实验室战略及相关举措能够为我国提供有益借鉴与启示。我国在继续加速各类技术研发的同时，也要同步做好各类创新实验区的法律框架建设，有针对性设计好利益相关者利益和风险责任分配机制，在各地建立起信息共享与网络合作机制，在加速新技术落地和产业化应用的同时，形成与之相适应的创新监管工具集，提升创新治理能力，更有效应对创新带来的各类风险。

## 参考文献

[1] 尹振涛，范云朋，费洋. 韩国“监管沙盒”机制：政策框架、政府职能与启示[J]. 全球化，2021(2)：74-88，134.

[2] Bundesministerium für Wirtschaft und Energie. Reallabore als Testräume für Innovation und Regulierung Innovation ermöglichen und Regulierung weiterentwickeln[R]. Berlin: BMWi, 2018.

[3] Bundesministerium für Wirtschaft und Energie. Freiräume für Innovationen—Das Handbuch für Reallabore[R]. Berlin: BMWi, 2019.

[4] SCHNEIDEWIND U. Urbane Reallabore—ein Blick in die aktuelle Forschungswerkstatt [J]. 2014(3):1-7.

[5] THOMAS JAHN, FLORIAN KEIL. Reallabore im Kontext transdisziplinärer Forschung[J]. GAIA-Ecological Perspectives on Science and Society January, 2016, 25 (4): 247-252.

[6] Mehr Fortschritt wagen. Bündnis für Freiheit, Gerechtigkeit und Nachhaltigkeit, Koalitionsvertrag 2021-2025 zwischen SPD, BÜNDNIS 90/DIE GRÜNEN und FDP[R]. Berlin: 2021.

# 中美人工智能国家战略策动路径比较

| 丁佳豪　赵程程

人工智能（Artificial Intelligence，AI）以其强大的“头雁”效应正呈现多点式、集群性爆炸发展态势。人工智能的急速发展正在影响人类政治生活，也在重塑全球治理秩序。为此，科技强国相继将人工智能上升到国家战略高度，开始谋划与本国产业基础、发展格局和治理体系相适应的“破局之路”。ChatGPT 的爆火，无疑提高了全球 AI 竞争的热度。技术进步的背后是大国人工智能战略的角逐。美国在报告中多次提出“中国是美国赢得全球 AI 技术竞争的最大威胁”“中国和俄罗斯是美国国家信息安全的最大隐患”，将技术竞争上升至国家安全。在此背景下，本文分析中美人工智能战略的策动路径，比较中美两国人工智能国家战略差异，或将有助于中国在云谲波诡的国际形势下进行前瞻性战略部署。

## 一、美国人工智能国家战略的策动路径

作为第三次人工智能浪潮的发源地，美国早在奥巴马政府时期就意识到了 AI 技术的战略价值，接连颁布了《为人工智能的未来做好准备》（*Preparing for the Future of Artificial Intelligence*）、《国家人工智能研发战略计划》（*The National Artificial Intelligence R&D Strategic Plan*）、《人工智能、自动化与经济》（*Artifical Intelligence, Automation, and the Economy*）三份关于 AI 的报告。特朗普上台执政后，美国强调打造人工智能研发创新生态系统的重要性，开始探索以自由市场为导向的人工智能发展道路。2019 年 2 月，美国颁布了《维护美国在人工智能领域的领导地位》（*Maintaining American Leadership in Artificial Intelligence*），明确了美国 AI 技术发展的五个重点领域。2019 年 6 月，美国正式启动《国家人工智能研发战略计划：2019 年更新》（*The National Artificial Intelligence Research and Development Strategic Plan: 2019 Update*），该战略在 2016 年发布的《国家人工智能研发战略计划》的基础上，“扩大公私合作伙伴关系”，强调深化与盟国的战略合作关系。2021 年 3 月，美国拜

登政府发布《人工智能：最终报告》(*Final Report*)，从技术竞争和国防安全两方面详尽地论述了美国 AI 战略部署和政策。2022 年 6 月，美国国防部发布《负责任人工智能战略与实施路径》(*Responsible Artificial Intelligence Strategy and Implementation Pathway*)，建立负责任人工智能(Responsible AI, RAI)生态系统，与国防部、情报机构、产业界、学术界协同合作，细化 AI 赋能国防的原则与路径。2023 年，美国国家人工智能研究资源工作组(National AI Research Resource Task Force, NAIRRTF)发布《加强和民主化美国人工智能创新生态系统：国家 AI 研究资源实施计划》(*National Artificial Intelligence Research Resource*, NAIRR)，旨在发展美国人工智能基础设施(图 1)。

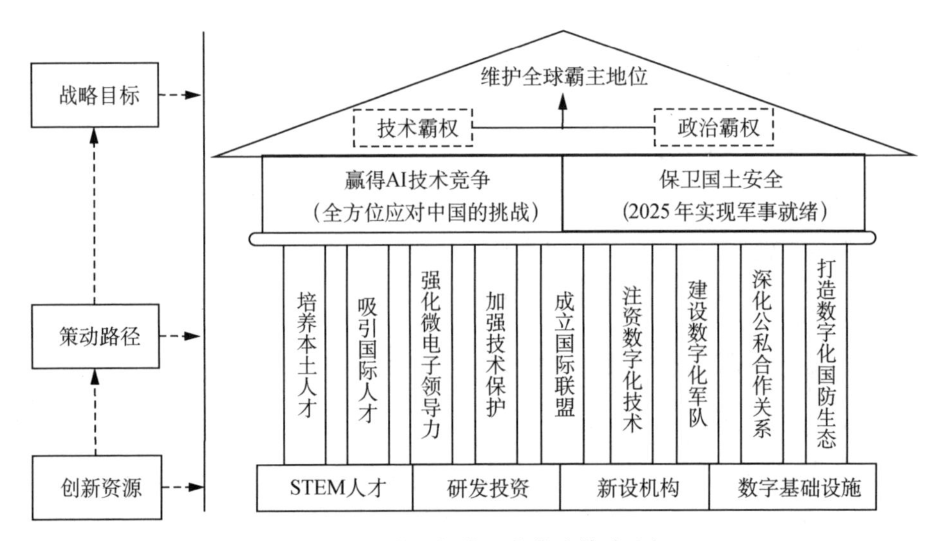


**图 1　美国人工智能国家战略策动路径**

## 二、中国人工智能国家战略的策动路径

2015 年 5 月，《中国制造 2025》的出台吹响了“工业 4.0”的号角，AI 技术是柔性化生产中不可或缺的核心技术。2016 年 5 月，为了明确未来三年智能产业的发展重点，《“互联网+”人工智能三年行动实施方案》描绘了“十三五”期间中国 AI 技术的发展蓝图。2017 年是中国 AI 技术发展的“元年”，国务院发布了首个中国人工智能国家战略《新一代人工智能发展规划》(以下简称《规划》)[1]。同年，工业和信息化部发布《促进新一代人工智能产业发展三年行动计划(2018—2020 年)》，对《规划》中的相关任务进行了细化和落实。在此过程中，政府担负

起划定方向的任务，根据产业发展的不同特点，制定有针对性的系统发展策略，着力激发科创企业在关键共性技术攻坚克难上的“突击手”作用。在国家战略的明确引导下，AI 项目以市场化方式推进，致力于发挥不同科技创新单元体的异质性效能（图 2）。

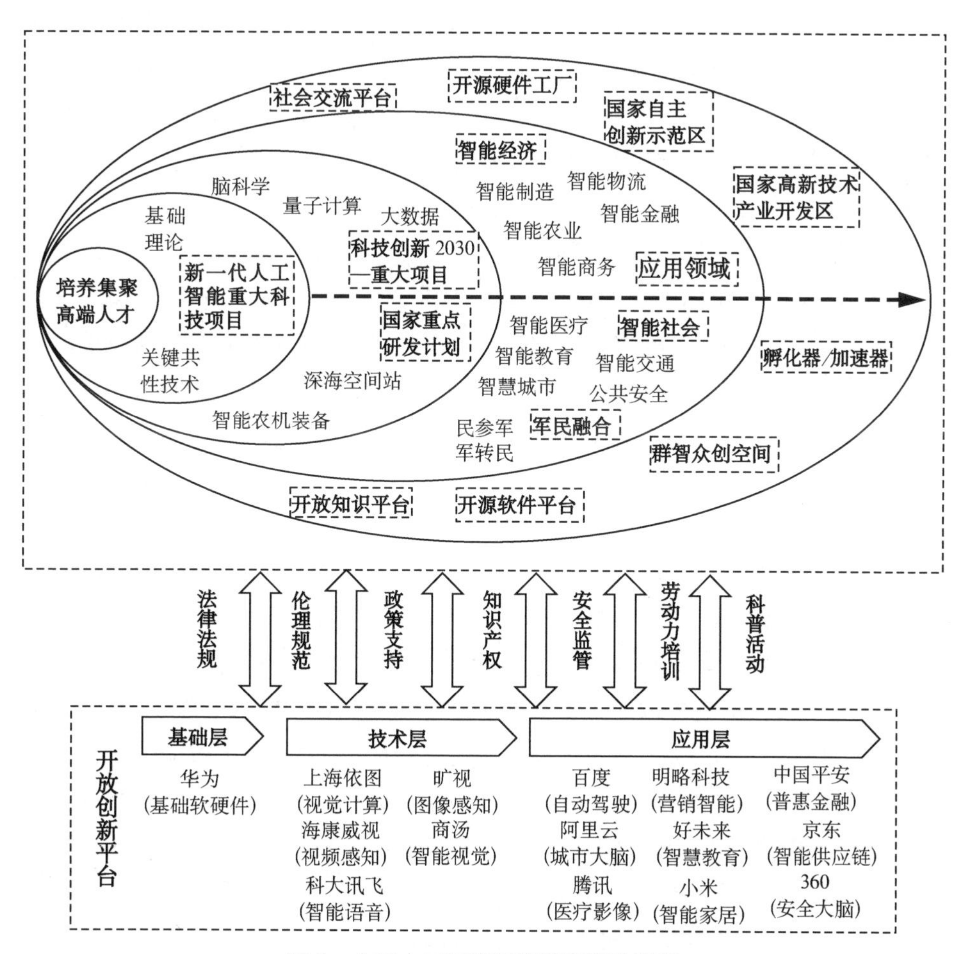


**图 2　中国人工智能国家战略策动路径**

## 三、中美人工智能国家战略策动路径比较

1. 美国内外兼顾，对内布局关键技术领域，对外建立最广泛的民主科技联盟；中国侧重于内，建立独立自主的 AI 创新生态体系，打造世界科学中心和创新高地

纵观中美人工智能国家战略策动路径，一方面，美国对内重点布局基础理论

和前沿性技术，着力推进多学科交叉研究，旨在掌握未来主导权。美国联邦政府投入 4 000 万美元成立国家技术基金委员会（National Technology Fund, NTF），促进技术转移和标准制定；投入 6 亿美元新建 30 家人工智能研究院，加强人工智能基础领域研究；设立人工智能创新个人奖和人工智能研究团队奖，鼓励研究人员进行人工智能前沿领域探索；投入 7 000 万美元建设国家人工智能研究基础设施（National Artificial Intelligence Research Infrastructure, NAIRI），开发开放人工智能研究资源。其主要目的在于：保持对未来卷积神经网络等技术路线的主导权，并在人工智能发展所需的基础理论和下一代人工智能技术突破方面“抢跑道”。

另一方面，美国警惕中国在科技合作中的技术转移行为，同时建立最广泛的“民主”科技联盟。美国国家 AI 战略多次指出中国和俄罗斯引进了美国人工智能“敏感”技术。对此，美国将通过国会立法授权，颁布实施更为严苛的技术出口管制和投资筛选制度，要求“特别关注国”对“敏感技术”的所有非控制性投资都必须向美国外国投资委员会（Committee on Foreign Investment in the United States, CFIUS）提交审核。美国还将知识产权作为维护美国国家安全利益的关键组成部分，重点评估中国专利申请对美国发明人的影响。

与此同时，美国正通过建立一个致力于人工智能数据共享、研发协调、能力建设和人才交流的合作伙伴网络，提高其在人工智能领域的竞争力[2]。美国尝试与英国、韩国、日本等国共建“民主”科技联盟，共同探讨和共建人工智能的专门知识和能力，包括更协调的人工智能研发支出，在数据共享、硬件、出口管制和人才交流方面的合作安排，以及提高人工智能素养，协调的人工智能研发支出可以更有效地分配联合资源、汇集数据和算力资源，从而提高人工智能总体能力。面对美国抛出的“橄榄枝”，英国、日本、韩国“欣然接受”。2021 年，英国艾伦·图灵研究所（Alan Turing Institute）联合美国试建人工智能标准中心。2022 年 2 月，美国、日本、欧盟相继对俄罗斯实施出口制裁，包括半导体、人工智能、机器人等高科技产品和技术的出口，全球“缺芯”局面进一步加剧。2022 年 5 月，韩国判读全球半导体供应链重构动向，透露出巨大的市场需求，韩国政府为获得美国、日本的技术和设备，将会加入美国领导的“AI 联盟”。

中国人工智能在“政策红利＋生态闭环”的双轮驱动下，呈现几何级渗透扩散。与行业应用的燎原之势相比，中国人工智能创新环境、创新要素已经跟不上技术创新的速度和市场扩张的规模。因此，中国政府聚焦基础研究、人才建设、应用场景、关键领域、创新创业、安全治理等方面，由点及面地建立与优化本土AI创新生态体系，努力打造世界科学中心和创新高地。在基础研究方面，中国积极建设国际科技创新中心和综合性国家科学中心，通过国家实验室为科研工作者提供平台，致力于长期的基础理论研究与突破，也为攻克关键性技术难题夯实了硬件基础。在人才建设方面，中国深耕国家高等教育体系，将新兴技术根植于各个科学领域，以推进“新工科、新医科、新农科、新文科”建设，打破学科专业壁垒，鼓励学科融合，为国家培育更广泛的AI复合型人才。在应用场景方面，在需求端与供给端共同发力下，推进AI技术赋能交通、医疗、安防、制造、民生等实践场景。同时，实施AI关键核心技术攻关工程，例如高端芯片、核心基础零部件及元器件、关键基础软件等领域的研发突破和迭代应用。

2. 美国技术反哺国防，维持军事领先优势；中国全方位开拓应用场景，促进产业转型升级

美国提出“赢得全球AI技术竞争”的口号，本质是“用技术反哺国防”，大力推动AI在国防军事上的应用，确保美国AI技术领先和国防安全。2021年，美国最新的AI战略将赢得技术竞争与保卫国家安全放到同等重要的地位，强调了国家AI战略策动方向——“警惕新型社会冲突和国家安全威胁”。美国意识到中国和俄罗斯的军事能力正追赶美国，美国要想维持霸权地位，就必须赢得人工智能技术竞争。“AI+国防”战略中，美国将先进的AI技术和设备与军事指挥控制、武装和后勤相融合，打造数字化军队和国防。2022年，美国国防部启动In the Moment(ITM)项目，旨在将人工智能技术引入军事行动的决策过程。美国人工智能领域探索正在从实验室走向实际作战场景。

中国AI国家战略旨在全方位开拓应用场景，促进产业转型升级。一方面，重构产业链，催生智能经济形态，进一步释放AI场景应用。中国主要城市聚焦智能芯片、智能无人机、智能汽车、机器人等优势领域，面向医疗、金融、交通、制造、家居等重点应用领域，积极构建符合地区优势和发展特点的人工智能深度应用场景。另一方面，深化AI技术赋能社会治理智能化水平。党的十九大报告提出“提高社会治理社会化、法治化、智能化、专业化水平”，社会治理成为当前中国AI技术赋能的重要领域，特别是加强基层智慧治理能力建设，提高基层治理数字化智能化水平。此外，中国将AI技术视为推动“科技兴军”的重要抓手，并力争到2035年基本实现国防和军队现代化，到21世纪中叶把人民军队全面建成世界一流军队。目前，中国正在探索以知识中心战、广域聚能战、节点消灭战为

代表的智能化作战模式，抢滩布局包括“脑机融合”装备在内的自适应控制的武器系统，以在未来联合作战的“制脑权”争夺中占得先机[3]。

3. 人才成为中美“赢得 AI 技术竞争”的关键要素；美国实施全渠道人工智能人才战略，中国着力培养复合型本土人工智能人才

中美两国均将人才视为“赢得 AI 技术竞争”的关键要素。美国 2021 年发布的《人工智能：最终报告》认为“最终在全球人工智能博弈中脱颖而出的将不是掌握最顶尖技术的一方，而是人才储备最充足的一方”。鉴于美国大学已经无法提供足够数量的 STEM [Science, Technology, Engineering, Mathematics（科学、技术、工程和数学）]人才，美国要想在这场人才战中处于不败地位，需要实施全渠道人工智能人才战略，瞄准本土人才和国际人才进行差异化政策设计。在本土人才培育方面，美国敦促国会通过《国防教育法案Ⅱ》（*NDEA Ⅱ*）填补 K-12 教育和就业再培训项目的漏洞，重点资助学生（包括社区大学学生）数字技能的学习（向 25 000 名本科生、5 000 名硕士研究生、500 名博士研究生提供奖学金），从根源上优化美国 STEM 教育体系，提升全民数字素养与技能。在国际人才吸引方面，拜登政府一改特朗普政府的排外风格，除了严格限制与军民融合有关的中国公民赴美接受教育和学术交流之外，试图通过更加宽松的签证政策弥补上届政府“失误”导致的绿卡问题。本质上，美国 AI 人才战略是通过“降低门槛”的方式延伸引才“半径”，加速全球 AI 技术人才和创业型人才集聚美国，创造“人尽其才”的环境与条件。

专业技术人才和跨界复合型后备人才不充足，会极大限制 AI 技术向实体经济领域的溢出辐射。目前，中国 AI 顶级人才数量不及美国。据清华大学 AMiner 数据库统计，2021 年度 AI 领域最具全球影响力的 2 000 名学者中，中国学者总数不及美国学者总数的 20%。另外，20 名 AI 细分领域榜首人才中，美国拥有 16 人，中国仅有 1 人[4]。因此，中国 AI 战略以培养和引进 AI 人才为导向，着力培养复合型本土人工智能人才，打造世界 AI 人才高地。在此过程中，中国高校推进“新工科、新医科、新农科、新文科”建设，打破学科专业壁垒，加强学科融合，培育出一批掌握“人工智能＋”经济、哲学、法律等的横向复合型人才。在对外吸引人才方面，采取项目合作、交流访问等柔性方式，加强与全球顶尖 AI 企业和研究所的互动。

## 参考文献

[1] 中华人民共和国国务院. 新一代人工智能发展规划[R/OL]. (2017-07-20)[2021-05-

27]. http://www. gov. cn/zhengce/content/2017-07/20/content_5211996. htm.

[2] National Security Commission on Artificial Intelligence. Final report[R/OL]. (2021-03-02)[2021-05-13]. https://www. nscai. gov/wp-content/uploads/2021/03/Full-Report-Digital-1. pdf.

[3] 金霖,王琨,陆允超. 我军2035年之作战研究[EB/OL]. (2021-01-07)[2021-11-24]. https://mp. weixin. qq. com/s/IeeRrznV6HQONnKFG8Ou_g.

[4] 清华大学. 2021年人工智能全球最具影响力学者榜单AI 2000发布[EB/OL]. (2021-05-20)[2021-10-10]. https://www. aminer. cn/research_report/60a4c2e130e4d5752f50d639?download=true&pathname=AI200021%20Eng. pdf.

# 德国弗劳恩霍夫应用研究促进协会科技服务的最新举措与启示*

| 鲍悦华

## 一、研究背景

德国弗劳恩霍夫应用研究促进协会(Fraunhofer-Gesellschaft zur Förderung der angewandten Forschung e. V., FhG)成立于 1949 年,定位为非营利组织,专注于技术商业化应用,接受产业界、服务行业和国家公共行政部门委托的合同研究。此外,它还从事面向应用的基础研究,在德国联邦和各州有关机构的委托资助下,实施有助于公共需要和关键技术创新的前瞻性研究项目。目前 FhG 在德国各地有 76 个弗劳恩霍夫研究所,超过 30 000 名员工,其研发经费总额在 2021 年已超过 29 亿欧元。鉴于 FhG 在为企业提供科技服务方面取得了卓越绩效,弗劳恩霍夫模式成为各界关注和学习的对象。近年来,随着德国国家科技治理体系的发展和科技服务模式的演化,以及 FhG 自身章程的调整,FhG 在为企业提供服务方面也推出了一系列新举措。本文主要针对这些新举措展开介绍,为我国科技服务行业发展提供有益参考。

## 二、FhG 的财务运营模式

FhG 收入的主要来源是联邦与州政府的资助(包括机构式资助和项目资助)和对外科技服务,其中绝大多数是在合同研究这一核心领域产生的,2021 年 FhG 研发经费约 29 亿欧元,其中,合同研究收入超 25 亿欧元。

根据图 1 可知,FhG 合同研究经费中约 2/3 是与工业界的合同和公共资助研究项目产生的,另外约 1/3 由德国联邦和州政府以基础资助的形式提供,2021

* 本文系国家社会科学基金重大项目“新形势下进一步完善国家科技治理体系研究”(项目编号:21ZDA018)的阶段性研究成果。

年为 7.8 亿欧元。在为企业提供服务的 7.23 亿欧元收入中，主要是与企业签订科技服务合同而获得的收入，由企业委托研究服务收入达 6.09 亿欧元，占比为 84%，技术许可收入 1.14 亿欧元，占比为 16%。此外，FhG 还接受德国联邦国防部约 1.43 亿欧元的基础与项目资助，以及德国联邦教研部对电池单位研究制造和国家应用网络安全研究中心的定向资助，合计约 1.63 亿欧元，承担德国的部分战略科技研发使命。

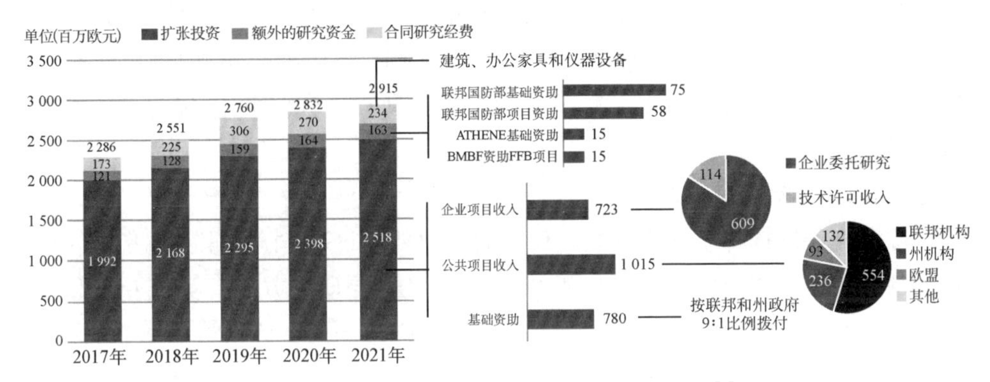

**图 1　2017—2021 年 FhG 研发经费来源情况**[1]

注：ATHENE 基础资助指德国国家应用型网络安全研究中心的机构式资助，FFB 项目指电池单元研究制造项目(Forschungsfertigung Batteriezelle)。

来源：Fraunhofer Jahresbericht，2021。

公共项目和企业委托项目的经费往往有特定用途，因此基础资助是 FhG 战略能力的关键，使得 FhG 能够对最新的问题进行前瞻性研究，制定解决方案，而这些问题在几年后将对工业和社会产生至关重要的影响。在 FhG 内部，通常将基础资助的 1/3 无条件分配给各研究所，以保证战略、前瞻性研究，其余大部分同研究所上年总收入和来自企业的收入挂钩，按比例分配。对研究所而言，在这种经费分配模式下，通常非竞争性经费占 20%～30%，竞争性经费占 70%～80%，要靠与企业的合同、联邦与州政府及欧盟的招标项目来获得。这种经费分配模式既能保证 FhG 的基本公益目标实现，提高非竞争性经费使用效率，又能提高各研究所科技服务的能力与积极性[2]。

## 三、FhG 科技服务主要举措

### 1. 发挥研究所单兵作战能力

在研究所层面，弗劳恩霍夫应用研究促进协会下属 76 个研究所各自独立，植根各自所处地方和各自研究领域。研究所所长通常由所在地大学教授担任，许多所长具有产业背景。每个研究所都是独立的成本核算单位，具有自己的文化。它们会从自身内部核心竞争力和外部市场需求两方面出发，设计出研究所自身的经营与发展战略。

FhG 也会从顶层角度对每个研究所进行帮助与引导。在某些情况下，某些研究所可能会因入不敷出而面临能力减弱的风险，如果必须，FhG 会批准额外资金帮助暂时处于不利环境下的研究所开拓新的业务方向。新冠疫情暴发后，FhG 启动了“从危机中脱颖而出”(Gestärkt aus der Krise)战略项目，对所有研究所的收益结构进行了具体预测，并为选定研究所提供咨询服务，优化其成本与收益结构。

2. 捆绑各研究所专业能力

除了充分发挥每个研究所的单兵作战能力外，FhG 还非常重视研究所的团队作战能力的形成与发挥。FhG 于 2021 年将在合同研究方面有类似专长和互补能力的研究所组织成 9 个弗劳恩霍夫联盟(Fraunhofer-Verbünden)，共同致力于特定业务领域(包括能源技术与气候保护、健康、信息与通信技术、生产技术等)的工作和营销。

FhG 启动了作为《弗劳恩霍夫应用研究促进协会 2022 年议程》(*Agenda Fraunhofer 2022*)的一部分的“优先战略行动”(Prioritären Strategischen Initiativen, PSI)，通过密集分析遴选出应对未来挑战的重点领域，包括认知系统、人工智能和数据主权、电池生产、可编程材料、量子技术、转化医学、公共安全和生物转化等。FhG 围绕这些重点领域，整合其研究所的能力，以便为这些具有重要战略意义的领域提供全面的系统解决方案。

FhG 于 2017 年建立了 6 个弗劳恩霍夫卓越集群(Cluster of Excellence)，涉及综合能源系统、塑料循环经济、认知互联网技术等领域，支持多个 FhG 研究所组成“虚拟研究所”，共同制定和实施中期创新路线图。在创新路线图实施过程中，可以灵活调整预算和项目，以适应动态发展的需要，并对市场需求做出灵活反应。上述 6 个卓越集群已在 2021 年通过了外部专家的评估，开始第二阶段的扩展研究，也成为了 PSI 的核心。

3. 设立绩效中心作为技术转移基础设施

FhG 已在德国组织了 21 个绩效中心(Leistungszentren)，包括柏林的数字网络中心、哈雷—莱比锡地区的化学和生物系统工程中心、亚琛的网络化自适应生产中心等。每个绩效中心每年获得 100 万欧元左右的经费，将研究所、大学和企业联系起来，在同一地点就特定主题展开合作。在绩效中心内，FhG 与合作伙伴一同制定技术转移路线图，设置以关键绩效指标为核心的具体目标，以便将创新成果快速转化应用。FhG 将加强中小企业的创新能力和增加初创企业的数量作为绩效中心促进各地区创新的特别焦点，筹集额外资金以开展补充研究项目和技术转移特别活动，建立有利于初创企业的框架条件，制定和实施跨组织的知识产权战略，在关键技术领域开发进阶培训课程，实施社会参与模式，奖励转化“灯塔”，使研究的直接区域影响变得更为明显。

4. 加强对中小企业的科技服务

德国中小企业研发强度近年来逐渐下降，为此，FhG 越来越重视为中小企业提供科技服务，已经将“每年新增约 700 家中小企业客户”作为《2021—2030 年研究与创新条约Ⅳ》(*Pakt für Forschung und Innovation Ⅳ in den Jahren 2021—2030*)中的考核指标[3]。除了以绩效为中心外，FhG 还通过以下举措加强对中小企业的科技服务。

第一，启动转化促进计划。FhG 与德国科学基金会(Deutsche Forschungsgemeinschaft, DFG)于 2018 年年底共同启动转化促进计划(Transferförderprogramm)，旨在缩小基础研究与产业应用之间的差距，使缺乏基础研究基础的中小企业获益。

第二，为中小企业设计和开发新的合作模式。FhG 正试点开展中小企业联合体项目(KMU-Konsortialprojekte)，将几个具有类似技术挑战的中小企业聚集在一起，共同受益于一个 FhG 解决方案，降低每家中小企业的成本与风险。FhG 还与联邦教研部在“创投连接”(Venture Connect)项目下测试针对高科技初创企业的服务与技术转移模式，如果成功，这些模式将被长期使用。

第三，设立创新基金。FhG 设立了弗劳恩霍夫创新基金(Fraunhofer Venture)，为 FhG 衍生企业和使用 FhG 技术的企业提供资金、技术、知识等方面的支持与帮助。

5. 加快剥离成立衍生企业

剥离成立衍生企业是 FhG 商业化活动的组成部分，FhG 通常通过其风险投资部来支持创始人的创业准备活动。从 FhG 剥离出的衍生企业在生存率上表现优异，97％的衍生企业在创业 36 个月后继续存活，而《德国创业监测》《复兴贷款银行创业监测》等监测体系中一般初创企业创业 36 个月后的存活率仅为

67%。研究人员成立衍生企业后，一般会与 FhG 保持密切联系，因为这些企业的运作是以 FhG 专利技术为基础的。在某些情况下，FhG 也会扮演公司股东角色，这些股份通常最长在 8 年后出售。截至 2021 年年底，FhG 共持有 84 家不同领域公司的股份。2021 年，FhG 股权投资共 250 万欧元，所有投资的账面金额为 1 040 万欧元，退出收益为 220 万欧元。

FhG 已将实施创业友好战略写入《弗劳恩霍夫应用研究促进协会 2022 年议程》，重点增加剥离企业的数量和衍生企业创造的总经济收入，致力于成为世界上剥离率最高的研究机构之一[4]。为此，FhG 专门设置了 AHEAD 创业技术转移计划，每年提供 900 万欧元资金。AHEAD 主要适用于通过许可（技术成熟度达到 TRL5 以上）或成立衍生企业形式（技术成熟度达到 TRL3 以上）创业的 FhG 科研人员，其使命是围绕技术建立创业团队，并制定市场启动路线图，在 2 年时间内将技术加速推向市场，加速模式如图 2 所示。

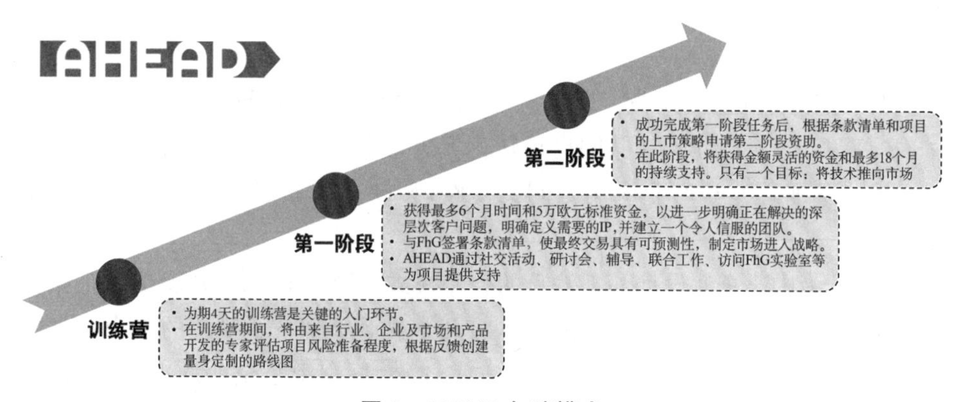


**图 2 AHEAD 加速模式**

在持续扩大 AHEAD 规模的同时，考虑到剥离过程会造成许多优秀科研人员离开 FhG 到企业任职，FhG 每年提供 600 万欧元的“剥离奖金”，用于补偿研究所技术和人员的流失，并设立“弗劳恩霍夫创业奖”来激励剥离工作的开展。

6. 开展技术转移导向的继续教育培训与资格认证

数字化转型和技术的快速迭代发展都要求技术工人和管理人员持续学习以保证高度适应性。FhG 依托 2006 年成立的弗劳恩霍夫学院（Fraunhofer Academy），在关键技术领域持续开发培训课程，开展以技术转移为导向的继续教育培训和资格认证，将最新的研究知识和能力传授给企业，而不是只交给企业项目图纸和报告，这样能使企业有足够能力掌握技术诀窍。在数字化领域，弗劳恩霍夫学院决定在2021—2025年持续开展教育技术研发，并将其应用于“混合学习”课程和数字学习中。

## 四、FhG技术服务对我国科技服务行业的启示

1. 服务企业同时不忘初心

FhG约2/3合同研究经费是由与工业界的合同和公共资助研究项目产生的。事实上，FhG完全有能力通过认证、测试、咨询等方式从企业获得更多收入，但FhG担心这会使协会花费过多精力满足企业的“低端”技术需求，使协会逐步脱离纯粹科研领域，失去引领创新的能力。FhG并没有忘记其从事面向应用的基础研究、开展有助于公共需要和关键技术创新的前瞻性研究的定位与初心，它极为重视由德国联邦和州政府以基础资助的形式提供的约1/3经费，这笔经费是FhG从事战略与前瞻研究的关键。据统计，目前我国高校约1/3的科研经费来自企业，这一比例已远远高于欧美科技发达国家高校约1/10的平均水平，这显示出现阶段我国校企之间的产学研合作关系紧密，但我们仍需警惕，这有可能会导致高校科研人员将过多精力花费在为企业提供成熟技术服务上，削弱高校的原始创新水平。

2. 坚持非营利属性

FhG的定位是非营利组织，除了不热衷于通过为企业提供认证、测试、咨询等服务赚取利润外，其非营利属性还体现在其对为中小企业提供科技服务的重视上，降低为中小企业服务的门槛。此外，截至2021年年底，FhG持有84家不同领域公司的股份，对于这些股份，FhG通常不会待价而沽以求获得最大回报，而是会在最长8年后出售变现。对我国科技服务机构，尤其是公共科技服务机构而言，同样有必要坚持科技服务的非营利属性，以增强中小企业创新能力和增加初创企业数量为重要使命。

3. 植根地方提供针对性科技服务

技术转移成功的关键并不在于科技成果的先进性，而在于科技成果真正贴近企业需求，能够在技术转移全过程中配齐企业所需各种资源。FhG通过其植根地方、有特定主题的绩效中心将研究所、大学、企业有机联系起来，在绩效中心内部制定技术转移路线图，并通过匹配各种资源，将科技成果快速转化应用，无疑非常值得中国的同行参考与借鉴。

## 参考文献

[ 1 ] Die Gemeinsame Wissenschaftskonferenz. Pakt für Forschung und Innovation IV in den Jahren 2021 - 2030[R/OL]. [2023 - 03 - 23]. https://www. gwk-bonn. de/fileadmin/Redaktion/Dokumente/Papers/PFI-IV-2021-2030. pdf.

[ 2 ] Frauenhofer Gesellscaft. Jahresbericht 2021 Für Wissen und Wohlstand: Impact und Innovationen durch Originalität[R]. München: Frauenhofer Gesellscaft, 2022.

[ 3 ] Frauenhofer Gesellscaft. Satzung der Fraunhofer-Gesellschaft Neufassung 2022[R]. München: Frauenhofer Gesellscaft, 2022.

[ 4 ] 柳卸林,何郁冰,胡坤,等.中外技术转移模式的比较[M].北京:科学出版社,2012.

# 德国人工智能政府策动行为分析

| 丁佳豪　赵程程

作为传统的工业强国，德国在人工智能领域起步较早。20 世纪 70 年代，德国就已着手用机器替代人的部分工作以改善劳动条件。1988 年成立的德国人工智能研究中心至今仍是世界上最大的非营利人工智能研究机构。2013 年汉诺威工业博览会上，德国联邦政府发布了"工业 4.0"战略，旨在利用互联网、人工智能等技术提升德国工业的竞争力，进而在以智能制造为主导的新一轮工业革命中占据先机。乘着"工业 4.0"的东风，德国人工智能领域的创业也迎来高潮。可以说，德国发展人工智能的起跑点相当不错，然而由于产业布局欠合理等原因，后劲稍显不足。2018 年，全球共有 3 600 多家人工智能创业公司，其中，德国仅有 106 家，数量位居全球第八，大大少于美国（1 393 家）和中国（383 家）。为此，2018 年 11 月，德国联邦内阁通过了《德国联邦政府人工智能战略》（*Strategie Künstliche Intelligenz der Bundesregierung*），明确将"AI 德国造"（AI Made in Germany）打造成全球公认的品牌，正式拉开德国开展人工智能国家级战略的序幕。尽管德国人工智能国家级战略的出台晚于美国、英国、日本、中国等人工智能主要强国，但其吸取了人工智能主要强国的经验基础。2020 年年底，《德国联邦政府 2020 年人工智能战略更新》（*Strategie Künstliche Intelligenz der Bundesregierung-Fortschreibung 2020*）发布，该战略将对人工智能领域的资助从 30 亿欧元增加到 50 亿欧元。在德国联邦政府的推动下，研究机构与企业协同发力，德国走出了一条具有鲜明特色的人工智能发展之路。

## 一、从"工业 4.0"体系切入，聚焦"弱人工智能"

德国 AI 产业的发展有强烈的路径依赖，即 AI 技术的研发主要根植于工业、制造业领域的先天优势，更注重生产端生产效率的提升，企图采用一种"进窄门"的策略来进行 AI 产业的战略突围。这一特点显著区别于美国的"以消费端应用为主"的 AI 技术路线。

究其原因，德国在人工智能领域的先天不足和优势，同时决定了德国选择工业 AI 战略。先天不足在于，德国人口有限，德语也并非全球通用语言，难以建成具有全球影响力的互联网应用平台。因此，德国 AI 产业的生态无法从大众消费场景中建立。而先天的优势就在于，高端制造业的产业人才、数据、经验积累，使得德国的科研机构和创业企业自然更倾向于在优势产业中率先推动人工智能技术的发展。

2019 年 2 月 5 日，德国联邦经济事务与能源部发布了《国家工业战略 2030》（*Nationale Industriestrategie 2030*）草案，旨在有针对性地扶持重点工业领域与人工智能相结合，促进"全国冠军"甚至"欧洲冠军"企业形成，以提高德国的全球竞争力。在《德国联邦政府 2020 年人工智能战略更新》中，一个主要目标就是借助 AI 技术来保证德国在工业 4.0 领域的强势地位，并成为工业 AI 应用领域的领导者。根据"工业 4.0"的蓝图，人工智能主要应用于智能工厂、智能生产、智能物流三大领域；相应地，智能网络制造、智能技术系统、生产自动化等相关领域成为人工智能研发与应用的重点，在该领域，德国的强项是自动化与机器人。

虽然目前德国没有明确就"人工智能"定义，但清楚区分了"强人工智能"和"弱人工智能"两个方向，并明确以"弱人工智能"为发展重点。"强人工智能"是指 AI 系统具有与人类类似，甚至超越人类的智能；"弱人工智能"则专注于解决基于数学和计算机科学方法的具体应用问题，由此开发的系统能够自我优化。德国联邦政府战略导向是使用"弱人工智能"来解决应用问题，并给出了五大突破方向，见表 1。

**表 1　德国"弱人工智能"研究领域五大突破方向**

| | |
|---|---|
| 机器证明和自动推理 | 从逻辑表述中推导规范化的判断，构建论证硬件和软件正确性的系统 |
| 基于知识的系统 | 用于模拟人类专业知识和专家支持的软件，并与心理学和认知科学结合 |
| 模式识别与分析 | 包括一般的归纳分析方法，尤其是机器学习 |
| 机器人技术 | 机器人系统的自主控制以及自主控制系统 |
| 智能多模态人机交互 | 分析和"理解"语言（与语言学相结合）、图像、手势以及其他形式的人际互动等 |

## 二、重视中小企业的作用，打造人工智能创新集群

不同于其他国家，在德国，AI 的主要研究推动者是公司，而不是大学。德国有着为数众多的专注于细分领域“小而美”的隐形冠军企业，有统计显示，德国约 99%的中小企业，贡献了约 54%的增加值和 62%左右的就业，德国中小企业聚焦细分领域，与协会、科研机构、高等院校等联合开展前沿技术研究和研究成果转化，进而实现产品研发和落地应用。

然而，尽管这些中小企业推动了人工智能在一些环节的落地，但是缺乏像中美两国那样的大型平台型科技公司的支持，无法形成具有影响力和规模化的 AI 技术平台和大数据平台。而 AI 初创企业普遍面临资本不足的困境，相关软件开发人员也难以在短时间内掌握专业的产业知识，因此难以形成产业规模效应，更容易聚焦机器视觉、客户服务等易上手领域。基于此，德国采用了空间集聚型的研发与创业促进模式。《德国联邦政府 2020 年人工智能战略更新》指出，政府需要积极推进现有四个人工智能研究卓越中心（分别位于柏林、慕尼黑、多特蒙德和蒂宾根）的扩展，并在区域、国家和国际层面将这些中心联系起来，形成至少 12 个中心和枢纽的网络和更多的智能移动创新中心。其目的是在德国大学建立一个研究和教学网络，在当地汇集不同类型的人工智能专业知识，促进大学与当地企业的合作创新。另外，AI 应用层的发展主要归因于大计算能力的增强，考虑到人工智能应用和分析大数据量的未来高峰需求，德国致力于加强不同的州合作，除了发展国家超级计算中心（Nationales Hochleistungsrechnen，NHR）之外，还将提升高斯超级计算中心云服务器的能力。

## 三、注重法律规范和伦理问题，普及人工智能教育

人工智能发展的最大障碍不是技术上的桎梏，而是人机关系的异化问题，这在极大程度上催生跨人类主义的伦理学研究。在这方面，德国是世界其他国家的典范。2018 年，德国联邦政府设立了数据伦理委员会，以制定信息时代个人数据保护和社会安定团结与富裕保障的准则；该委员会指出要在人工智能开发和应用全过程中关注德国的基本价值与原则，并注重提高个人与社会应对信息化社会的能力。

鉴于此，德国人工智能研究中心（Deutsches Forschungszentrum für Künstliche Intelligenz，DFKI）先是与德国检测及认证机构南德意志集团启动了

一个联合项目，认证用于自动驾驶汽车的人工智能系统。接着，又成立了一个新的认证和数字主权实验室，关注人工智能的可控性、可解释性、稳定性、安全性和公平性。德国联邦研究部长卡利切克进一步表示，应该考虑为“欧洲制造”的可信的人工智能设立一个检测认证。她认为这样一个标签在整个欧洲都是一个很好的卖点。

此外，德国还十分重视用科普的方式增进社会各界对人工智能的认识。德联邦教研部将人工智能选为 2021 年科学年的主题，希望社会、科学、经济和政治间就人工智能进行更广泛的交流。科学年主办方将以电影、讨论会、民众参与等多种形式来探究人工智能的工作原理，塑造未来人机协作的模式，讨论人工智能技术带来的伦理问题和对社会生活的影响。

## 四、融入欧洲战略，“团结一切可以团结的力量”

德国政府清楚自己在 AI 技术领域存在短板，如在 AI 芯片的研发和制造上的缺失，以及在人才、资金等方面的不足，而仅仅在人工智能研究上投入更多资金并不能扭转这一趋势。成功的人工智能发展战略需要跨越国界，仅靠自己的力量无法跟上美国和中国雄心勃勃的企业和研究机构发展计划的步伐。因此，德国将自己的人工智能战略与欧洲的战略有机结合起来，加强协调并积极拓展人工智能领域的国际合作，发挥国际合作与分工优势。在德国的大力支持下，欧洲人工智能实验室联盟（Confederation of Laboratories for Artificial Intelligence Research in Europe，CERTLAB）自 2018 年推出以来，飞速成长，不断壮大，得到了超过 2 800 位欧洲科学家的支持，已建成一个强大的网络。在多样化合作关系下，德国的人工智能技术随着在工业互联网、智能制造等领域的推进也将在海外市场得到发展机会。

其中，德国和法国的人工智能计划可以成为加强欧洲人工智能合作的重要催化剂。2019 年 1 月，德法两国签订《亚琛条约》(*Vertrag von Aachen*)，该条约指出，双方将开展广泛的研究和创新合作，其中包括建立德法人工智能研究创新网络、针对数字化和数字社会领域内的新技术制定伦理标准、达成国际层面共同的价值观等。德联邦教研部将人工智能的研发和应用视为德法两国未来科技合作的优先领域，希望与法国共同设置人工智能研究项目、机构互联，以及共同创建人工智能技术转化新构架。

通过国际合作，德国希望能够解决自身数据来源问题。德国目前没有一个在世界范围内具有竞争力的数据平台，可用于人工智能的数据信息分散在众多企业，市场模式决定了德国在未来一段时期也难以将大量数据集成一体。一方面，德国需要解决数据分散问题，破除“数据壁垒”，加大分布式人工智能的研发力度；另一方面，德国不得不寄希望于国际合作，加强用于机器学习的数据交换与共享，为自身发展人工智能提供海量信息基础。

# 全球重要城市人工智能技术创新政府策动行为比较

| 赵程程　丁佳豪

全球创新型城市在AI技术的发展中发挥了差异化作用，构建了各自的生态系统。通过分析2010—2020年全球AI专利区域分布，发现全球AI专利大多集聚在美国、中国、日本。其中，美国纽约、旧金山，中国北京、上海、深圳，日本东京代表着全球人工智能技术创新和场景应用的最高水平。

通过分析美国拜登政府《人工智能：最终报告》(*AI: Final Report*)发现，美国联邦政府不遗余力，内外合力，以"赢得AI技术竞争"为目标。相比之下，纽约市政府对AI等新兴技术更加谨慎，2020年甚至立法限制地方政府使用人工智能技术。无独有偶，旧金山市政府也通过立法规定公有部门可以"有条件地"使用AI技术。但上述立法均是限制地方政府机构和执法机构使用AI技术，并不限制AI技术的商业应用。

与美国不同，中国地方政府的人工智能规划、目标与国家政府基本一致，以"三步走"战略为蓝本，因地制宜，施政侧重点略有不同。其中，北京市政府策动较为均衡，聚焦人才培育与吸引、应用场景持续开拓、研究中心能力提升。上海整合优势资源，优化创新环境，扶持转型企业。深圳持续拓展应用场景，数字政府成为一大亮点。日本东京承接"超智能社会"的国家战略，将人工智能技术融入建设"安全""多元""智慧"城市(表1)。

**表1　城市人工智能技术创新政府策动行为比较**

| | 美国 | | 中国 | | | 日本 |
|---|---|---|---|---|---|---|
| | 纽约 | 旧金山 | 北京 | 上海 | 深圳 | 东京 |
| 地方政府态度 | 从鼓励到谨慎至立法限制 | 立法限制政府使用AI技术，但不限制商用 | 人才培育与吸引，应用场景持续开拓，研究中心能力提升 | 资源整合，优化创新环境，扶持专项企业 | 应用场景持续开拓，数字政府建设发展迅速 | 建设"安全""多元""智慧"城市 |

（续表）

| | 美国 | | 中国 | | | 日本 |
|---|---|---|---|---|---|---|
| | 纽约 | 旧金山 | 北京 | 上海 | 深圳 | 东京 |
| 地方政府实际举措 | PlaNYC（2007—2011）；OneNYC（2015—2020） | 《停止秘密监视条例》（*Stop Secret Surveillance Ordinance*）（2019） | 《北京市加快科技创新培育人工智能产业的指导意见》等 | 《关于加快推进人工智能高质量发展的实施办法》等 | 《广东省新一代人工智能发展规划》等 | 《新东京，新明天：2020行动计划》 |
| 国家政府与地方政府 | 联邦政府大力鼓励AI技术创新与应用场景开拓<br>地方政府立法要求共有部门"无条件"使用AI技术 | | 中央政府人工智能"三步走"战略，为技术创新与产业赋能指出发展方向。<br>地方政府基于"三步走"战略，因地制宜，施政侧重略有不同。<br>中央政府和地方政府积极推进AI技术商用和公用 | | | 围绕"超智能社会"国家战略，东京建设"智慧城市" |

## 一、美国城市：纽约、旧金山

与美国联邦政府"鼓励AI技术创新"的态度不同，面对未来科技，纽约市政府的态度从"无限拥抱"到"谨慎审视"至"立法限制"。

基于纽约在全球政治、经济、科技、文化等领域的领先地位和极强的资源支配实力，2020年纽约市继2018年后再次登顶，成为全球"最智慧的城市"。在纽约未来战略规划中，纽约政府肯定了"人工智能技术创新驱动城市变得绿色、强大、公平、弹性的价值与影响"，但是也表达了潜在的担忧，"人工智能技术创新战略会随着城市在不同阶段面对的具体问题的演进而调整"。

跟踪2017—2020年纽约城市规划，可将2017—2020年纽约建设分为两个阶段。第一阶段PlaNYC（2007—2011）：硬环境建设。作为全球最具活力的经济体，纽约为了维持城市的繁荣，开展了一系列活动：完善日益老化的基础设施、应对气候变化、建设新的高速无线网络、提供技术训练。第二阶段OneNYC（2015—2020）：软环境优化。2015年发布的《一个纽约：繁荣而公平的城市发展规划》（*One NYC: The Plan for a Strong and Just City*）将"智慧城市"创建行动作为其实施路径的一部分。纽约智慧公平城市建设方案主要包括实现全城连接、指导和扩展智能技术、发展创新经济、确保有责部署四项战略布局。然而，随着"智慧城市"建设推进，越来越多的安全隐患暴露出来。2019年*OneNYC*

*2050* 出台，正式将公正写入城市智慧化建设，*OneNYC 2050* 指出，将建设一个具有包容性、平等的经济体，防止先进技术“隐形”地妨碍公平公正。

旧金山市政府立法限制共有部门使用 AI 技术，但不限制 AI 技术商用。2019 年，旧金山市政府通过了《停止秘密监视条例》，该条例特别指出：“人脸识别技术危害公民权利和公民自由的倾向大大超过了其声称的好处，这项技术将加剧种族不平等，并威胁到我们不受政府长期监控的生活权利。”立法禁止执法部门及其他政府机构使用人脸识别技术，但不限制该技术在商业上的应用。2019 年 12 月，旧金山监督委员会对《停止秘密监视条例》进行了修正，放松了公共部门使用人脸识别技术的权限，只需通过批准就可以使用。依据条例，旧金山警察部门公开了目前使用和拥有的监视技术的清单，列出每项技术都经相应路径获得了批准。与此同时，马萨诸塞州萨默维尔市、加利福尼亚州奥克兰市和伯克利市相继通过立法禁止公共部门使用人脸识别等 AI 技术的法规。

由此可见，美国联邦政府与地方政府之间对 AI 技术的态度悬殊。基于对美国人工智能国家战略逻辑的解读，美国联邦政府以“赢得 AI 技术竞争”为目标，除通过增加对 AI 技术研发投入、明确技术研发先行领域、促进公私伙伴合作关系达成外，共建 AI 技术标准联盟等，为营造美国人工智能机构和企业蓬勃发展的局面做出了努力。然而，地方政府对此类新兴技术应用更为谨慎。

## 二、中国城市：北京、上海和深圳

北京是中国的政治和经济中心，北京市政府以中央政策为蓝本，领先于国内其他城市，颁布了包括《关于促进中关村智能机器人产业创新发展的若干措施》《关于加快培育人工智能产业的指导意见》等多项加快人工智能产业落地的政策，策动重点在于人才培育与吸引、应用场景持续开拓、研究中心能力提升。北京聚集了全国乃至全球一流的高等学府，清华大学、北京航空航天大学、北京大学等顶尖研究机构为北京人工智能技术创新与产业赋能培养了大量的人才。在应用场景持续开拓方面，2019 年北京市科学技术委员会发布了首批 10 项应用场景清单，明确未来将投资 30 亿元用于城市建设和管理、民生改善等领域，打造基于人工智能、物联网、大数据等技术的应用场景。

上海通过不断完善和细化人工智能领域的发展战略和政策，着力打造人工智能发展高地。在政策设计方面，上海发布了《关于加快推进人工智能高质量发展的实施办法》《关于本市推动新一代人工智能发展的实施意见》《上海市人工智能创新发展专项支持实施细则》等，并以建设人工智能高地为目标，构建一流创新生态三年行动计划《关于加快推进人工智能高质量发展的实施办法》。尤其是，上海围绕人才队伍建设与高端人才吸引、海量数据资源的共享和保护、产业转型升级与地理集聚、扶持资金的引导与管理等方面提出了 22 条具体政策。这 22 条新政策与上海既往的 AI 行业政策紧密衔接，地方政府充分利用和结合各类资金、项目、服务资源，为上海的人工智能产业提供了广阔的发展平台。此外，上海市政府还围绕国家战略，扶持了一批人工智能创新发展专项企业。

深圳凭借科技巨头（华为、中兴、腾讯、平安科技等）集聚了众多 AI 领域的初创企业。凭借企业的力量，深圳在全球人工智能技术创新领域占据一席之地。深圳市政府致力于研发平台的搭建，例如建设了深圳智能机器人研究院、深圳人工智能与大数据研究院。与此同时，深圳市政府着力于应用场景的开拓。除了无人驾驶、智能医疗等商用场景，政府服务已然成为深圳市政府数字服务建设的核心。深圳市政府通过建设一站式服务平台积极推进政府智慧化。例如，深圳市公安局大力推进传统的窗口“面对面”排队办事向网上办事转变，同时基本建成全市统一的政府信息资源共享体系，汇集了 29 家单位的 385 类信息资源、38 亿多条数据，为政务服务全面智能化提供数据支持。

## 三、日本城市：东京

日本东京都政府的人工智能策动行为可以追溯到 2016 年。2016 年 12 月，东京都厅发布 2017—2020 年综合计划《新东京，新明天：2020 行动计划》。该项计划提出在 2017 财年投入 1.42 万亿日元，四年总投入 5.61 万亿日元，将东京打造为“安全”“多元”“智慧”的“新东京”。其中，“智慧城市”是重要构成部分，下设智慧能源城市、贯彻节约精神等 9 项目标，且各个目标下设相应小目标、时间节点和相关措施。

此外，2018 年 6 月，日本东京都政府在人工智能技术战略会议上出台了《人工智能技术战略执行计划》（*Artificial Intelligence Technology Strategy Execution Plan*）。该计划旨在推动 AI 技术赋能零售业、服务业、教育和医疗等领域，以科技替代劳动力。在医疗领域，日本东京医科大学的科研团队通过对人类尿液中相关成分含量分布图谱进行分析，依靠 AI 技术成功地对大肠癌进行了高精度的诊断。在交通出行领域，各大日本车企和互联网公司都积极推进无人驾驶技术。2018 年 8 月，日本日之丸交通出租车公司和 ZMP 自动驾驶技术公司联合研发的无人驾驶出租车首次在东京固定线路上载客运营。这也是全球第一次为乘客提供自动驾驶出租车服务。

与此同时，东京将 AI 研发重点聚焦到基础层面的研发创新，集合各领域顶尖研究员聚焦下一代类脑架构和数据知识集成 AI 基础创新。

1. 下一代类脑架构人工 AI 研发

下一代类脑架构人工 AI 研发是基于人类信息处理原理，结合先进计算神经科学技术，对人脑结构人工智能（包括人工视觉皮层、运动皮层和语音皮层）进行的大规模基础性研究。中期目标是创造一个类脑架构的 AI 原型；最终目标是建立一个类脑架构的 AI 概念验证系统，通过解决现实问题来确认人工智能系统的有效性。

2. 数据知识集成 AI 研发

数据知识集成 AI 研发是将现实中的非结构化大数据和大规模知识有机集成的 AI 基础性研究。该研究可以提高机器学习和贝叶斯概率建模技术的性能。研究的中期目标是实现数据知识集成 AI 基础功能，并能评估其预测性能和识别性能；最终目标是构建数据知识集成 AI 的概念验证系统，并通过将其应用于城市交通、人类行为等现实问题，来评价其有效性。

# 全球科创中心的“明星银行”

## ——硅谷银行倒闭及启示

| 齐博成　喻诚搏　常旭华

### 一、事件概要

作为全球科技创新中心美国硅谷的标志性银行，硅谷银行(Silicon Valley Bank, SVB)成立于1983年，至2023年已有40年，总部位于加利福尼亚州，是美国第16大银行，其母公司为硅谷银行金融集团(Silicon Valley Bank Financial Group)。截至2022年年底，硅谷银行总资产为2 090亿美元，存款超过1 750亿美元。大约50%～70%的硅谷初创企业都与硅谷银行有直接或者间接的联系，其中不少公司利用硅谷银行管理流动性资产。硅谷银行长期以来一直被视为科技创投圈的融资支柱。

硅谷银行曾被视为美国优质的中小银行。相比于传统银行，其主营业务具有高成长性、高盈利的特征，净资产收益率(Return on Equity, ROE)长期高于传统商业银行。国信证券经济研究所称，美国存在众多高估值的优质中小银行，硅谷银行、第一共和银行、阿莱恩斯西部银行等10家银行都曾入选。这些银行盈利能力较强、扩张速度领先大行、净息差也明显高于大行。

非常令人意外的是，2023年3月10日，美国联邦存款保险公司(Federal Deposit Insurance Corporation, FDIC)突然发布声明，美国加利福尼亚州金融保护和创新部(The California Department of Financial Protection and Innovation, DFPI)正式关闭硅谷银行。硅谷银行在遭遇挤兑两天后闪崩，轰动全球市场，并造成嵌入硅谷银行体系的部分硅谷初创企业股价暴跌，市场纷纷担忧第二个“雷曼时刻”到来。本文基于公开资料和部分专家观点，力图厘清硅谷银行倒闭始末，以及分析这一事件对我国发展科技型银行的启示。

## 二、硅谷银行的金融业务

硅谷银行主要为以下三类客户提供金融服务[1]。

1. “新兴”或“早期”客户

“新兴”或“早期”客户通常是处于创业或生命周期早期阶段的私人公司，由朋友和家人、“种子”或“天使”投资者资助，或经历了最初一轮的风险资本融资。他们通常主要从事研究和开发活动，或者只将少数产品或服务推向市场。硅谷银行创业银行的客户年收入往往低于 500 万美元，且其中许多是尚未盈利的公司。

2. “中期”和“后期”客户

“中期”和“后期”客户通常是处于生命周期中期或后期阶段的私人公司，且通常依赖风险资本的资助。其中一些客户处于其生命周期的高级阶段，可能是上市公司或准备上市的公司。硅谷银行中后期阶段客户一般在市场上有比较成熟的产品或服务，可能处于扩张期，年收入为 500 万～7 500 万美元。

3. 大型企业客户

大型企业客户都是比较成熟的老牌公司，一般都是上市公司或大型私人控股企业，在市场上有复杂的产品或服务供应，年收入往往超过 7 500 万美元。

硅谷银行两大主营业务是为 PE/VC 提供资本催缴信贷及为初创企业提供信用贷款。资本催缴信贷是硅谷银行投放给 PE/VC 的贷款，该类贷款通常期限偏短，风险较低，同时收益率也往往低于传统的工商贷款；初创企业贷款主要投放给没有盈利和现金流的初创企业客户，该类客户常常会在两轮股权融资之间向硅谷银行借款以帮助其持续经营，该类贷款风险较大且缺乏抵押物，硅谷银行往往会向初创企业索要 3%～5%的认股权证(图 1)。

硅谷银行负债端为风投公司和创业公司服务，风投公司和创业公司在硅谷银行存款，使资金在投资者和被投资企业之间周转的过程中也能最大程度留存在银行内部，这样一方面便于监管资金流动，降低风险，另一方面可以附加条件将资金存为无息活期存款，压低负债端成本。硅谷银行资产端向企业借款，同时以知识产权和一定股权作抵押。可以说，硅谷银行用贷款的门槛办了更复杂、更高风险的股权融资业务。

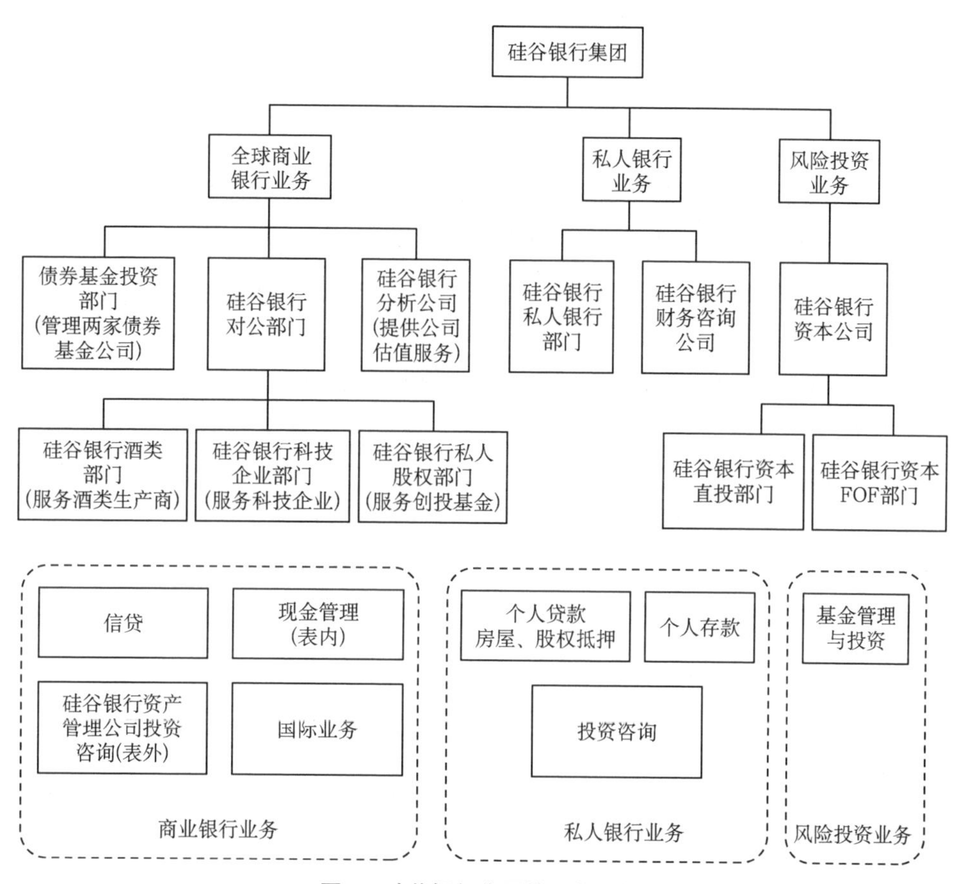


**图1　硅谷银行集团的业务架构**

## 三、硅谷银行的典型商业模式

1. 专注科技企业

硅谷银行专注于PE/VC和科技型企业融资，其客户高度集中在高科技初创公司，与近50%的美国风险投资支持的初创公司及44%的2022年上市的美国风险投资支持的技术和医疗保健公司有业务往来[2]。

据硅谷银行年报，硅谷银行为技术、生命科学/卫生保健行业的各种客户提供服务。硅谷银行的技术客户来自前沿技术和硬件(如半导体、通信、数据、存储和电子)、企业和消费者软件/互联网(如基础设施软件、应用程序、软件服务、数字内容和广告技术)、金融技术和气候技术及可持续发展等行业。硅谷银行的生命科学/保健客户主要来自生物制药、保健技术、医疗设备、保健服务和诊断及工具等行业。

硅谷银行专注于这些客户，为自身带来了以下几点信用风险。

(1) 依赖投资者的贷款

硅谷银行的许多贷款提供给现金流不多或为负数的公司，主要是技术、生命科学和医疗保健行业的公司。这些贷款的偿还往往依赖借款客户从风险资本家或其他方面获得的额外资金，或者在某些情况下，依靠通过成功出售给第三方、上市或其他形式获得的流动资金或“退出”事件。美国经济状况导致某些客户的估值下降，从而降低了某些客户的融资能力或其他“退出”事件的发生率，这对某些客户和他们偿还贷款的能力产生了不利影响。如果经济衰退，某些客户可能会遇到困难，无法长期维持其业务。这些公司不能保证继续以以前或目前的估值水平获得资金，这已经对某些借款客户的财务健康产生了负面影响。金融市场的持续波动可能使首次公开募股无法进行，或对寻求“退出”的投资者的吸引力降低。此外，风险投资者以更有选择性的方式、更低的水平或更不利的条款提供融资，这些也对借款客户偿还贷款的能力产生了不利影响。

(2) 客户所处行业的竞争程度和技术周期

大多数借款客户所在的技术、生命科学和医疗保健行业竞争激烈、技术变化迅速，而且这些行业的公司证券市场价格周期性波动，因此借款客户在这些行业的财务状况会受到影响。许多贷款的抵押品通常包括知识产权和其他无形资产，这些资产很难估价，而且在违约的情况下可能不容易出售。因此，即使贷款有担保，硅谷银行也可能无法完全收回欠款。

(3) 单一客户群体造成的叠加效应

大部分借款客户从事类似的业务，这可能导致这些借款客户受到经济或其他条件的类似影响，从而对硅谷银行产生叠加效应。

对科技创新公司的投资是高风险的，但同时也可能是高回报的，所以才有风险投资。但银行无法承担和风投一样大的风险，很多银行不愿意接触科创企业，因为对它们来说很多科创企业的产品和商业模式是前所未闻的，所以它们无法用针对传统行业的风控模式来预测风险，这也就导致它们对科创企业敬而远之。即便是经验丰富的硅谷银行，向早期创业公司发放贷款的风险依然是很高的。把贷款的风险控制到和回报相当是硅谷银行风控的重点，即掌握为科技创新企业提供贷款时所需的风险缓释因素，包括：

① 了解哪些公司银行可以承担更高的风险;

② 知道如何监控这些公司快速变化的风险;

③ 知道什么时候需要保持耐心,什么时候需要采取行动;

④ 在贷款交易中要求认股权证(Warrant)来缓释风险。

硅谷银行敢于突破传统银行的风险控制下注科技型初创企业,其成功之处正是源于以上四方面的工作,包括和顶级风投的紧密合作,积极主动的贷后管理(像做风投一样做贷款),以及多年来对科创企业的专注和专心。最后的认股权证则是一个比较重要的技术手段。

2. 投贷联动

除了为科技企业提供现金管理等传统金融服务,硅谷银行还采取跟投的方式为初创企业提供信贷,即在企业获得风险投资以后,按照一定比例批准信贷额度,同时收取高于一般企业贷款的利息。另外,硅谷银行还可能得到一定比例的企业认股权证,获取额外的资本收益。

认股权证是当硅谷银行为部分风险高于一般水平的科技创新企业提供贷款时,为了缓释风险,而在贷款交易中要求少量(通常不超过1%)的公司股权的认购选择权。如果科技创新企业成功上市或者股权价值增加,认股权证就能给银行带来收益。但硅谷银行在过往贷款中要求认股权证的目的不是为了获得长线利益,而是为了通过部分认股权证所获得的利益抵消给早期科技创新公司提供贷款的部分、大部分或者全部风险。

根据硅谷银行过往的经验,即便是在信贷风险较低的年份,银行的早期贷款可能仍然有2%的坏账;而在信贷风险很高的年份,坏账则可能会达到10%。但如果从长期来看,例如一个10年的经济周期,如果信贷表现良好的年份更多,那么年平均贷款损失仍然可以维持在2.5%左右,而年平均认股权证收益能达到1%、2%或2.5%,坏账损失减去认股权证收益后的比率可能就只有1.5%、0.5%或0。因此,硅谷银行获得的认股权证通常需要5~7年甚至更长时间才能发挥对银行坏账风险的抵补作用。

认股权证的风险作用是长期的,因此,硅谷银行的专注和专心显得尤为可贵。硅谷银行如果不是30多年坚持专注服务科技创新公司,并且有耐心地接受初期的一些损失,那么最后手里的认股权证可能还没发挥作用就已经是一堆废纸了。

## 四、硅谷银行的财务表现

1. 业绩报表分析

2022年，硅谷银行的业绩如表1所示[3]。

2022年，硅谷银行的净收入增加了12亿美元，主要归因于存款资金信贷、收益率和平均贷款的增加，部分抵消了存款利率的提高及计息存款平均余额的增加。

**表1　2020—2022年硅谷银行业绩**

| （百万美元） | 截至12月31日的年度 | | | | |
|---|---|---|---|---|---|
| | 2022年 | 2021年 | 同比变化 2022年/2021年 | 2020年 | 同比变化 2021年/2020年 |
| 净利息收入 | 4 118 | 2 914 | 41.3% | 1 990 | 46.4% |
| 信用损失准备金 | (277) | (55) | NM | (166) | (66.9%) |
| 非利息收入 | 1 107 | 706 | 56.8% | 604 | 16.9% |
| 非利息支出 | (1 557) | (1 266) | 23.0% | (1 011) | 25.2% |
| 税前利润 | 3 391 | 2 299 | 47.5% | 1 417 | 62.2% |
| 总平均贷款，摊销成本 | 54 647 | 43 145 | 26.7% | 30 116 | 43.3% |
| 总平均资产 | 175 221 | 140 362 | 24.8% | 73 929 | 89.9% |
| 总平均存款 | 172 106 | 138 057 | 24.7% | 71 911 | 92.0% |

数据来源：硅谷银行2022年年报。

硅谷银行2022年的信贷损失准备金为2.77亿美元，而2021年的信贷损失准备金为5 500万美元。2022年的信贷损失准备金较2021年增加是由预期经济条件恶化，以及融资贷款和未融资承诺的增长所驱动的。

2022年硅谷银行的非利息收入增加了4.01亿美元，主要与非美国通用会计准则的核心费用收入的整体增加有关。总体增长主要是由于2022年联邦基金利率上升导致短期利率提高，客户投资费用增加；外汇费用增加主要是由于客户交易量增加导致现货合同佣金增加；信用卡费用增加主要是由于消费增加和客户增长导致交易量增加。

2022 年硅谷银行的非利息支出增加了 2.91 亿美元，主要是薪酬和福利支出、业务发展和差旅支出，以及房舍和设备支出。薪酬和福利支出的增加是由于薪金和工资支出的增加。薪金和福利支出增加主要是由于业务拓展，全职雇员增加，以及年度绩效增长。业务发展和差旅费用增加是由于新冠疫情平稳，银行对出差的限制有所放松。房舍和设备支出增加是由于转件支持和维护费用的增加及转件折旧的增加。

非利息支出以报酬和福利（compensation and benefits）、专业服务（professional services）和房地和设备（premises and equipment）为主（表 2）。

**表 2　2020—2022 年非利息支出**

| （百万美元） | 截至 12 月 31 日的年度 | | | | |
|---|---|---|---|---|---|
| | 2022 年 | 2021 年 | 同比变化 2022 年/2021 年 | 2020 年 | 同比变化 2021 年/2020 年 |
| 薪酬和福利 | 2 293 | 2 015 | 13.8% | 1 318 | 52.9% |
| 专业服务 | 480 | 392 | 22.4% | 247 | 58.7% |
| 场地和设备 | 269 | 178 | 51.1% | 127 | 40.2% |
| 租赁费用 | 101 | 83 | 21.7% | 101 | (17.8%) |
| 业务发展和差旅 | 85 | 24 | NM | 24 | — |
| 联邦存款保险公司和州政府评估 | 75 | 48 | 56.3% | 28 | 71.4% |
| 关联合并费用 | 50 | 129 | (61.2%) | — | — |
| 其他 | 268 | 201 | 33.3% | 190 | 5.8% |
| 总非利息支出 | 3 621 | 3 070 | 17.9% | 2 035 | 50.9% |

数据来源：硅谷银行 2022 年年报。

2. 硅谷银行的贷款情况

硅谷银行贷款客户主要来自全球基金业务、技术和生命科学/保健行业、私人银行业务等（表 3）。

表 3　2021—2022 年硅谷银行贷款分类

| （百万美元） | 12 月 31 日 | | | |
|---|---|---|---|---|
| | 2022 年 | | 2021 年 | |
| | 金额 | 占比 | 金额 | 占比 |
| 全球基金银行 | 41 269 | 55.6% | 37 958 | 57.3% |
| 投资者依赖 | | | | |
| 早期阶段 | 1 950 | 2.6% | 1 593 | 2.4% |
| 成长阶段 | 4 763 | 6.4% | 3 951 | 5.9% |
| 总投资者依赖 | 6 713 | 9.0% | 5 544 | 8.3% |
| 现金流依赖—售后回租 | 1 966 | 2.6% | 1 798 | 2.7% |
| 创新信贷和激励 | 8 609 | 11.6% | 6 673 | 10.1% |
| 私人银行 | 10 477 | 14.1% | 8 743 | 13.2% |
| 商业地产 | 2 583 | 3.5% | 2 670 | 4.0% |
| 优质葡萄酒 | 1 158 | 1.6% | 985 | 1.5% |
| 其他信贷和激励 | 1 019 | 1.4% | 1 257 | 1.9% |
| 其他 | 433 | 0.6% | 317 | 0.5% |
| 薪水保护项目 | 23 | — | 331 | 0.5% |
| 总贷款 | 75 250 | 100.0% | 66 276 | 100.0% |

数据来源：硅谷银行 2022 年年报。

（1）全球基金业务

全球基金业务贷款组合包括对私募股权/风险资本界客户的贷款。截至 2022 年 12 月 31 日和 2021 年 12 月 31 日，硅谷银行对私募股权/风险资本公司和基金的贷款分别占贷款总额的 56%和 57%。这一投资组合的绝大部分由资本赎回信贷额度组成，其偿还取决于这些公司所管理的基金的相关有限合伙人投资者对资本赎回的支付。这些贷款通常受到有意义的财务契约的约束，以确保基金的剩余可赎回资本足以偿还贷款，而较大的承诺（通常提供给较大的私募股权基金）通常由普通合伙人从基金的有限合伙人投资者那里赎回资本的权利转让来担保。

（2）技术和生命科学/保健

技术和生命科学/保健贷款组合包括对处于生命周期不同阶段的客户的贷款，应收款项类别被归类为投资者依赖型、现金流依赖型 - SLBO 和创新 C&I。

2022 年 12 月 31 日，硅谷银行投资者依赖型应收款项占总贷款的 9%，2021 年 12 月 31 日，投资者依赖型应收款项占总贷款的 8%。这些贷款的偿还可能取决于借款客户从风险投资公司或其他投资者那里获得额外的股权融资，或者在某些情况下，成功出售给第三方或进行 IPO。这些贷款是提供给早期阶段和成长阶段的公司的。2022 年 12 月 31 日和 2021 年 12 月 31 日，硅谷银行现金流依赖型-SLBO 应收款项都占总贷款的 3%。这些贷款通常用于帮助一组选定的私募股权投资者收购企业，偿还通常取决于合并实体的现金流。2022 年 12 月 31 日，硅谷银行创新 C&I 应收款项占总贷款的 12%，2021 年 12 月 31 日，创新 C&I 应收款项占总贷款的 10%，这些贷款取决于借款客户的现金流或资产负债表的偿还。

(3) 私人银行业务

硅谷银行私人银行客户主要是创新经济领域的高管和高级投资专家，以及因收购波士顿私人银行而获得的高净值客户。截至 2022 年 12 月 31 日，硅谷银行对私人银行客户的贷款占贷款总额的 14%。许多私人银行产品是由房地产担保的，这在 2022 年 12 月 31 日占私人银行客户贷款的 87%，在 2021 年 12 月 31 日占私人银行客户贷款的 88%。这些私人银行产品包括抵押贷款、自用商业抵押贷款、房屋净值信贷额度和其他担保贷款产品。

(4) 其他客户

包括商业地产（Commercial Real Estate, CRE）、优质葡萄酒（Premium Wine）、其他 C&I 和其他类别的应收贷款。

2022 年 12 月 31 日，硅谷银行向任何单一客户提供的金额等于或大于 2 000 万美元的贷款总额为 468 亿美元，占总贷款组合的 63%。这些贷款共涉及 863 个客户（表 4）。

**表 4　2022 年硅谷银行贷款总额分布**

| （百万美元） | 截至 2022 年 12 月 31 日 | | | | | |
|---|---|---|---|---|---|---|
| | 少于 500 | 500～1 000 | 1 000～2 000 | 2 000～3 000 | 3 000 及以上 | 总计 |
| 全球基金银行 | 1 202 | 1 743 | 3 489 | 4 125 | 31 710 | 41 269 |
| 投资者依赖 | | | | | | |
| 早期阶段 | 1 232 | 440 | 179 | 20 | 86 | 1 957 |
| 成长阶段 | 858 | 1 128 | 1 384 | 614 | 781 | 4 765 |

（续表）

| （百万美元） | 截至 2022 年 12 月 31 日 | | | | | |
|---|---|---|---|---|---|---|
| | 少于 500 | 500～1 000 | 1 000～2 000 | 2 000～3 000 | 3 000 及以上 | 总计 |
| 总投资者依赖 | 2 090 | 1 568 | 1 563 | 634 | 867 | 6 722 |
| 现金流依赖—售后回租 | 9 | 36 | 230 | 501 | 1 190 | 1 966 |
| 创新信贷和激励 | 425 | 343 | 1 007 | 1 066 | 5 776 | 8 617 |
| 私人银行 | 7 757 | 1 153 | 936 | 274 | 358 | 10 478 |
| 商业地产 | 733 | 533 | 739 | 328 | 250 | 2 583 |
| 优质葡萄酒 | 208 | 293 | 355 | 122 | 181 | 1 159 |
| 其他信贷和激励 | 298 | 98 | 274 | 224 | 130 | 1 024 |
| 其他 | 96 | 69 | 176 | 91 | — | 432 |
| 总贷款(1) | 12 818 | 5 836 | 8 769 | 6 365 | 40 462 | 74 250 |

数据来源：硅谷银行 2022 年年报。

2022 年 12 月 31 日，硅谷银行浮动利率贷款总额为 684 亿元，占贷款总额的 92%(表 5)。

**表 5 硅谷银行贷款利率**

| （百万美元） | 贷款合同剩余期限 | | | | |
|---|---|---|---|---|---|
| | 1 年及以下 | 1 年后至 5 年 | 5 年后至 15 年 | 15 年后 | 总计 |
| **固定利率贷款** | | | | | |
| 全球基金银行 | 563 | 8 | — | — | 571 |
| 投资者依赖 | | | | | |
| 早期阶段 | 5 | 34 | — | — | 39 |
| 成长阶段 | 1 | 73 | 38 | — | 112 |
| 总投资者依赖 | 6 | 107 | 38 | — | 151 |
| 现金流依赖—售后回租 | — | 12 | — | — | 12 |

**（续表）**

| （百万美元） | 贷款合同剩余期限 | | | | |
|---|---|---|---|---|---|
| | 1 年及以下 | 1 年后至 5 年 | 5 年后至 15 年 | 15 年后 | 总计 |
| 创新信贷和激励 | 71 | 120 | 11 | — | 202 |
| 私人银行 | 20 | 64 | 238 | 1 934 | 2 256 |
| 商业地产 | 150 | 551 | 407 | 46 | 1 154 |
| 优质葡萄酒 | 36 | 158 | 545 | 55 | 794 |
| 其他信贷和激励 | 7 | 91 | 116 | 289 | 503 |
| 其他 | 58 | 62 | 10 | 96 | 226 |
| 薪水保护项目 | 7 | 16 | — | — | 23 |
| **总固定利率贷款** | 918 | 3 189 | 1 365 | 2 420 | 5 892 |
| **可变利率贷款** | | | | | |
| 全球基金银行 | 38 343 | 2 211 | 144 | — | 40 698 |
| 投资者依赖 | | | | | |
| 早期阶段 | 274 | 1 575 | 62 | — | 1 911 |
| 成长阶段 | 505 | 3 953 | 193 | — | 4 651 |
| 总投资者依赖 | 779 | 5 528 | 255 | — | 6 562 |
| 现金流依赖—售后回租 | 292 | 1 591 | 71 | — | 1 954 |
| 创新信贷和激励 | 1 732 | 6 309 | 366 | — | 8 407 |
| 私人银行 | 359 | 263 | 813 | 6 786 | 8 221 |
| 商业地产 | 124 | 840 | 451 | 14 | 1 429 |
| 优质葡萄酒 | 156 | 134 | 72 | — | 364 |
| 其他信贷和激励 | 175 | 91 | 72 | 178 | 516 |
| 其他 | 35 | 95 | 18 | 59 | 207 |
| **总可变利率贷款** | 41 995 | 17 062 | 2 264 | 7 037 | 68 358 |
| **总贷款** | 42 913 | 18 251 | 3 629 | 9 457 | 74 250 |

数据来源：硅谷银行 2022 年年报。

### 3. 硅谷银行的资产配置与投资组合

截至 2022 年 12 月 31 日，硅谷银行的总资产为 2 120 亿美元，其中 7%为现金，35%为净贷款、55%为固定收益证券。硅谷银行买入的主要是美国国债和住房抵押贷款证券(Mortgage-Backed Security, MBS)。截至 2022 年 12 月 31 日，硅谷银行的证券投资组合规模为 1 200 亿美元，这些投资大致分为两个部分：可供出售证券(Available-for-sale Securities, AFS Securities)与持有到期证券(Held-to-maturity Securities, HTM Securities)。

可供出售证券的规模为 261 亿美元，其中 161 亿美元为美国国债，66 亿美元为住房抵押贷款证券，14 亿美元为商业抵押贷款证券(Commercial Mortgage Backed Securities, CMBS)，11 亿美元为外国国债。持有到期证券的规模为 913 亿美元，其中 577 亿美元为住房抵押贷款证券，145 亿美元为商业抵押贷款证券，104 亿美元为分级偿还房产抵押贷款证券(Collateralized Mortgage Obligation, CMO)，74 亿美元为市政债券和票据(表 6)。所有抵押贷款证券都有机构担保(Agency-issued)，也就是有美国政府的担保。

**表 6　硅谷银行的证券投资组合主要由美国国债和机构担保房产抵押贷款证券构成**

| (百万美元) | 截至 12 月 31 日 | |
|---|---|---|
| | 2022 年 | 2021 年 |
| 可供出售证券(公允价值) | | |
| 美国国债 | 16 135 | 15 850 |
| 美国机构债券 | 101 | 196 |
| 外国国债 | 1 088 | 61 |
| 住房抵押贷款证券 | | |
| 机构担保的住房抵押贷款证券 | 6 603 | 8 589 |
| 机构担保的分级偿还房产抵押贷款证券(固定利率) | 678 | 982 |
| 机构担保的商业抵押贷款证券 | 1 464 | 1 543 |
| 总可供出售证券 | 26 069 | 27 221 |
| 持有到期证券(净账面价值) | | |
| 美国机构债券 | 486 | 609 |
| 住房抵押贷款证券 | | |
| 机构担保的住房抵押贷款证券 | 57 705 | 64 439 |

（续表）

| （百万美元） | 截至 12 月 31 日 | |
| --- | --- | --- |
| | 2022 年 | 2021 年 |
| 机构担保的分级偿还房产抵押贷款证券（固定利率） | 10 461 | 10 226 |
| 机构担保的分级偿还房产抵押贷款证券（可变利率） | 79 | 100 |
| 机构担保的商业抵押贷款证券 | 14 471 | 14 959 |
| 市政债券及票据 | 7 416 | 7 156 |
| 公司债券 | 703 | 706 |
| 总持有到期证券 | 91 321 | 98 195 |
| 非流通证券和其他权益证券 | | |
| 非流通证券（公允价值） | | |
| 合并风险投资和私募股权基金投资 | 147 | 130 |
| 非合并风险投资和私募股权基金投资 | 110 | 208 |
| 其他无法确定公允价值的投资 | 183 | 164 |
| 上市公司其他权益证券（公允价值） | 32 | 117 |
| 非市场证券（权益法） | | |
| 风险投资和私募股权基金投资 | 605 | 671 |
| 债务资金 | 5 | 5 |
| 其他投资 | 276 | 294 |
| 合格经济适用房项目投资，净额 | 1 306 | 954 |
| 总非流通证券和其他权益证券 | 2 664 | 2 543 |
| 总投资证券 | 120 054 | 127 959 |

数据来源：硅谷银行 2022 年年报。

尽管硅谷银行所持有的证券都几乎没有违约风险，但是这些证券产生的收益却不高。截至 2022 年 12 月 31 日，可供出售证券部分，美国国债的加权收益率仅为 1.5%，机构担保债券（Agency Debentures）的加权收益率为 4.2%，外国国债的加权收益率为 2.1%，居民住宅抵押贷款证券的加权收益率为 1.3%～1.9%。持有到期证券部分，577 亿美元住房抵押贷款证券和 145 亿美元商业抵押贷款证券的加权收益率均为 1.6%，104 亿美元分级偿还房产抵押贷款证券的加权收益率低于 1.5%（表 7）。

**表 7　硅谷银行的证券投资组合的加权收益率处于极低水平**

| 可供出售证券 | | | | | | | | | | |
|---|---|---|---|---|---|---|---|---|---|---|
| （百万美元） | 截至 2022 年 12 月 31 日 | | | | | | | | | |
| | 总计 | | 1 年及以下 | | 1 年后至 5 年 | | 5 年后至 10 年 | | 10 年后 | |
| | 账面价值 | 加权平均收益率 | 账面价值 | 加权平均收益率 | 账面价值 | 加权平均收益率 | 账面价值 | 加权平均收益率 | 账面价值 | 加权平均收益率 |
| 美国国债 | 16 135 | 1.49% | 983 | 1.16% | 14 373 | 1.43% | 779 | 2.96% | — | — |
| 美国机构债券 | 101 | 4.15% | — | — | 33 | 4.47% | 68 | 4.02% | — | — |
| 外国国债 | 1 088 | 2.12% | 101 | 1.06% | 52 | 2.29% | 935 | 2.21% | — | — |
| 住房抵押贷款证券 | | | | | | | | | | |
| 机构担保的住房抵押贷款证券 | 6 603 | 1.54% | — | — | — | — | 43 | 2.86% | 6 560 | 1.53% |
| 机构担保的分级偿还房产抵押贷款证券（固定利率） | 678 | 1.33% | — | — | — | — | — | — | 678 | 1.33% |
| 机构担保的商业抵押贷款证券 | 1 464 | 1.89% | — | — | 326 | 2.21% | 1 138 | 1.84% | — | — |
| 总计 | 26 069 | 1.56% | 1 084 | 1.15% | 14 784 | 1.46% | 2 963 | 2.32% | 7 238 | 1.51% |
| 持有到期证券 | | | | | | | | | | |

（续表）

| 持有到期证券 | | | | | | | | | | |
|---|---|---|---|---|---|---|---|---|---|---|
| （百万美元） | 截至 2022 年 12 月 31 日 | | | | | | | | | |
| | 总计 | | 1 年及以下 | | 1 年后至 5 年 | | 5 年后至 10 年 | | 10 年后 | |
| | 净账面价值 | 加权平均收益率 | 净账面价值 | 加权平均收益率 | 净账面价值 | 加权平均收益率 | 净账面价值 | 加权平均收益率 | 净账面价值 | 加权平均收益率 |
| 美国机构债券 | 486 | 1.91% | 1 | 2.39% | 118 | 2.50% | 367 | 1.72% | — | — |
| 住房抵押贷款证券 | | | | | | | | | | |
| 机构担保的住房抵押贷款证券 | 57 705 | 1.56% | — | 1.65% | 25 | 2.38% | 1 066 | 2.32% | 56 614 | 1.54% |
| 机构担保的分级偿还房产抵押贷款证券（固定利率） | 10 467 | 1.48% | — | — | 90 | 1.47% | 129 | 1.71% | 10 242 | 1.48% |
| 机构担保的分级偿还房产抵押贷款证券（可变利率） | 79 | 0.74% | — | — | — | — | — | — | 79 | 0.74% |
| 机构担保的商业抵押贷款证券 | 14 471 | 1.63% | 39 | 0.45% | 153 | 0.86% | 966 | 1.93% | 13 313 | 1.62% |
| 市政债券及票据 | 7 416 | 2.82% | 29 | 2.26% | 235 | 2.48% | 1 362 | 2.74% | 5 790 | 2.85% |
| 公司债券 | 703 | 1.86% | — | — | 115 | 1.72% | 588 | 1.88% | — | — |
| 总计 | 91 321 | 1.66% | 69 | 1.25% | 736 | 1.90% | 4 478 | 2.43% | 86 038 | 1.63% |

数据来源：硅谷银行 2022 年年报。

在通货膨胀高企与美国联邦储备系统加息的大背景下，硅谷银行持有的各类证券的加权收益率均大幅低于这些证券近期的利率，挤压净息差附带巨额浮亏。彭博行业研究（Bloomberg Intelligence）的数据显示，截至 2022 年四季度，硅谷银行未确认损失（Unrealized Losses）总计 150 亿美元。

4. 硅谷银行的亏损

随着 2021 年四季度美联储放缓扩表速度，已宣布的风险投资规模下降，高通胀又导致初创企业现金支出增加，当季客户资金总流量（Total Client Funds，TCF）降至 279 亿美元，2022 年一季度至 2022 年四季度，客户资金总流量由正转负，从负 19 亿美元扩大至负 122 亿美元，2023 年一季度为负 186 亿美元。2022 年一季度至 2022 年四季度，已宣布的风险投资规模从 940 亿美元降至 360 亿美元。

客户的资金加速流出硅谷银行，相应的就是不断增长的流动性需求。由于持有的长久期证券浮亏严重，该行将更多客户"闲置"资金转入货币市场基金和回购市场，以赚取短久期证券的高回报，打破自身的净息差。截至 2023 年 2 月 28 日，除了资产负债表内的 1 662 亿美元，表外还有 730 亿美元，这些资金可以转入表内满足客户的资金需求，只是硅谷银行并未这么做。2023 年 2 月，10 年期美债利率大幅反弹，迫使硅谷银行减持部分浮亏严重的可出售证券，即资产负债表调仓（Reposition Balance Sheet）——出售 210 亿美元证券组合，这个组合的久期分布为 3.6 年，加权利率只有 1.8%。

可供出售证券通常以公允价值定价，浮盈/浮亏并不计入损益表，而是计入其他综合收益（Other Comprehensive Income，OCI），最终包含在资产负债表的权益中。但是一旦出售这些证券，浮盈/浮亏就要计入损益表变成实际的损失，这对应了出售 210 亿美元证券组合产生的 18 亿美元损失（表 8）。

**表 8　硅谷银行卖出可供出售资产，浮亏变成实际亏损**

<table>
<tr><td rowspan="4">可供出售证券投资组合销售</td><td>可供出售证券销售规模</td><td>210 亿美元</td></tr>
<tr><td>售出证券</td><td>美国国债和机构债券</td></tr>
<tr><td>售出证券收益率</td><td>1.79%<br>3.6 年久期分布</td></tr>
<tr><td>初步估计已实现损失</td><td>(18)亿美元(税后)</td></tr>
</table>

数据来源：硅谷银行 2022 年年报。

5. 硅谷银行的稳健性

由于硅谷银行专门服务高科技行业的资本供需双方，尤其是初创企业，其存款变动与风险投资规模的变化紧密相关。该行的客户资金总流量与已宣布的风险投资规模/企业 IPO 规模几乎同时变动。2020 年三季度至 2021 年四季度，已宣布的风险投资规模从 380 亿美元扩大至 940 亿美元。2020 年二季度至 2021 年三季度，客户资金总流量从 217 亿美元增加至 424 亿美元。

截至 2022 年 12 月 31 日，硅谷银行一级资本充足率为 15.3%，比最低监管要求高出 6.8%，总资本充足率为 16.1%，比最低监管要求高出 5.6%。硅谷银行金融集团一级资本充足率为 15.4%，比最低监管要求高出 6.9%；总资本充足率约为 16.2%，比最低监管要求高出 5.7%（表 9）。

**表 9　硅谷银行的资本比率**

| 截至 2022 年 12 月 31 日 | 硅谷银行金融集团 | 硅谷银行 | 要求比率 |
|---|---|---|---|
| 一级普通股权资本充足率 | 12.05% | 15.26% | 7.00% |
| 一级资本充足率 | 15.40% | 15.26% | 8.5% |
| 总资本充足率 | 16.18% | 16.05% | 10.5% |
| 一级杠杆率 | 8.11% | 7.96% | 4.0% |

数据来源：硅谷银行 2022 年年报。

负债端，硅谷银行表内客户存款有 1 860 亿美元，表外客户资金有 1 890 亿美元，2022 年客户资金总流量仍然比 2021 年高出 460 亿美元。资产端，除证券组合外，硅谷银行的贷款总额为 743 亿美元，其中 70% 是较低信用风险的贷款，如全球基金融资、私人银行融资等，一直以来作为高风险贷款的天使轮投资者支持贷款仅占整个贷款的 3%，远远低于 2009 年的 11%。

可见，硅谷银行的稳健性没有明显减弱，其所持有的资产都比较优质，证券组合的未确认损失与客户资金流出暴露的是流动性风险，而不是丧失偿付能力。其中的症结在于负债来源过于单一，资产配置久期又过长。

## 五、硅谷银行破产事件始末

2008 年国际金融危机后，美国实施了一系列非常规货币政策以降低融资成本、为市场注入流动性，如零利率政策和量化宽松货币政策等，市场整体呈现低利率、低通胀状态。

2020 年下半年，新冠疫情逐渐平稳，量化宽松货币政策持续实施，全球迎来了科技企业的融资热潮期，STARTUPS 贷款和风投额度快速增长，科技初创企业积累了大量的现金和存款，硅谷银行的存款大量增长。负债端资金大量流入，硅谷银行资产端可投资资金也快速增加。硅谷银行购买了大量的美债和按揭抵押证券。

2021 年 4 月起，美国通货膨胀水平持续上升，美联储持续加息。这对硅谷银行的负债端、资产端造成了不可忽视的影响。低息时期购买的资产在 2022 年的快速加息下，给硅谷银行带来了超过 175 亿美元的未实现损失。负债端的成本上升和提款挤兑，以及资产端的价值下调，两头的挤压导致了硅谷银行仓促融资。

2023 年 3 月 8 日，硅谷银行宣布亏损 18 亿美元出售 210 亿美元的债券以应对取款需求，还将通过出售普通股和优先股的组合募集 22.5 亿美元的资金。此举引发了主要风险投资公司的恐慌，不但自己开始取款，还号召自己投资的公司尽快取款，加剧了提款挤兑。次日，硅谷银行股价暴跌超 60%，市值蒸发 94 亿美元。

2023 年 3 月 10 日，根据美国联邦存款保险公司（Federal Deposit Insurance Corporation，FDIC）发布的一份声明，美国加利福尼亚州金融保护和创新部当日宣布关闭硅谷银行，并任命 FDIC 为破产管理人。

## 六、破产成因

### 1. 外因：美联储加息和市场疲软

2020 年美联储大放水后，硅谷银行吸纳的储户存款过多。2022 年美联储快速加息导致全球科技初创企业的日子都不好过，首次公开募股、融资困难，股价一直跌，但研发还得继续，就只能持续消耗它们在硅谷银行的存款。再叠加美联储缩表等因素，硅谷银行的存款额自 2022 年 3 月触顶后就一直流出。2022 年硅谷银行全年存款总额下降了 160 亿美元，大约占存款总额的 10%，特别是活期无息存款由 1 260 亿美元骤降至 810 亿美元，大大增加了负债端的利息支出压力[4]。

随着美联储 2022 年大幅加息，市场利率已达 5.2%。这意味着硅谷银行此前投资债券获得的 1.6%收益无法覆盖资金成本，银行自身还要倒贴 3.6%给储户，才能对应当下的存款利率。为此，评级机构表示其准备下调硅谷银行信用评级。为应对即将发生的评级下调，硅谷银行试图以抛售低风险债券加出售新股的方式缓解困境。

当硅谷银行宣布出售210亿美元的AFS资产并引发18亿的损失时，市场的恐慌体现在：一是还没有出售的1 000亿美元的HTM资产所对应的150亿美元浮亏是否会变成实打实的损失，而硅谷银行股票总市值只有不到200亿美元；二是发行大量股份会稀释原有股东的权益，本身就是利空；三是硅谷银行的客户大多是科技企业，不在存款保险覆盖范围内，很容易发生挤兑，不少科技企业高管在12个小时内就纷纷表示要从硅谷银行提取出所有资金。

2. 内因：短借长投，硅谷银行过多配置国债和MBS

基于市场贷款活动疲软，硅谷银行开始购买资产，最多的时候，硅谷银行把一半多的资产都配置在了美国国债和MBS上。但随着美联储货币紧缩（加息缩表）的展开，美国国债显著下跌。这时持有者如果缺钱，可以随时在二级市场出手债券，但是由于价格下跌，在不到期（持有到期不会亏钱）的情况下卖掉会亏损。同时，由于硅谷银行的资产购买集中在2020—2021年低息期间，因此AFS和HTM资产的平均收益率非常低。从硅谷银行年报看，其AFS的平均收益率只有1.49%，HTM的平均收益率只有1.91%。伴随美联储2022年的快速加息，这些低息时期购买的AFS资产在2022年给硅谷银行带来了超过25亿美元的浮亏。而如果将1 000亿元以HTM计量的MBS的浮亏考虑进去，总的浮亏高达175亿美元（HTM浮亏大约150亿美元）[5]。

只要相关资产不卖，浮亏就不会成为损失，正所谓“浮亏不是亏”。但是基于加息导致硅谷银行存款下降的外因，硅谷银行不得不抛售210亿美元的债券投资组合（该债券投资组合收益率为1.79%，久期为3.6年），导致亏损18亿美元。

## 七、一点思考

1. 推动科技创新，源源不断的优质科创项目是确保投贷联动成功运作的前提条件

美联储宽松或紧缩的操作，一般通过售卖或回购美国国债实现。如果持有拥有核心竞争力的低估值且未来有持续增长空间的核心资产，那么大概率是不会抛售资产以换取美国国债的。即如果掌握真正处于产业链上游的高科技资产，就可以对美元潮汐免疫。这也是过去几十年硅谷银行能长期在美元潮汐中屹立的重要原因——通过长期依靠给初创企业贷款并获得这些未来科技巨头的

股份而存活。然而，2016—2022 年硅谷银行这一块业务持续走低，占总贷款额的比例从 2016 年的 27.7%下降到 2022 年的 11.6%(按年报中可比数据口径计算)。一方面可能是出于安全性的考量，另一方面更核心的原因可能是——具有科技含量的好项目越来越少了[6]。

客观地看，随着技术的发展，技术体系必然变得越来越复杂，新的创新发明也变得越来越困难，最终一定会出现瓶颈，陷入停滞期；同时，随着技术复杂性的提升，投资金额变大，回报周期变长，回报金额递减，使投入技术进步中的资本大概率面临亏本，进而对技术望而却步。随着技术进入高原，原来意义上的高科技资产越来越难以获得。因此，硅谷银行倒闭的浅层原因可以概括为美联储加息和“短借长投”资产错配，更深层次的原因则是高质量科学与技术项目的枯竭，这让硅谷银行的投贷联动商业模式无法真正发挥作用。

2023 年，人工智能技术正在突破奇点，处于大爆发前夜，预期未来可能掀起新一轮技术和创业浪潮。但是，硅谷银行倒在了黎明前。

2. 提高科技银行抗风险能力，避免客户来源单一，对冲经济周期和技术周期影响

硅谷银行的主要客户是科技类的初创公司。创业者相较于投资人可能会更加敏感，尤其是现金储备有限、流动性高度依赖银行的中小型公司，对资金链断裂的恐惧会促使其第一时间取出存款。所以，即使是特色经营，也要关注特色周围的业务机会以平衡集中度风险。在服务科技初创公司的过程中，硅谷银行只关注公司业务，没有为这些企业的员工提供零售银行业务。实际上，这些企业的员工，尤其是管理层，都有非常好的收入。如果能为这些人员提供账户服务，硅谷银行至少在负债结构上能得到一定的改观[7]。

同样地，我国一些银行的行业事业部，业务往往集中在对公资产业务上，少有负债的平衡，更没有其他客户和业务的平衡。反观一些小银行，专注服务小微企业，除了提供专业的信贷服务，还为企业员工及附近客户提供零售金融服务，这样就能使客户结构、业务结构、资产负债结构在保持特色的同时比较好地平衡。如果硅谷银行的储户能够多元化地分布在个人储蓄和初创公司储蓄中，危机或许可以避免。

3. 重视传统商业银行在支持科技创新方面的核心地位和关键支撑

传统商业银行除了普遍的放贷业务之外，亦可以借鉴硅谷银行的成功之处，来支持科创企业的发展。其中的关键是设计一定的模式解决科创企业信用风险

损失覆盖问题。首先，硅谷银行选择贷款对象有严格的准入条件，并不是盲目的；其次，贷款风险不仅可以通过高利率来降低，更可以通过其他收费方式来降低；最后，银行与风投机构的专业合作是关键。这些做法，客观上需要相应法律制度、市场氛围，主观上需要银行专业、耐心，拼质量和能力，而不是拼速度和规模。

可以鼓励大型银行在一些地区设立专业支行、限定一定的资产规模，探索适合我国特色的支持科创企业的模式。上海新金融研究院副院长刘晓春提出，如果我国的四大行拿出总资产的 1%——约 10 000 亿元人民币，相当于一个硅谷银行的总资产规模，但这 10 000 多亿元人民币是纯粹的信贷规模，则其支持力度远远超过一个硅谷银行。如果这些资产出现风险，对四大行的总资产和总损益影响不大。同理，这些支行所吸收到的高流动性存款，放在总行的整个盘子中，也是微不足道的，可以很好地缓释这类存款带来的流动性风险[8]。

4. 对于硅谷银行这类“专业型”、非大型银行，监管机构应根据银行的特点采取对应的监管措施，而不是只与大型银行比监管较弱

美国对中小银行的监管远不如对大型银行（尤其是有系统风险性的大型金融机构）的监管严格。一方面，包括硅谷银行在内的中小银行高管一直在游说政府，放松对中小银行的监管，他们的核心观点是：在像对大银行一样的监管下，中小银行将难以存活；更重要的是，中小银行是为企业，尤其是中小企业服务的，中小银行在支持中小企业的创新和发展上又的确作出了贡献，过于严格的监管不利于中小企业发展。在特朗普政府执政期间，政府确实放松了对中小银行的监管。另一方面，美联储和其他监管部门会定期对美国所有的银行做压力测试，这是预判银行风险的重要手段。美联储对大银行的压力测试比较严格，一旦不符合要求（哪怕是“悲观”场景下的状况）就必须补充资本金；而对于中小银行的压力测试却没有那么严格，有问题的银行也没有被要求必须加强风险防范的措施。这也是硅谷银行的经营模式，尤其是 2020—2022 年账上的现金贷款和购买的债券可能引发流动性风险，没有得到监管足够重视的原因。

## 参考文献

[1] 王晗玉，潘心怡. 硅谷银行倒闭：一场十年科技牛市的清算[EB/OL].（2023-03-13）[2023-03-16]. https://mp.weixin.qq.com/s/2surCjxsc WW/qC-sQXfa-A.

[2] 果青. 美国硅谷银行破产 科技创企遭殃？在中国的合资银行紧急发布声明[EB/OL].

(2023-03-12)[2023-03-16]. http://www.techweb.com.cn/it/2023-03-12/2922320.shtml.

[3] Silicon Valley Bank Annual Reports. Silicon Valley Bank financial group-financials-annual reports & proxies[EB/OL]. (2023-02-24)[2023-03-16]. https://ir.svb.com/financials/annual-reports-and-proxies/default.aspx.

[4] 何媛,侯强. 硅谷银行破产凸显美国货币及科技政策双重失误[EB/OL]. (2023-03-15)[2023-03-16]. https://m.huanqiu.com/article/4c5bfXWryXh.

[5] 银行财眼. 硅谷银行会是第二个雷曼兄弟吗? 对中国企业有何影响? [EB/OL]. (2023-03-12)[2023-03-16]. https://www.huxiu.com/article/818164.html.

[6] 高骏. 南财快评:硅谷银行暴雷带来科技金融行业剧变[EB/OL]. (2023-03-16)[2023-03-23]. https://www.21jingji.com/article/20230313/herald/78975de11cc7b1aeea3d5856b1b93480.html.

[7] 张俊雯. 硅谷银行倒闭,上千家科技企业和 VC 都慌了[EB/OL]. (2023-03-11)[2023-03-16]. https://36kr.com/p/2166512903958787.

[8] 刘晓春. 硅谷银行危机对我国中小银行资产负债管理的启示[EB/OL]. (2023-03-14)[2023-03-16]. https://mp.weixin.qq.com/s/zeLw7UF5SOo0ZwaofcYbjA.

# 全球排名前50位高校技术转移办公室运行机制再探

杨溢涵　常旭华

纵观全球，以美国、德国、英国为代表的西方发达国家的高校科技成果转化整体绩效表现要优于中国、日本、韩国等东亚国家的高校。究其原因，除了以《拜杜法案》(*Bayh-Dole Act*)为代表的体制机制创新外，20世纪80年以斯坦福大学技术许可办公室(Office of Technology Licensing，OTL)为代表的高校技术转移办公室(Technology Transfer Office，TTO)发挥了巨大作用。这些TTO在长期运行过程中理顺了机构设置、人员配备、任务结构三者之间的关系，取得了相对亮眼的成绩。有鉴于此，上海市产业创新生态系统研究中心的团队于2017年对全球排名前200位高校的TTO做过一次案例比较分析，2023年，团队再次对其中排名前50位高校的TTO开展案例比较分析①。总体而言，排名前50位高校的TTO发展相当稳定，基本没有重大调整和变化，充分验证了现有TTO组织机制与运行模式与高校的高度适配性，能够为我国高校TTO提供一定经验与启发。

## 一、全球排名前50位高校TTO类型

高校TTO模式主要分为三类：一是内部部门模式，即在高校行政体系内专设相关部门(或团队)；二是外部公司模式，高校出资控股，成立具有独立法人地位的技术转移公司或创新服务公司；三是内部部门模式和外部公司模式结合的混合模式，部分高校同时拥有内设部门和外部公司，两类机构在成果披露和保护、科技成果商业化等方面各司其职、共同协作，为科技成果转化提供全周期的服务。对比2017年的数据，全球排名前50位高校中，内部部门模式依然是主

---

① 详见常旭华，陈强，刘笑，等. 开展全流程管理，推进高校科技成果转化应用——世界知名大学技术转移办公室(TTO)运行模式与启示[J]. 科技中国，2017(8)：82-85.

流，51 所高校中有 34 所采取这一模式，占比 67%，其次是外部公司模式（25%）和混合模式（8%），如图 1 所示。从国家差异来看，美国高校采取内部部门模式的 TTO 占比达 88.2%，而英国高校采取外部公司模式占比达 85.7%。英美两国模式差异背后原因可能有三：一是办学理念不同，英国教育理念较美国传统和保守，认为大学使命是人才培养、知识创造，商业化活动会影响严谨的学术氛围，更倾向于设立独立于高校组织框架的公司；二是科技成果转化使命不同，对社会影响和经济利益的价值追求不同，美国高校主要采取的内部部门模式强调公共利益，“造福社会”是使命核心，尽管这并不意味着内部部门模式是无偿服务的，其在发挥职能时会兼顾个人、大学和合作企业的商业效益，而英国高校采取的主要外部公司模式则在使命中明确了要为利益相关方创造经济效益；三是两国都有不同模式的成功案例，美国以麻省理工学院、斯坦福大学为代表的技术许可办公室，英国以剑桥大学、牛津大学为代表的技术转移有限公司，都对本国其他高校科技成果转化组织的建立起到示范作用，特别是剑桥大学、牛津大学的技术转移机构构建了以本公司为窗口的当地乃至全球的创新网络，更是扩大了其所采取的模式的影响力。

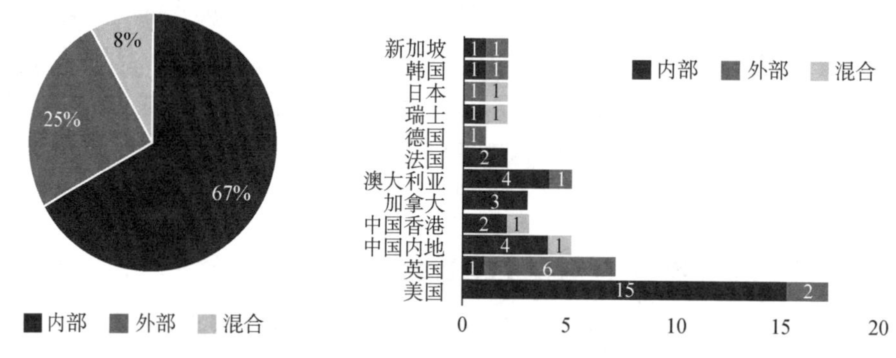


**图 1　全球排名前 50 位高校的 TTO 组织模式**

从全球排名前 50 位高校 TTO 的组织架构来看，除新加坡国立大学、加利福尼亚大学伯克利分校、韩国科学技术院、不列颠哥伦比亚大学等学校的技术转移组织没有明确下属部门外，大多数高校都在技术转移机构内部设置了分工明确的部门，如高级管理部门、技术转移部门、知识产权部门、营销传播部门和业务运营部门（图 2）。

全球排名前 50 位高校中，有 5 所是中国高校，基本都由科技开发部或技术

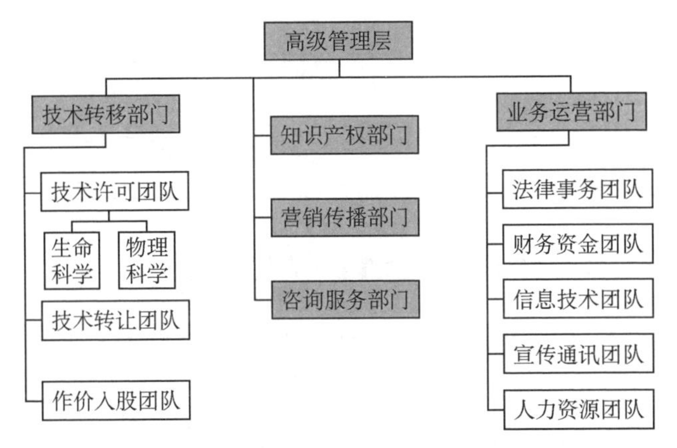


**图 2　科技成果转化核心组织架构**

研究院下设科技成果转化机构(表 1),组织属性是内设行政部门,选人用人机制和薪酬体系基本参照学校标准,转化机构自身缺乏独立财务权和人事权,转化功能发挥受到一定限制。为了破除体制障碍,清华大学设置了多元的科技转化机构,在知识产权领导小组指挥下,成果与知识产权管理办公室(Office of Technology Licensing, OTL)、技术转移研究院(Office of Technology Transfer, OTT)、科研院的科技开发部和海外项目部共同构成科技成果转化体系。OTL 借鉴了国外知名大学技术许可办公室的模式,在科技奖励、专利管理、技术转移、综合法务等方面服务教师,OTT 聚焦国家战略需求和国际学术前沿问题,促进高校和产业界的协同,科技开发部和海外项目部则分别是国内外企业和学校合作的窗口和纽带。

**表 1　中国大陆 5 所高校的科技成果转化组织构成**

| 高校 | 一级部门 | 下设部门 |
|---|---|---|
| 北京大学 | 科技开发部 | 综合办公室、经费与信息办公室、技术转移中心、知识产权办公室、企业管理办公室、异地科研机构管理办公室 |
| 清华大学 | 知识产权领导小组 | 成果与知识产权管理办公室、技术转移研究院、科研院(包括科技开发部、海外项目部两大成果转化部门) |
| 复旦大学 | 科学技术研究院 | 综合管理办公室、纵向研究处、项目管理中心、产学研合作处、技术转移中心、国际合作办公室、基地建设与成果管理处、医学科研处 |
| 浙江大学 | 科学技术研究院 | 高新技术部、农业与社会发展部、基础研究与海外项目部、开发与技术转移部、成果与知识产权管理部、科技项目过程管理中心和院办公室 |

（续表）

| 高校 | 一级部门 | 下设部门 |
| --- | --- | --- |
| 上海交通大学 | 科学技术发展研究院 | 科技成果转移转化领导小组、院领导、科技合作办公室、技术转移办公室、知识产权办公室、知识产权运营服务中心 |

## 二、全球排名前 50 位高校的 TTO 人员配备

全球排名前 50 位高校中，有 38 所高校的官网公布了工作人员清单。结果显示，不同机构间人员规模差异较大（表 2 和表 3），25 人以内的小团队占比 21.05％，75 人以上的大型组织占比 13.16％，占比最大的是 26～75 人的中等规模机构，占比 65.79％。

表 2　全球排名前 50 位高校 TTO 人员规模分布

| 规模范围 | 机构数量（个） |
| --- | --- |
| 25 人及以下 | 8 |
| 26～50 人 | 16 |
| 51～75 人 | 9 |
| 76～100 人 | 1 |
| 100 人以上 | 4 |

表 3　考虑不同组织模式下的全球排名前 50 位高校 TTO 人员规模情况

| 组织模式 | 机构数量（个） | 人数最低值（人） | 人数最高值（个） | 人员配备平均值（人） |
| --- | --- | --- | --- | --- |
| 内部部门 | 24 | 9 | 331 | 56.8 |
| 外部公司 | 10 | 15 | 146 | 62.9 |
| 混合模式 | 4 | 27 | 48 | 34.3 |
| 合计 | 38 | 9 | 331 | 56 |

全球排名前 50 位高校 TTO 人员规模差异与各高校 TTO 职能定位密切相关，并非一味追求体量巨大的技术转移团队。小团队一般设在校内，职能范围不会太宽，一般由技术转让、业务开发方面的专家组成。例如，加利福尼亚大学伯克利分校只设置了技术许可办公室和产业联盟办公室，配备 9 名工作人员；不列

颠哥伦比亚大学的产学联络处由技术转移人员和专利合规人员共12人组成。与之形成鲜明对比的是，部分全球排名前50位高校配备了规模庞大的TTO，除了配备技术许可专家和日常事务运营人员外，还在创业、产学合作等方面拓展业务。例如，墨尔本大学的TTO有多达331人，由20名业务开发经理、60名专业员工，以及251名专家顾问组成。TTO对成员的素质要求高，要求成员具备独立思考和为不同项目选择最佳方案的辨别能力，在业务开发经理任命之前需要通过不同领域背景的专业团队的审核。值得注意的是，全球排名前50位高校对TTO工作人员的硬性学历要求不高，更加强调成员应经验丰富且具有跨领域经验。麻省理工学院、斯坦福大学、牛津大学的招聘通告都只要求学士学位，相关领域的专业背景和一定年限的行业经验是必要的资质条件。多数全球排名前50位高校的技术许可官职位要求5～7年的行业经验，资深技术许可经理要求长达10年的经验。技术许可管理人员要具备出色的综合素质，不仅是技术专家和工程师，还要擅长人际关系发展、沟通谈判交流，能够独立解决复杂的商业、法律、经济和管理问题。

## 三、全球排名前50位高校TTO的任务结构设置

全球排名前50位高校TTO考虑到体量和组织定位，面向不同服务对象，(包括发明人、本校学生、企业和产业界、投资者等)均设置了不同的职能。具体任务模块可概括为以下四方面：①面向发明人的科技成果转化标准化流程管理。全球排名前50位高校TTO面向发明人提供成果披露、专利申请、技术许可方面的基础服务，形成了从成果披露到开发商业机会的标准化流程管理，只是不同高校转化机构在各转化环节有不同的处理方式和细节把握。②面向企业的产学研合作与商业伙伴关系建立。全球排名前50位高校普遍向社会开放可用技术的数据库，供意向合作企业访问，同时积极开展产学研合作，建立广泛的行业伙伴关系。例如，爱丁堡大学的研究与创新公司推动数据技能和知识、基础设施等资源的共享，帮助企业探索应对社会挑战的解决方案。此外，部分全球排名前50位高校提供企业赞助研究、投资大学初创企业的机会，将合作企业嵌入创新社区、创新网络，牵头组建企业联盟，促进人才、企业、资本共同形成创业生态系统，将服务对象转化为推进研究的创新资源。③面向创业者的培训和资源支持。科技成果转化的途径之一是成立初创公司，部分全球排名前50位高校设计了创业指南和创业课程，鼓励和指导师生创业，为初创企业寻找和匹配资助计划；部

分高校 TTO 运营管理孵化器、加速器、创新中心等创新创业资源。例如，英国爱丁堡研究与创新公司为应届毕业生（毕业后两年）提供创业服务，美国西北大学指导和培训初创企业，支持企业与高校导师建立紧密联系，给予专业咨询意见和法律援助等。④面向区域创新的异地科研机构建设。部分全球排名前 50 位高校肩负着服务地方、区域经济发展的任务，特别是我国高校通过建立校地联动机制、新型研发机构、异地法人化研究院等多种方式，克服了一些短期内难以突破的体制机制障碍，有效促进科技成果转化。例如，清华大学在各地成立产学研合作办公室，帮助重大产业项目到合作城市落户，促进多个区域的产业创新与转型升级，实现“校地双赢”。

# 公共研究机构如何跨越“死亡之谷”，实现技术转让

——法国 SATT 的案例与经验

| 谭　钦　钟之阳

## 一、法国公共研究机构突破技术转化三重困境的尝试

“技术转让”是指公共研究机构（如大学、研究所等）向公司进行许可转让或者根据研究成果创办一家公司。法国大学公共研究工作的“技术转让”在自20世纪90年代以来的发展过程中面临着三重困境。

一是资金困境，公共研究机构缺乏关于其技术转让尤其是技术成熟度开发和概念验证的资金支持。二是技术开发与验证困境，主要表现为各大学很难顺利实现技术成熟度开发，进行“概念验证”。这里的“成熟”是指提高已开发技术的可用性水平，使其可以转让，包括一系列需要验证的步骤，然后才能实现“概念验证”。在该阶段，研究人员必须通过实施多次测试和制作原型来证明其研究成果的技术可行性，通过申请专利等方式确保其知识产权，并向公司提出有吸引力的商业模式来保证其商业化。三是机构建设困境，尽管存在着区域创新和技术转让中心（Centres Régionaux d’innovation et de Transfert de Technologie，CRITT）、工业和商业活动部门（Services d’activités Industrielles et Commerciales，SAIC），以及其他的部门或者开发单位，但这些机构都分别存在着对研究机构的成果进行的开发利用不足，且更侧重于为企业提供建议，只为单所大学服务，利用效率不高、人员不足、资源分散等种种问题，因此事实上法国大学的技术转让在很长一段时间内缺乏真正能够促进研究的措施和机构。

2005年，法国高等教育与研究部（Ministère de l’Enseignement Supérièur et de la Recherche，MESR）和法国国家科研署（Angence nationale de la Recherche，ANR）启动了共享技术转让计划（Dispositifs mutualisés de transfert de technologie，DMTT），将各大学技术转让部门的人员和活动集中起来，以克服高校技术转让在

效率、人员、资源方面的问题，并资助拟转让项目实现技术成熟，以突破“死亡之谷”。该计划实施之后得到了法国高等教育与研究集群(Pôle de Recherche et d'Enseignement Supérieur, PRES)等各方的支持，并取得了一定的成效，但其在项目覆盖度、经费、工作组织、知识产权管理、财务回报等方面仍然存在问题。

在推进 DMTT 发展的同时，ANR 还开展了一项“Émergence”计划为实验室的概念验证提供资助，但资助金额仍然较少(2005—2012 年平均每个项目仅获得 22.2 万欧元的支持)。

在进行种种尝试后，大学公共研究的技术转让在技术成熟度开发与概念验证这些关键环节获得的支持(尤其是资金支持)不足的问题再次彰显。因此，进一步实现技术转让专业化迫切需要建立新的机构，整合已有各大学技术开发转让部门与已成立的 DMTT，并为技术“成熟”与概念验证提供资金支持，而技术转让加速公司(Sociétés d'Accélération de Transfert de Technologies, SATT)便在此探索进程中应运而生。[1]

## 二、从项目发掘到商业化的全过程覆盖：SATT 的运作模式

SATT 是在法国“未来投资计划”(Programme d'Investissements d'Avenir, PIA)下创建的，支持经费为 8.57 亿欧元，投资期限为 10 年。SATT 是由一个或多个大学/研究机构创建的公司，其以简易股份有限责任公司(Société par actions simplifiée, SAS)成立，并获批开展商业活动，由研究机构/大学与代表国家的法国储蓄与信托银行(Caisse des Dépôts et Consignations)共同出资建立，以整合各地各大学分散的技术转让机构，并为其提供合理的资金支持，从而更好地促进公共研究的技术的“成熟”和概念验证，提高技术转让的效率与专业性，通过公共研究机构转让技术来支持各种规模的公司的创新。2012—2014 年，法国共分三个批次建立了 14 个 SATT，几乎覆盖了全国范围(表 1)。

**表 1　法国 14 个 SATT 名录(按首字母排序)**

| 序号 | 名称 | 序号 | 名称 |
|---|---|---|---|
| 1 | Aquitaine Science Transfert | 5 | Ouest Valorisation |
| 2 | AxLR | 6 | Pulsalys |
| 3 | Conectus | 7 | SATT Grand-Centre |
| 4 | Grenoble Alpes Innovation Fast Track | 8 | SATT Grand-Est |

（续表）

| 序号 | 名称 | 序号 | 名称 |
| --- | --- | --- | --- |
| 9 | SATT IDF INNOV | 12 | SATT Paris Saclay |
| 10 | SATT Lutech | 13 | SATT Sud-Est |
| 11 | SATT Nord | 14 | Toulouse Tech Transfer |

SATT 主要有两大职能，一是为技术/发明的“成熟”和概念验证提供资金支持；二是通过多种方式为其股东和研究部门的其他参与者提供增值服务。具体而言，这就要求 SATT 在检测有潜力的技术/发明、关注市场需求、进行知识产权管理、推进项目商业化、培养员工与学生的创新意识与能力、提供合同管理等方面开展活动。

SATT 助推公共研究机构实现技术转让的整个过程可以划分为三个阶段。第一阶段是确定和建立投资，在这个阶段，SATT 会同时检测实验室的研究成果和市场上产业、企业的技术需求，从而综合识别出值得进一步开发的技术项目并将其纳入投资计划。第二阶段是挖掘投资的技术项目的用途和价值，SATT 投资委员会对选定技术项目进行投资，助推所资助技术项目的成熟度开发，将技术成果的成熟度从“概念验证阶段”到“实验室原型状态”（即 TRL2 阶段至 TRL4 阶段）推进至“实验室原型状态”到“模拟阶段”（TRL4 阶段至 TRL6 阶段），以使科技成果真正进入实用转化进程。第三阶段是最终实现技术转让，技术转让的受转让者主要包括既有企业、初创公司及其他市场中介等。其中，在第一阶段和第二阶段之间，还有 SATT 的内部知识产权委员会（Propriété Intellectuelle, PI）参与对知识产权相关工作的支持，且公/私的伙伴关系合作及来自 PI、技术和市场的监控与商业情报贯穿第一阶段和第二阶段。

SATT 在运行过程中需要向法国储蓄与信托银行与 ANR 汇报财务状况与活动情况，此外还有 SATT 管理委员会、投资委员会及由股东研究机构和法国政府各部门人员组成的董事会对其发展动态与重大决策进行监督与控制。

而在具体的组织设计、运作模式、项目管理上，由于 SATT 的私营身份，每个 SATT 可以根据自身情况自由选择。例如在组织结构方面便存在着根据研究专题成立专门业务单位、按地区设置业务单位、不区分业务而由技术转让经理负责项目开发全过程等不同的设计基准；此外，各 SATT 聚焦的主要研究领域也各有差异。

以 SATT SUD-EST 为例，其股东包括艾克斯-马赛大学、蔚蓝海岸大学、土伦大学、阿维尼翁大学、科西嘉大学、马赛中央理工大学，以及法国国家科学研究中心(Centre national de la recherche scientifique, CNRS)、法国国家健康与医学研究院(Institut national de la santé et de la recherche médicale, Inserm)和法国国家投资银行(Bpifrance)。在组织结构上，该公司设董事会、管理层、专题部门、支持职能部门和独立专家委员会协同工作。该公司主要聚焦"互联信息社会""环境、能源和领土""健康与生命科技""工业过程""数字文化、遗产与人文"五个领域的创新项目，提供市场分析、法律保护、技术成熟度开发、概念验证、最终许可及人员培训等方面的服务。围绕技术转让这一核心部门，SATT SUD-EST 从项目的检测挖掘，到实现技术成熟和进行概念验证，再到实现商业化，已形成既保有 SATT 技术转化一般性流程阶段特点，又有其特色与独创性的系统化运行模式，从而实现大学等公共研究机构的技术和知识产权的转让与商业化(图 1)。

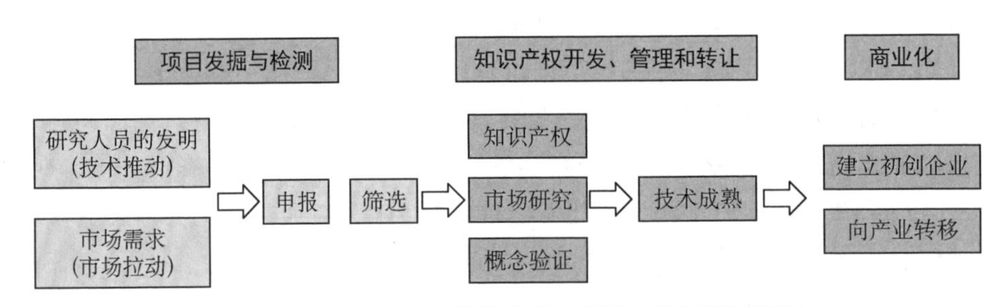


**图 1　SATT SUD-EST 的技术转让职能实施过程示意图**

## 三、SATT 的发展态势及对我国技术转化的借鉴意义

自实施以来，SATT 总体上表现出不错的发展态势，各项指标数据与此前的各种机构与措施尝试相比较为可观。根据三家 SATT 截至 2023 年 11 月的数据为例，Conectus 资助了 144 个创新项目，完成了 159 项技术转移，创建了 34 个初创公司，筹集了 26 000 万欧元的资金，与 1 759 家实验室建立了合作伙伴关系；Ouest Valorisation 挖掘了 2 552 个创新项目，申请了 632 个专利，鉴定了 9 200 万欧元的合同，签署了 275 份技术许可，资助了 330 个成熟计划，创立了 75 家初创企业；SATT Lutech 拥有 8 350 名研究人员，完成了 1 231 项发明专利申报，投资了 588 个项目，相关投资共 5 200 万欧元，转让了 100 多项技术项目。

诚然，SATT 在发展中也暴露出一定的问题，包括公司的收入仍然有限，部分程序存在复杂性和低效性等，但总体而言，SATT 的发展一定程度上达成了其设置之初的目的：一方面，它为技术转化尤其是技术成熟度开发和概念验证提供了更多的资金支持；与此同时，资源的集聚也促使其在提供其他增值服务上有所贡献。而且作为公共研究机构与市场的桥梁，除了帮助大学等公共研究机构实现技术转化之外，它还能反向传达市场上产业、企业的技术需求，为公共研究机构的技术研究提供方向。[2]

我国目前也正积极推进以高等院校为代表的公共研究机构的技术转化，也正积极进行包括建设概念验证中心在内的各种尝试，通过对法国在公共研究机构的技术转化方面的探索历程进行梳理，以及对目前 SATT 发展的洞察，或许能够为我国当前的相关建设提供一定的经验与借鉴价值。

## 参考文献

[1] Les SATT. des structures de valorisation de la recherche publique qui doivent encore faire la preuve de leur concept [EB/OL]. [2023-11-13]. https://www.senat.fr/rap/r16-683/r16-683_mono.html.

[2] 莫唯，陈华钊. 欧洲典型技术转移机构运行模式及启示[J]. 科技创新发展战略研究，2023，7(1)：28-37.

# 英国社会科学院小额科研项目资助特征探析

| 房春婷　刘　笑

科研经费的合理分配是促进科研发展的关键基础，面对有限科研经费无法满足日益激烈的竞争需求等问题，如何优化资助机制、提升科研经费效力，促进我国科技事业长期持续发展已成为热点话题。近年来，发达国家基金组织相继启动小额资助计划，重点支持跨学科领域的探索性研究，以弥补当前资助模式中的弊端，推动科技创新的突破性发展，例如，美国国立卫生研究院（National Institutes of Health，NIH）的《R03 小额资助计划》（*R03 Small Grant Program*）支持新方法、新技术、新技术、新数据、新试点的探索与开发；丹麦诺和诺德基金会（The Novo Nordisk Foundation）的《探索性跨学科协作计划》（*Exploratory Interdisciplinary Synergy Programme 2022*）旨在通过支持学科交叉融合来解决复杂科学挑战。在众多面向自然科学研究的小额项目资助中，由英国社会科学院创建的小额科研资助项目以面向人文社科并形成了独特的资助机制而被重点关注，本文通过对 2020—2022 三年六轮的英国社会科学院小额科研项目资助情况进行剖析，探究小额科研项目的资助特点，为我国培育人文社科研究提供思路与借鉴。

## 一、项目简介

英国社会科学院（The British Academy）成立于 1902 年，是一个独立的学者自我管理的科学组织。作为促进人文和社会科学领域的研究与教育的国家学术机构的项目，英国社会科学院的小额科研项目可追溯至 1998 年。2011 年，英国慈善机构勒沃胡尔姆信托基金组织加入小额科研项目投资，与英国社会科学院共同作为小额科研项目的主要投资方，项目更名为英国社会科学院与勒沃胡尔姆的小额科研资助项目（British Academy/Leverhulme Small Research Grants）。小额科研项目资助主要面向人文和社会科学领域的学者，要求项目主要申请人和共同申请人为已经获得博士学位的学者，且主要申请人必须长居英国。项目资助覆盖历史、哲学、语言学、社会学、管理学等人文社科领域，并且明确表示可以为处于职业生涯早期阶段（如博士后阶段）的研究人员提供首次资助机会。单项资助金额最高为 10 000 英镑，项目执行期为 1～24 个月，可为科研项目的早期探索提供种子资金。2020—2022 年，英国社会科学院与勒沃胡尔姆的小额科研项目资助共开展了六轮（2019—2020 年轮次、2020 年轮次、2020—2021 年轮次、2021 年轮次、2021—2022 年轮次、2022 年轮次），共资助小额项目 978 项，年均资助 326 项，共投资经费 850 万余英镑，年均投资 280 万余英镑（表 1）。

**表 1　2020—2022 年部分英国社会科学院小额科研项目资助情况**

| 资助情况＼轮次 | 2019—2020 年 | 2020 年 | 2020—2021 年 | 2021 年 | 2021—2022 年 | 2022 年 |
|---|---|---|---|---|---|---|
| 资助数量（项） | 156 | 135 | 160 | 143 | 208 | 176 |
| 总金额（英镑） | 1 360 448.05 | 1 192 242.97 | 1 416 857.65 | 1 259 179.21 | 1 797 046.09 | 1 520 157.87 |
| 单项平均金额（英镑） | 8 720.82 | 8 831.43 | 8 855.36 | 8 805.45 | 8 639.64 | 8 637.26 |

## 二、项目资助特点

1. 侧重跨学科研究

根据 2022 轮次公布的项目内容摘要，成功申请到英国社会科学院与勒沃胡尔姆的小额科研资助的项目普遍是人文社科领域的跨学科研究，2021—2022 年申请成功项目所研究的领域中“管理与商业研究”所占比例最高，“社会学、人口学与社会统计学”和“心理学”次之。其中，“社会学、人口学与社会统计学”项目跨学科研究较多，所跨研究领域分散，不仅涵盖政治学、管理学、经济学、文学、艺术学等人文社科，还涉及医学、工学、理学等自然科学领域；“心理学”项目所跨学科较为集中，以社会学、管理学为主，也涉及艺术学、文学、政治学、军事学、医学等领域；“管理与商业研究”项目跨学科研究最少，以社会学为主（表 2）。

**表 2　2020—2022 年部分英国社会科学院跨学科小额科研项目研究领域分布**

| 项目信息 | 研究领域 | | | | | |
|---|---|---|---|---|---|---|
| 轮次 | 名称 | 管理学 | 社会学 | 心理学 | 艺术学 | 医学 |
| 2022 年 | 音乐的社会价值：探索利物浦大教堂音乐外展计划在后疫情时代的影响 | | ★ | | √ | |
| 2021—2022 年 | 极限运动中的性别不公：市场营销对女子山地自行车运动的作用与局限 | ★ | √ | | | |
| 2021 年 | 欧洲查士丁尼时期暴发的鼠疫 | | ★ | | | √ |
| 2020—2021 年 | 强奸犯罪中特殊行为的跨文化比较研究 | | √ | ★ | | |

注：★代表该项目申报时，申请人选择的项目研究方向；√代表该项目涉及的其他学科。

2. 关注国际热点与社会需求

科学研究早已不是一种与社会脱节的纯理论活动，而是直接关系到人们生活的各个方面。就 2022 年轮次公布的小额资助项目内容摘要来看，受资助项目不仅关注“国际关系”“难民潮”“殖民主义”的老问题，还关注“新冠疫情”“俄乌冲突”“英国脱欧”等新的国际热点。如 2020 年轮次中新增有关新冠疫情的研究 18 例，在之后轮次的资助中与新冠疫情相关的研究也热度不减。小额资助项目研究方向表现出小额资助项目对科学研究成果的社会需求和实际应用的重视。2017—2018 年获得资助的小额科研项目“弱势群体视角下的食品银行”研究英国弱势群体的粮食贫困问题，指出食品银行虽然一定程度上能为摆脱粮食贫困提供帮助，但社会福利紧缩、立法存在缺陷等产生粮食贫困的根本原因受到的关注更少。该项目已获得当地政府的关注，当地政府有望进一步出台相关政策解决社会福利及粮食安全立法问题。国际热点和社会问题常常与现实生活中的挑战和需求紧密关联。结合这些问题能够为解决社会实际问题提供有益见解和科学有效的方法，推动科学创新，探索新的理论框架和方法论，为学术界带来新的思考角度。

3. 重视潜力青年人才

许多资助计划往往会将大量资金集中给予少数拥有成熟研究团队的学者，

低成功率的“落选者”往往是处于早期职业生涯的研究人员。但由于人文社科研究具有长期性、不确定性等特点，重大突破的产生时机和发展方向是无法预测的，理论成果的确认也存在一定的滞后性，这些处于职业生涯早期阶段的科研人员往往想法大胆创新，敢于“破圈”，是颠覆性创新探索的“生力军”。小额资助项目申请对象以高校青年学者为主，其主要处于职业生涯早期阶段，同时，申请小额资助项目的企业或其他单位的研究学者数量逐年增加。对于青年学者来说，由于其刚刚进入科研领域，缺乏项目申请经验，过往研究经历相对不足，在申请项目时会遇到一些困难。小额科研项目提供种子资金鼓励他们进行创新性项目的早期探索，积累项目申请经验，丰富科研经历。从 2020—2022 年获得资助的小额项目申请人情况来看，青年学者占 70%～85%；2021—2022 年，独立研究申请者、企业申请者数量、其他单位申请者数量总体呈波动式上升趋势，其中独立研究申请者包括部分具有科研潜力的公众及高校退休人员，突出了小额项目挖掘公众科研智慧的趋向，但青年学者仍然是项目申请的主力军(表 3)。

**表 3　申请者所在职业生涯阶段比例**

| 轮次<br>职业生涯阶段 | 2019—2020 年 | 2020 年 | 2020—2021 年 | 2021—2022 年 | 2022 年 |
|---|---|---|---|---|---|
| (副)教授 | 16% | 19.3% | 20% | 11.1% | 13.6% |
| 讲师/博士后/博士 | 78.2% | 73.3% | 78.1% | 82.7% | 80.7% |
| 独立学者/未知 | 5.8% | 7.4% | 1.9% | 5.8% | 5.6% |

4. 创新评审机制

小额科研资助项目面向的研究领域研究前景不明确，评审人员在项目选拔阶段难达成一致意见，评审人员在项目选拔时有意或无意的偏见难以被察觉和量化，导致参评项目获得同行和业界的普遍认同的可能性缩减，在传统同行评审过程中天然处于弱势地位。加之英国社会科学院与勒沃胡尔姆的小额科研资助项目热度逐年攀升，有限资金和名额与众多符合要求的申请之间的矛盾难以协调，为确保项目选拔公平性，英国社会科学院开展了分配机制改革，将传统的同行评议改为同行评议与抽签制相结合的部分随机化机制。在第一阶段，主要由评审员进行资质审查，从研究进度安排可行性、费用要求合理性等维度对具备申报资格的项目申报书内容进行初步评估；在第二阶段，保留传统同行评审的筛选作用，确保进入抽签池的科研申请具有质量基础；在第三阶段，即最能体现评估机制改革的阶段，对质量相当的有价值的申请项目进行随机抽签分配，根据随机生成的优先级，在资金允许的情况下尽可能多地提供资助（图 1）。在第一阶段落选的申请人将收到意见反馈，在规定时间内修改后可再次提交。第三阶段中，进入随机分配过程但未被选中的申请人会被告知他们的申请是有望获得资助，没能成功获得资助的唯一原因是投资方没有足够的资金来支持每个进入随机分配过程的项目，此类申请人可以在不修改申请书的情况下参与第二年的选拔。

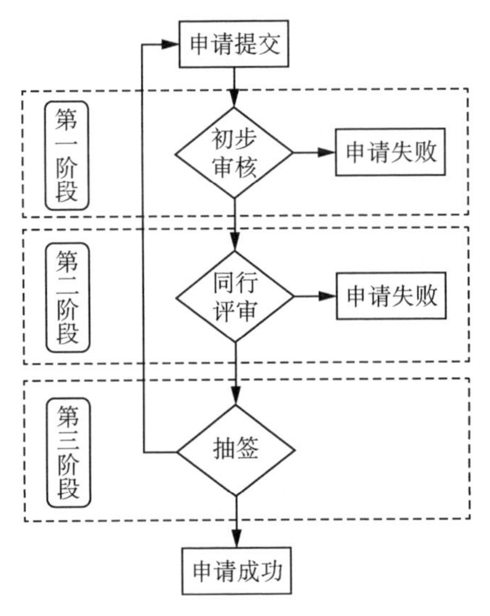


**图 1　项目评审流程**

抽签制的引入避免了因审查专家意见不一而浪费时间和资金，降低了选拔系统的运行成本，同时提高了评审系统的透明度，改善了学术研究生态。此外，抽签环节落选的项目申请人不需要重新检查与撰写申请书即可再次参与申请，其时间成本得到节约。

随着新一轮科技革命浪潮到来，科学问题和科研环境正在发生重大变化，科研项目管理的理念也应随之及时调整。一方面，在财政资源有限的情况下，可考虑设立小额科研项目专项资助，鼓励科研人员结合社会需求、产业需求、公众需求开展探索性跨学科前期研究，扩大经费资助面，发现并培养一批具有创新发展潜力的科研项目与人才团队；另一方面，创新项目遴选机制，在同行评审质量相当时，可根据当年经费情况采用抽签制灵活设置资助比例，在改善学术研究生态的基础上提高科研资金利用率。

# 国外汽车企业低碳转型的探索与实践

| 薛奕曦

企业传统的价值链、创新链主要是围绕着成本竞争力与效率的优化而设计的，“碳达峰”“碳中和”则强调了企业现在必须将战略转向突出价值链、创新链建设的环境影响，甚至要将其作为竞争优势的一个主要来源。因此，许多汽车企业为实现低碳转型采取了一些战略举措。

## 一、各大车企制定“脱碳”时间表

随着“碳中和”发展，全球多数传统车企已经对外宣布自身“脱碳”或“碳中和”时间表，如表1所示。

**表1　全球部分车企“脱碳”或“碳中和”时间表**

| 国家 | 车企 | 计划 |
|---|---|---|
| 美国 | 福特 | 到2050年，在全球范围内实现“碳中和”，并设立中期目标以应对气候变化挑战 |
| | 通用 | 2035年开始停售燃油车，并在同年将旗下燃油车过渡为零排放汽车，以及纯电动汽车；2040年全球产品和运营实现“碳中和” |
| 德国 | 大众 | 2025年，汽车全生命周期温室气体排放总量较2015年减少30%；2025年电动汽车销量达300万辆，2030年前停产燃油车；2050年，实现整个集团层面的全面“碳中和” |
| | 梅赛德斯—奔驰 | 到2039年，在汽车生产和汽车正常使用过程中实现完全“碳中和” |
| | MINI | 2030年变成完全电动化品牌 |
| | 奥迪 | 2025年汽车生产流通链条上的碳排放足迹减少30%，2050年以前实现整个公司的“碳中和”目标 |
| | 宝马 | 2030年，单辆车平均二氧化碳排放量较2019年减少40%，共减少至少2亿吨碳排放；力争到2050年达成全价值链“碳中和”的目标；加入全球“奔向零碳”的比赛 |

（续表）

| 国家 | 车企 | 计划 |
|---|---|---|
| 德国 | 保时捷 | 2030 年，实现全价值链“碳中和” |
| 日本 | 日产 | 2025 年后停售旗下燃油汽车，并将研发与销售方向转向纯电动汽车和混动汽车；到 2030 年日产工厂的二氧化碳排放量较 2019 年减少 40%；2050 年整个集团的企业运营和产品生命周期实现“碳中和” |
| | 马自达 | 2030 年实现完全电动化 |
| | 本田 | 到 2050 年，实现所有产品和活动的“碳中和” |

## 二、各大车企加速电动化产业布局

传统乘用车企以燃油车型生产为主，在“碳中和”发展目标及“双积分政策”的双层推动下，传统乘用车企加速自身企业电动化产业布局，部分传统车企新能源汽车产品规划如表 2 所示。

**表 2　部分传统车企新能源汽车产品规划**

| 国家 | 品牌 | 计划 |
|---|---|---|
| 德国 | 宝马 | 2023 年前推出 25 款电动汽车，其中，BEV12 款，PHEV13 款；到 2025 年，在中国销售的汽车 25%是纯电动车型 |
| | 奥迪 | 2026 年后不再生产汽油轿车和柴油车，2032 年全面进入电气化时代 |
| | 大众 | 2025 年推出 80 多种新型电动汽车，包括 50 款 BEV 和 30 款 PHEV；到 2025 年，BEV 将占集团全球销量的 25%，2028 年，在全球累计交付 2 200 万辆电动车，超 50%订单来自中国市场；2030 年前，推出约 70 款电动车，2030 年实现全车型电气化 |
| | 戴姆勒 | 2030 年前，新能源汽车销量占集团总销量 50%以上 |
| 日本 | 日产 | 到 2022 年累计推出 20 款电动车；到 2026 财年，在欧洲、日本和中国市场电动化车型销量占比分别达到 75%、55%和 40%以上；到 2030 年，在美国市场纯电动车型销量占比达 40%；21 世纪 30 年代初期，实现包括中国市场在内的核心市场新车型 100%电驱化 |
| | 马自达 | 2022—2025 年将推出 13 款电动化汽车，包括 5 款混合动力车、5 款插电混动车，以及 3 款纯电动车 |

（续表）

| 国家 | 品牌 | 计划 |
| --- | --- | --- |
| 日本 | 丰田 | 2025 年，在全球的电动车销量超过 550 万辆，全球新车平均二氧化碳排放量较 2010 年减少 30% 以上；2030 年，将推出 30 款 BEV 车型，销量达到 350 万辆，全球新车平均二氧化碳排放量较 2010 年减少 35% |
| | 本田 | 2040 年之前，将全球销售的新车型全部转化为纯电动汽车和燃料电池车 |
| 美国 | 通用 | 2025 年，在全球推出超过 30 款纯电动车 |
| | 福特 | 2030 年之前，实现销售乘用车全部为纯电动车；商用车销量的 2/3 为纯电动或插电式混合动力车型 |

## 三、全产业链“减碳”

为如期实现汽车全生命周期“碳中和”，汽车产业链各主体从原材料供应、生产环节、回收利用等方面制定系列措施。

1. 供应链企业明确“碳中和”时间表

早在 2019 年，梅赛德斯—奔驰就启动了“碳中和”计划，要求供应商对汽车零部件生产过程进行脱碳；戴姆勒已将碳排放指标作为选择供应商的一个重要标准，并表示下一代某些动力电池仅可使用可再生能源生产；本田则要求其主要供应商在 2050 年之前实现二氧化碳净零排放；宝马集团也与供应商达成协议，必须使用绿色电力生产电芯，并计划 2030 年供应环节的碳排放较 2019 年降低 20%；奥迪也将与供应商共同联手，在 2025 年实现每辆车平均减少排放 1.2 吨二氧化碳。

在“双碳”目标的压力下，汽车零部件供应商也开始减碳行动。例如，全球最大的传统零部件供应商博世集团在 2020 年 2 月宣称在其全球 400 多个业务所在地实现研发和生产制造端的“碳中和”。与此同时，全球最大的汽车铝制零部件公司中信戴卡也计划于 2025 年实现“碳达峰”，力争在 2050 年实现“碳中和”，具体将从材料的研发、工艺的优化、材料的再回收利用及打造低碳工厂等方面入手，以实现减碳目标[1]。

2. 能源转向绿色电力和可再生能源

(1) 大力发展绿色电力

自 2020 年以来，大众汽车全球 16 家工厂中，已有 11 家完全采用绿色电力。

从 2030 年起，大众汽车在欧洲、南美洲、非洲和美国的所有工厂将完全使用绿色电力[2]。宝马集团也与供应商达成协议，必须使用绿色电力生产电芯，并计划 2030 年在供应环节的碳排放较 2019 年降低 20%。日产汽车计划在 2030 年代初期实现包括中国市场在内的核心市场新车型 100%电驱化，同时用不断创新的技术对工厂进行改造，将“日产智能工厂”引入全球主要工厂中，到 2030 年日产工厂的二氧化碳排放量较 2019 年将减少 40%。

（2）充分利用可再生能源

位于沃尔夫斯堡的大众发电厂正在全速推行煤改气，改造成功后，发电厂的二氧化碳排放量将自 2023 年起减少 60%，约等于 87 万辆燃油车每年的二氧化碳排放量之和。2021 年 5 月，大众汽车欧洲工厂购买的所有电力均来自可再生能源。到 2025 年，大众汽车将向欧洲新的风力发电厂和太阳能发电厂共捐赠 4 000 万欧元。福特计划到 2035 年，使得全球范围内的制造基地 100%使用当地的可再生能源。博世计划 2030 年前逐步增加可再生能源在公司生产及购买电力中的份额，还计划在 2030 年内投资 10 亿欧元，用于提高工厂和建筑的能效。

3. 完善配套基础设施建设

（1）加快电池技术的研发

各大车企加速新能源汽车电池研发进程。例如，大众汽车计划在欧洲与合作伙伴共建 6 座 40GWH 级别的大型电池工厂，到 2030 年总的年产能将达到 240GWH。本田计划加强与宁德时代在电池供应方面的合作，目标是到 2030 年，纯电动和燃料电池的销售比例提高至 40%，到 2035 年将该销售比例提高至 80%，到 2040 年实现纯电动和燃料电池车型 100%的销售比例。本田计划在美国市场和通用展开合作，使用 Ultium 电池技术，推出两款纯电动 SUV。日产汽车也将致力于锂离子电池技术的研发，同时引入无钴技术，预计到 2028 年，日产汽车能够将电池成本降低 65%以上。全固态电池也是日产汽车研发的重点方向。按照计划，日产汽车将于 2024 年，在日本横滨建造全固态电池的试点工厂，并于 2028 年推出搭载全固态电池（Au Solid State Battery, ASSB）的纯电动车型。

（2）推动补能设施建设

宝马 2020 年与国网电动汽车公司（State Grid EV）签署协议，共同推动电动汽车充电技术的研发，并扩大中国的电动汽车充电网络以服务宝马客户。两家公司致力于扩大充电网络、制定充电技术标准，并建设综合能源站。宝马到2021年底建成36万根充电桩，其中包括8万根快速充电桩，充电网络覆盖全国5万多公里高速公路。2022年年底投建100座光伏、充电、储能“三位一体”的充电站。通用汽车计划到2035年，实现100%的可再生能源供电的全球运营。在2025年之前，与充电服务提供商EVgo合作，在美国新建2 700个快充设施[3]。

(3) 废旧电池的管理及二次利用

废旧电池的管理及二次利用一直是各大车企探索的重点。日产与4R Energy公司在电池再利用方面的实践已经超过10年，此外，日产汽车将于2022年在欧洲、2025年在美国设立新的电池再利用设施，以此促进电动汽车全生命周期的绿色和可持续发展。

## 四、加快氢燃料电池车发展

在全球能源革命转型的大背景下，现代汽车集团开始加速布局氢能。2021年3月，现代汽车集团在中国广州成立了集团全球首个海外氢燃料电池系统生产和销售基地“HTWO广州”，占地20.7万平方米。这是以现代汽车氢燃料电池专属品牌“HTWO”命名的首座工厂，也是中国首家大型氢燃料电池系统生产专用工厂[4]。2021年9月，现代汽车集团宣布将从商用车领域着手，向全球市场推出氢燃料电池和纯电动的客车、重卡等全种类新型商用车，在2028年率先成为全球首个旗下所有商用车型均搭载氢燃料电池系统的汽车厂商。2030年，现代汽车集团将实现氢燃料电池车的价格与纯电动汽车相当，以确保其在消费市场的竞争力[5]。2040年，现代汽车集团将通过在交通及各个领域引入全新技术普及氢能，建立一个全球性的氢能社会[6]。

## 五、投资加速技术和气候保护领域探索

保时捷将在未来十年投资逾10亿欧元，支持风力发电、太阳能及其他气候保护举措。采埃孚制定了一项基于企业碳足迹(Corporate Carbon Footprint，CCF)的气候保护战略，并承诺在很大程度上减少其工厂的温室气体，特别是二氧化碳的排放。为实现这一目标，采埃孚将推动可持续发展的重心放在产品、生产、员工和供应链四个领域。采埃孚引入了可持续性标准，以提高业务合作伙伴对采埃孚在可持续性和脱碳方面的期望及全面认识。该公司还加入了世界经济论坛的“首席执行官气候领导者联盟”，以期在实现环境保护的进程中凝聚更多

共识。起亚正在推动海洋生态保护的“蓝碳项目”，通过与海洋清理组织合作，推进构建资源循环体系（Resource Circulation），到 2030 年实现整车生产再生塑料使用率达 20％以上[7]。

## 参考文献

［1］刘凯，翟亚男. 变革在即，零部件企业助力车企完成“双碳目标”［EB/OL］.（2021-12-03）［2023-03-21］. https://finance.sina.com.cn/chanjing/cyxw/2021-12-03/doc-ikyamrmy6547266.shtml.

［2］EV 视界. 四大举措发力！大众汽车擘画碳中和移动出行路行图［EB/OL］.（2021-05-06）［2023-03-20］. https://www.sohu.com/a/463880817_117058.

［3］刘城宏. 全球 21 家主要车企和零部件商公布“脱碳”时间表，中国公司仅一家［EB/OL］.（2021-09-15）［2023-03-21］. https://www.iyiou.com/analysis/202109151022142.

［4］百度百科. HTWO 广州［EB/OL］.［2023-03-20］. https://baike.baidu.com/item/HTWO%E5%B9%BF%E5%B7%9E/56190842?fr=ge_ala.

［5］雷云. “双碳”目标下，氢燃料电池车将借势而上［EB/OL］.（2011-11-18）［2023-03-18］. https://auto.gasgoo.com/news/202111/18I70280571C501.shtml.

［6］毛凯悦. “双碳”战略目标一周年，各车企举措及行动展望［EB/OL］.（2021-09-23）［2023-03-20］. http://auto.news18a.com/news/storys_157221.html.

［7］多玛. 落实双碳政策各大车企推出战略转型时间表［EB/OL］.（2021-11-23）［2023-03-21］. http://auto.china.com.cn/view/qcq/20211123/715016.shtml.

# 加州大学系统博士研究生录取结构与特征分析

| 刘春路　钟之阳

博士研究生教育在对接国家重大战略、关键领域和社会重大需求方面担负重要使命[1]，高水平博士人才培养是实现教育、科技、人才三位一体协同发展的重要保障[2]。加州大学(University of California)自1853年建校以来，逐步发展成为一个拥有十个分校的大学系统，是世界上最具影响力的公立大学系统之一，被誉为“公立高等教育的典范”。通过长时间的建设，加州大学打造了一流的博士研究生培养体系，为其高质量发展打下了坚实基础。本文基于加州大学公开数据，整理了加州大学系统2017—2022年的博士研究生录取信息，由此一瞥其生源结构和特征。总的来看，加州大学系统每学年的录取人数与最终入学人数基本保持均衡，如表1所示。但自2019年学年开始，申请人数逐年增加，在录取人数基本保持不变的情况下，加州大学系统的博士研究生录取率逐年降低，由2017年的18.27%降低至2022年14.66%。为进一步分析加州大学系统博士研究生录取特征，本文将从分校结构、种族结构、生源结构、学科结构四方面对加州大学系统的博士研究生录取状况进行分析。

**表1　加州大学系统历年录取率**

| | 2016—2017学年 | 2017—2018学年 | 2018—2019学年 | 2019—2020学年 | 2020—2021学年 | 2021—2022学年 |
|---|---|---|---|---|---|---|
| 申请人数(人) | 63 392 | 63 152 | 66 825 | 67 778 | 68 164 | 76 181 |
| 录取人数(人) | 11 588 | 11 508 | 12 209 | 11 761 | 11 488 | 11 171 |
| 入学人数(人) | 4 738 | 4 861 | 5 065 | 4 907 | 4 486 | 4 816 |
| 录取率 | 18.27% | 18.22% | 18.27% | 17.35% | 16.85% | 14.66% |

## 一、各分校录取结构不均衡，与学校实力关系显著

加州大学是一个拥有10个分校的高校系统，包括伯克利分校、圣芭拉拉分

校等。而各分校在博士研究生录取结构上差异显著，如在录取率方面，加州大学伯克利分校的录取率显著低于其他分校[3]；在生源方面，加州大学河滨分校更倾向于招收加州大学的本科毕业生或硕士毕业生。根据 2021—2022 学年的数据，加州大学 10 个分校共收到 76 181 份博士研究生申请，共录取 11 171 人，总体录取率为 14.66%，最终入学人数为 4 816 人，入学率为 43.11%，其中美国学生入学率为 41%，国际学生入学率为 47%。加州大学各个分校的具体数据如表 2 所示。可以看出，加州大学伯克利分校收到的博士研究生入学申请数量最多(19 288 份)，这导致了伯克利分校的录取率不到 10%。其次分别是旧金山分校(13.09%)、洛杉矶分校(13.21%)。录取率最高的分校为河滨分校(27.57%)。最终入学的博士研究生比例则相对均衡，除圣迭戈分校(36.33%)以外，其余分校的入学比例均为 40%～50%。显然，录取率与各分校的大学排名有较强的关联，排名越高的分校录取率越低。

**表 2　2021—2022 学年加州大学各分校录取信息表**

| | 伯克利分校 | 戴维斯分校 | 尔湾分校 | 洛杉矶分校 | 默塞德分校 | 河滨分校 | 圣迭戈分校 | 旧金山分校 | 圣芭芭拉分校 | 克鲁兹分校 |
|---|---|---|---|---|---|---|---|---|---|---|
| 申请人数(人) | 19 288 | 6 932 | 7 831 | 13 615 | 933 | 2 778 | 12 960 | 2 483 | 6 482 | 2 879 |
| 录取人数(人) | 1 712 | 1 515 | 1 449 | 1 799 | 233 | 766 | 1 770 | 325 | 1 017 | 585 |
| 入学人数(人) | 816 | 666 | 607 | 844 | 115 | 322 | 643 | 133 | 408 | 262 |

另外，在学科方面，由于各个分校的专业设置不同，录取博士研究生的专业差异也较大，如伯克利分校以理工科闻名[4]，而洛杉矶分校以医学见长等。这些都导致了各个分校间博士研究生录取的学科异质性。

## 二、生源录取结构具有明显的“地域保护”特色

加州大学系统的博士生生源可大致分为四类：加州大学、加州州立大学、加州其他高校、加州以外的高校。和美国公立学校本科生录取相似，加州大学博士研究生录取也具有一定的“地域保护”特色。首先是对本校申请者的“保护”，来自加州大学系统的申请者的录取率显著高于其申请率。加州大学的硕士毕业生

或本科毕业生在升入加州大学系统读博时占据优势地位，如表3所示，加州大学的申请者仅占申请人总数的15.2%，但录取人数占比却达到了21%。而加州以外的高校毕业生的录取人数占比较申请人数占比有明显的下降，加州州立大学与加州其他高校申请人数占比与录取人数占比基本持平。其次是对美国国内申请者的"保护"。虽然加州大学系统的博士研究生生源中国际学生占了三分之一，但是录取率并不高。以2022学年为例，国际生申请比例高达45.6%，但最终的录取人数占比仅为32.2%。国际学生总体录取率为10%，比美国国内申请者的总体录取率(18%)低近一半。这也是兼顾吸引外国优秀生源和保护本国生源研究的结果。

**表3 2021—2022学年加州大学系统博士研究生生源结构**

| | 加州大学 | 加州州立大学 | 加州其他高校 | 加州以外的高校 |
|---|---|---|---|---|
| 申请人数占比 | 15.2% | 5.7% | 6.3% | 72.9% |
| 录取人数占比 | 21.0% | 5.4% | 6.3% | 66.3% |
| 入学人数占比 | 23.5% | 6.5% | 6.7% | 63.4% |

## 三、在公平的基础上，生源结构多样化

加州大学录取的博士研究生中，除国际生以外，美国共有白人、非裔、印第安人、亚裔、拉丁裔、太平洋(与阿拉斯加)原住民六类种族，各种族和国际生2022学年录取情况如图1所示。在六大种族中，白人录取率(32.4%)大幅高于其申请率(26.5%)；印第安人和太平洋(与阿拉斯加)原住民种族申请人数数量少，但其录取率均稍高于其申请率；非裔占美国总人数的13.4%(2021年)，但申请率

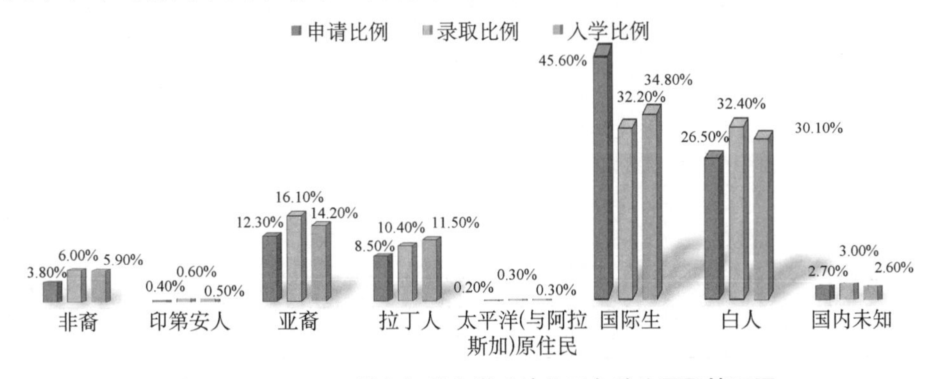


**图1 2021—2022学年加州大学系统美国各种族录取情况图**

显著低于此；与非裔不同的是亚裔，仅占美国总人数的 5.4%（2021 年），但录取率高达 16.1%，是除白人外录取率最高的种族。

一方面，加州大学系统的种族录取结构体现了公平公正的原则，各种族的录取比例与其申请比例并无过分的偏差；另一方面，美国作为文化多元化的国家，其种族录取结构存在“政治正确”的因素，如印第安人和太平洋（与阿拉斯加）原住民每学年的录取比例基本恒定、非裔的录取率显著高于其申请率等。总体来看，加州大学的种族录取结构妥善地平衡了公平与“正确”。

## 四、理工科占据主导地位，重视跨学科高水平人才的培养

在加州大学录取博士研究生的学科分布方面，理工科还是占据了主导地位，如表 4 所示。在申请率方面，工程与计算机专业的申请者最多，占申请者总数的 22.3%，其次分别为物理学（20.84%）、社会科学（19.23%）和生命科学（19.01%）。在录取率上，理工科的录取率较高，均在 16%以上，而商科与文科的录取率较低，录取率最高的物理学的录取率是商科录取率的三倍。但与商科同属社会科学领域的教育学则有较高的录取率。从入学率来看，各学科的入学比例大致均等，均在 40%～50%之间。因此在最终入学的博士研究生中，理工科学生数量占比远大于商科与文科，如图 2 所示。此外，值得注意的是，跨学科专业作为单列的学科领域，虽然相对“小众”，但录取率较高，超过了大部分人文社科领域学科。

**表 4　2021—2022 学年加州大学系统博士研究生学科分布**

| | 艺术 | 人文 | 工程与计算机 | 生命科学 | 物理学 | 医学 | 社会科学 | 商科 | 教育学 | 跨学科/其他 |
|---|---|---|---|---|---|---|---|---|---|---|
| 申请人数（人） | 1 764 | 5 900 | 16 991 | 14 483 | 15 877 | 719 | 14 648 | 1 718 | 1 772 | 2 309 |
| 录取人数（人） | 192 | 646 | 2 857 | 2 305 | 3 089 | 141 | 1 312 | 115 | 239 | 266 |
| 入学人数（人） | 126 | 357 | 1 228 | 997 | 1 057 | 66 | 631 | 48 | 152 | 154 |
| 申请比例 | 2.32% | 7.74% | 22.30% | 19.01% | 20.84% | 0.94% | 19.23% | 2.26% | 2.33% | 3.03% |
| 录取率 | 10.88% | 10.95% | 16.81% | 15.92% | 19.46% | 19.61% | 8.96% | 6.69% | 13.49% | 11.52% |

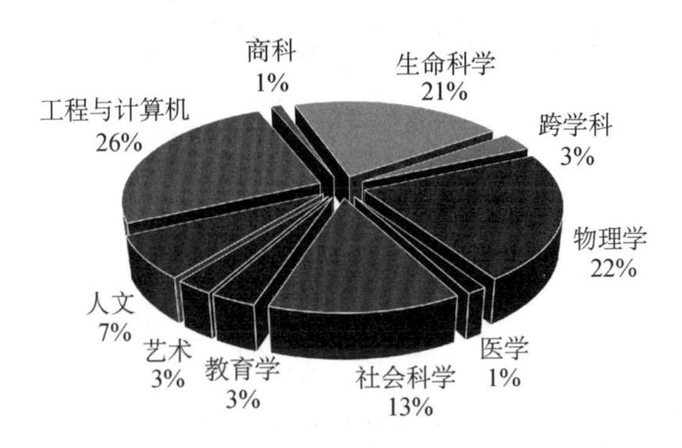


**图 2　2021—2022 学年加州大学系统入学博士研究生学科分布**

当前我国高度重视创新人才的培养，着力构建教育、科技、人才"三位一体"的贯通联动格局，其中，教育是基础和前提、科技是目标和动力、人才是核心和关键。博士研究生培养在实现"三位一体"的目标中扮演着重要角色，旨在培养具备深厚学科知识与综合素养的高水平人才。博士研究生作为科技领域的中坚力量，引领着前沿研究的方向，不仅能够助推科技领域的发展，也能够为社会带来更多的价值和机遇。因此，博士研究生培养要紧密结合科技创新的实际需求，在注重培养学术精英的同时，也要强调创新创业能力的培养，为科技创新的未来发展注入持续的动力，促进国家的科技创新和经济繁荣，进而强化人才对科技创新发展的引领支撑作用。

## 参考文献

[1] 肖文红.加州大学伯克利分校博士生教育质量保障体系的特征与启示[J].未来与发展，2022,46(1):61-65.

[2] 陈玥，翟月.美国一流大学博士生培养的经验及启示——基于对加州大学洛杉矶分校博士生的访谈分析[J].研究生教育研究，2020(4):92-97.

[3] 陈玥，翟月.博士生培养的关键一环:加州大学伯克利分校博士生资格考试的实践及启示[J].学位与研究生教育，2017(8):67-71.

[4] 陈玥，翟月.美国一流研究型大学博士生教育内部质量保障体系研究——以加州大学伯克利分校为例[J].外国教育研究，2017,44(7):18-30.

# 日本推动大学衍生企业发展的政策举措及效果

| 木村芙美

近年来，日本的大学衍生企业活动在政策激励下趋于活跃[1-2]。在大学、公共研究机构进行的科学基础研究已成为推动科技创新的重要动力。鉴于科技创新能够有力推动经济增长和社会发展，政府有理由采取各种方式支持大学、公共研究机构等的科学研究活动。然而，大学和公共研究机构的知识生产并不是与产业创新直接关联的，新知识往往以论文和专利的形式在产业部门推广和普及，这个过程通常较为缓慢，很难适应企业对于速度的要求。毕竟，大学的价值观及运行机制本来就有别于市场体系。正因为如此，强化相关的政策设计和制度安排至关重要。本文聚焦日本大学衍生企业，梳理和分析日本政府近年来支持日本大学衍生企业发展的主要政策，研究政策施策效果。

## 一、政策及举措

美国于1980年颁布《拜杜法案》(*Bayh-Dole Act*)后，各国普遍认为大学衍生企业将成为促进经济复苏的重要力量，公共研究机构将在企业探索创新方面发挥越来越重要的作用[3]。日本政府效仿美国的做法，于1998年实施《关于促进大学等的技术研究成果向民间事业者转让的法律》(《大学等における技術に関する研究成果の民間事業者への移転の促進に関する法律》)[4]，该法又称《大学技术转让促进法》(TLO法)，旨在激发大学等机构从事研究活动的活力，促进大学等机构的研究成果向产业界转移。也就是说，日本的产学合作肇始于该法案，相关的政策设计和制度安排依次实施[5]。其演进历程如表1所示。

**表1　日本大学衍生企业发展政策的演进历程**

| 时间 | 相关政策及事项 | 主要内容 |
| --- | --- | --- |
| 1995年 | 制定《科学技术基本法》 | 规定关于促进科学技术发展的基本政策，为政府的科学技术政策提供明确的法律框架 |

**(续表)**

| 时间 | 相关政策及事项 | 主要内容 |
| --- | --- | --- |
| 1998 年 | 制定《大学技术转让促进法》(TLO 法) | 促进科技成果转让中介机构(Technology License Organization, TLO)的设立 |
| | 《研究交流促进法》修订 | 产业界、学界共同研究国有土地廉用许可 |
| 1999 年 | 中小企业技术革新制度(日本版 Small Business Innovation Research, SBIR)创设 | 一贯支持中小企业的研究技术开发及其成果的事业化 |
| | 制定《产业活力再生特别措施法》 | 相当于日本的《拜杜法案》条款,承认 TLO 的专利费减少 1/2 |
| | 日本技术人员教育认定机构(Japan Accreditation Board for Engineering Education, JABEE)设立 | 提高高等教育机构实施的技术人员教育程序的质量 |
| 2000 年 | 制定《加强产业技术力量法》 | 批准确认 TLO 的国立大学设施无偿使用许可、国立大学教员的大学衍生企业,TLO 干部等的兼职许可 |
| 2001 年 | 制定"大学衍生企业 1 000 家计划" | 支持构建校内孵化体系 |
| 2004 年 | 《国立大学法人法》施行 | 国立大学取得法人资格 |
| 2006 年 | 《教育基本法》修订 | 明确大学的使命除了教育和研究之外,还包括将研究成果转化为社会贡献 |
| 2013 年 | 《研究开发力强化法》修订 | 加强对大学衍生企业等支援企业的投资 |
| | 制定《产业竞争力强化法》 | 使国立大学的风险资本出资成为可能 |
| 2016 年 | 制定"日本复兴战略 2016" | 大学、国立研究开发法人等民间投资增加 3 倍 |
| 2018 年 | 制定"统合创新战略" | 制定科学技术/创新发展的措施 |
| 2019 年 | 《活跃科学技术创新创造相关法律》施行 | 在《研究开发力强化法》基础上修订。法律上的明确规定,使得国立研究开发法人/大学的股份等的取得和保有成为可能 |
| 2021 年 | 《科学技术创新基本法》施行 | 在《科学技术基本法》基础上修订。扩大国立研究开发法人、可出资法人的范围 |

## 二、效果分析

日本经济产业省委托野村综合研究所进行的研究项目在 2016 年发布了《平成 27 年度产业技术调查 关于大学衍生企业成长因素政策的实态调查报告》(平成 27 年度産業技術調査 大学発ベンチャーの成長要因施策に関する実態調査報告書)[6]。该报告对大学衍生企业得以快速成长的主要原因进行了调查分析，以验证各项举措实施(成长要因施策)的效果。此项调查将大学衍生企业员工数及销售额的平均成长率，作为表征大学衍生企业成长度的指标，将与任何一项成长指标有强相关性的举措，确定为与大学衍生企业成长度具有强相关性的重要举措。针对 23 项举措，比较施策和未施策的大学衍生企业成长度，分析各项举措与大学衍生企业成长度的相关性。在表 2 中，分别用浅灰色和深灰色标识的 11 项举措与大学衍生企业成长度存在较强或很强的相关性。

**表 2 推动日本大学衍生企业发展的举措与成长度的相关性分析[2]**

| 类别 | 举措 | | 员工增长率 | | | | 销售额增长率 | | | |
|---|---|---|---|---|---|---|---|---|---|---|
| | | | 实施 | 未实施 | 差分 | 评估 | 实施 | 未实施 | 差分 | 评估 |
| 基础体制/环境 | 1 | 接受大学和相关机构在提供办公室等方面的支持 | 11.2% | 11.0% | 0.2% | | 26.3% | 22.8% | 3.5% | |
| | 2 | 将经营人才作为共同设立者、骨干员工、顾问等引入体制 | 15.8% | 7.6% | 8.1% | △ | 22.7% | 26.1% | −3.4% | |
| | 3 | 确保在资金和业务方面有愿意积极支持的资本提供者 | 20.6% | 7.0% | 13.6% | ○ | 29.6% | 22.5% | 7.1% | △ |
| 研究开发 | 4 | 从大学及关联机构，接受研究设施/平台等方面的支持 | 12.3% | 9.8% | 2.5% | | 23.3% | 26.1% | −2.8% | |
| | 5 | 从外部雇用有行业研发经验的人员，或者邀请其作为顾问加入体制 | 17.8% | 7.5% | 10.4% | ○ | 24.4% | 24.8% | −0.4% | |

(续表)

| 类别 | 举措 | | 员工增长率 | | | | 销售额增长率 | | | |
|---|---|---|---|---|---|---|---|---|---|---|
| | | | 实施 | 未实施 | 差分 | 评估 | 实施 | 未实施 | 差分 | 评估 |
| 研究开发 | 6 | 将大学教师聘为技术顾问或首席技术官 | 13.1% | 9.2% | 4.0% | | 25.7% | 23.6% | 2.1% | |
| | 7 | 就国内研发、生产业务与合作伙伴探索并执行决策 | 13.5% | 8.7% | 4.9% | | 26.5% | 22.7% | 3.8% | |
| | 8 | 就海外研发、生产业务与合作伙伴探索并执行决策 | 12.3% | 10.7% | 1.6% | | 38.5% | 20.1% | 18.4% | ○ |
| 产品管理 | 9 | 为加快产品开发,进行相关技术探索 | 12.6% | 8.2% | 4.5% | | 25.6% | 22.7% | 2.9% | |
| | 10 | 实施竞争调查,深化对市场竞争环境的认识,推动产品差异化 | 12.7% | 8.4% | 4.3% | | 27.0% | 20.7% | 6.3% | △ |
| | 11 | 围绕设想的业务,为拓展产品阵容,探索新的核心技术应用场景 | 10.8% | 11.5% | −0.7% | | 27.5% | 20.8% | 6.7% | △ |
| | 12 | 在设想的业务的基础上,为拓展新的业务领域,探索多项核心技术的应用场景 | 11.4% | 10.7% | 0.6% | | 23.6% | 25.9% | −2.3% | |
| 知识产权战略 | 13 | 着眼企业发展,制定知识产权战略 | 11.9% | 9.9% | 2.0% | | 21.8% | 28.4% | −6.5% | |
| | 14 | 与大学、共同研究所等机构协调,灵活运用其知识产权 | 12.9% | 8.8% | 4.1% | | 24.9% | 24.3% | 0.6% | |
| 强化销售能力 | 15 | 为了使产品贴近顾客和市场的需求,实施市场调查 | 12.7% | 9.1% | 3.6% | | 29.9% | 18.1% | 11.7% | ○ |

（续表）

| 类别 | 举措 | | 员工增长率 | | | | 销售额增长率 | | | |
|---|---|---|---|---|---|---|---|---|---|---|
| | | | 实施 | 未实施 | 差分 | 评估 | 实施 | 未实施 | 差分 | 评估 |
| 强化销售能力 | 16 | 接受外部机构和个人的建议，制定营销计划 | 14.3% | 8.6% | 5.8% | △ | 28.7% | 21.6% | 7.1% | △ |
| | 17 | 为了赢得企业内外的支持和帮助，运用大学的品牌，提高企业内外对企业的信任感 | 12.2% | 9.6% | 2.6% | | 20.8% | 29.8% | −9.1% | |
| | 18 | 从外部聘用拥有销售经验的人员，或邀请其作为销售顾问加入 | 17.6% | 8.6% | 9.0% | △ | 28.3% | 23.2% | 5.1% | △ |
| | 19 | 从外部机构（风险投资机构和企业）获取支持，开拓国内市场 | 16.6% | 8.6% | 8.1% | △ | 19.9% | 26.8% | −6.9% | |
| | 20 | 从外部机构（风险投资机构和企业）获取支持，开拓海外市场 | 13.0% | 10.7% | 2.3% | | 24.6% | 24.6% | −0.1% | |
| | 21 | 与外部民营企业等开展销售、运营等方面的合作 | 12.6% | 9.4% | 3.2% | | 26.6% | 22.1% | 4.5% | |
| 出口战略 | 22 | 制定主要业务的最终出口战略 | 18.1% | 6.9% | 11.1% | ○ | 28.7% | 22.0% | 6.6% | △ |
| | 23 | 开展企业并购目标的探索、交涉及执行 | 8.2% | 11.5% | −3.3% | | 22.1% | 25.0% | −2.9% | |

注：
△表示差分 5%以上；○表示差分 10%以上
浅灰色：与成长度有较强的相关性①（员工增长率、销售额增长率中有一个为差分 10%以上的评价）
深灰色：与成长度有很强的相关性②（员工增长率、销售额增长率中有一个为差分 10%以上的评价，或者两个都为差分 5%以上的评价）

对于表 2 中与大学衍生企业成长度密切相关的 11 项重要举措，应采取进一步的分类施策方式。对于举措 3，可以考虑推动支持机构实施更加有效的支持。

对于举措 10、11、15、18、22，应着力提升大学衍生企业对于自身实施举措的重要性的认识。对于举措 2、5、8、16、19，在提升大学衍生企业对于自身实施举措的重要性认识的同时，需要推动支持机构实施更加有效的支持。

## 参考文献


[1] SASAMORI YUHO. 大学発ベンチャー企業の成功要因に関する研究動向[J]. 東京大学大学院教育学研究科紀要，2021(61)：667-674.

[2] 日本経済産業省. 令和 4 年度産業技術調査事業 大学発ベンチャーの実態等に関する調査[EB/OL].（2023-06-01）[2023-12-10]. https://www.meti.go.jp/policy/innovation_corp/start-ups/reiwa4_vb_cyousakekka_houkokusyo.pdf.

[3] 山田仁一郎. 大学発ベンチャーの組織化と出口戦略[J]. 經營學論集，日本の経営学 90 年の内省と構想，日本経営学会 90 周年記念特集，日本経営学会. 2017(87)：109-117.

[4] 日本経済産業省. 特定大学技術移転事業の実施に関する指針[EB/OL].（2008-12-02)[2023-12-10]. https://www.meti.go.jp/policy/innovation_corp/tlo/shishin20.12.01.pdf.

[5] 反田和成，ソッタカズナリ. 大学発ベンチャーの持続的成長[J]. 香川大学経済論叢，2018，91(2)：113-128.

[6] 野村総合研究所. 平成 27 年度産業技術調査 大学発ベンチャーの成長要因施策に関する実態調査 報告書[EB/OL].（2016-07-08)[2023-12-10]. https://www.meti.go.jp/policy/innovation_corp/start-ups/h27venturereport.pdf.

# 新经济、新产业、新模式、新技术与创新治理

# 新经济与新治理：分享经济中国之治研究框架与未来展望

| 敦　帅

分享经济，也称共享经济，是指依托云计算、大数据、物联网和移动互联网等现代信息技术构建分享平台，实现闲置资源使用权在不同主体间精准分享，从而获得收益的一种经济新模式与新业态。凭借闲置分享、两权分离、精准匹配、高效流通和个性满足的创新特征，分享经济迅速渗入经济社会生活的方方面面，成为促进经济发展和社会变革的重要推手。近年来，分享经济的快速发展，一方面为推动发展、扩大就业、创新分配和促进公平提供了新的动力和解决方案；另一方面也给社会征信、城市管理、税款征缴和法律监管等方面带来了新的问题和矛盾冲突。特别是，分享经济开创的新型交易、交互、消费与服务方式，给政府传统管理体系带来了新的挑战，政府对分享经济的监管面临一系列的缺位、越位、错位问题，导致分享经济领域恶性事件频发、大量新创企业破产、大众利益受损等，严重阻碍了分享经济更高质量和更可持续发展。因此，通过创新治理避免或减少分享经济领域的各种问题，充分激发分享经济的正向社会效应，从而促进分享经济更好更快发展，是新时代国家治理能力现代化的重要体现，也是新时期分享经济研究的新视角。

## 一、分享经济中国之治研究框架

通过对分享经济治理领域相关文献进行计量学分析，在具体解构中国分享经济治理领域的研究现状、热点和前沿的基础上可以发现，中国情境下分享经济治理研究呈现出“问题纠因—问题分析—问题治理”的基本逻辑和结构特征(图 1)。

在“问题纠因”方面，与国外技术发展水平较高不同，随着云计算、大数据、物联网和移动互联网等“互联网＋”信息技术的快速发展和推广普及，中国的社会、经济、技术环境发生了巨大而深刻的变化，政府传统的法律规制已不适用于企业

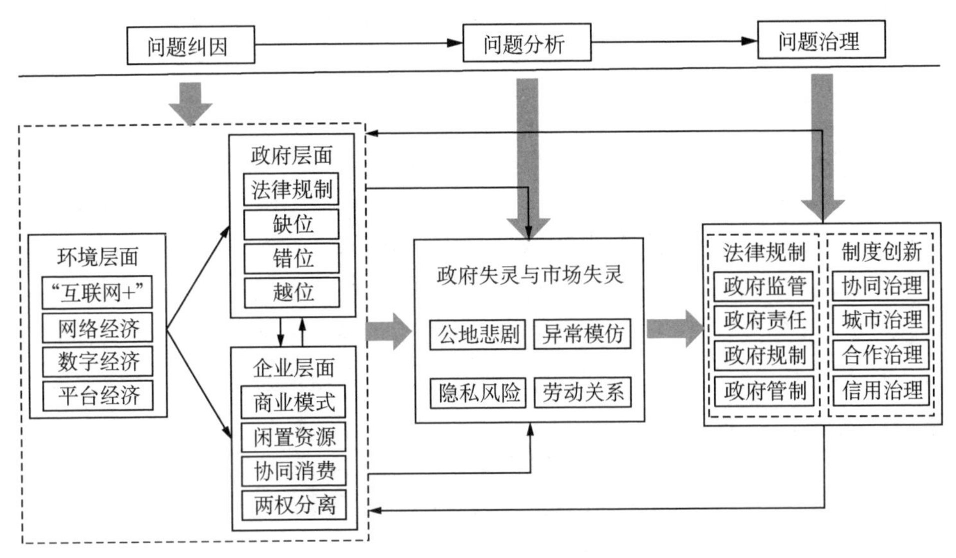


**图1　中国情境下分享经济治理研究的逻辑和结构**

创新的商业模式，这是导致分享经济问题频出的最主要原因，也成为驱动分享经济中国之治研究与创新的核心前因。首先是环境层面，现代信息技术的飞速发展催生了不同的市场经济形式，网络经济、数字经济和平台经济不断形塑着中国社会经济新环境，分享经济作为“互联网＋”时代的产物，具有典型的网络性、数字性和平台性特征。新环境与旧环境、新兴经济与传统经济的碰撞和竞争导致分享经济面临着诸多问题。其次是政府层面，传统的法律法规、政策制度已不适用于分享经济新业态和新模式，政府对分享经济的监管存在一系列的缺位、越位、错位问题。最后是企业层面，分享经济依托现代信息技术开创了商业模式新范式，一方面，闲置资源的供给方式，产品和服务专业性不足，导致需求侧与分享平台和供给侧争端频发；另一方面，所有权和使用权的分离，导致分享标的物损坏和资源浪费情况严重；此外，协同消费的运作模式下，供给主体、消费主体、平台主体等分享经济参与方关系混乱，导致权责利归属不明晰。三个层面的因素及其交互影响是中国分享经济领域问题频发的主要原因。

在“问题分析”方面，与国外法律规制体系相对完善不同，中国新兴分享经济开创的经济发展新模式、产业发展新形式和社会生活新方式，同时给政府传统监管体系和市场资源配置方式带来了冲击和挑战，造成了“互联网＋”时代政府和市场的“双元失灵”，从而造成分享经济领域出现诸如“公地悲剧”、异常模仿、隐私风险、劳动关系等一系列问题，这些问题是分享经济中国之治研究与创新的主要内容。一是分享经济下的“公地悲剧”。以共享单车为例，共享单车在市场投放之后，由于所有权与使用权的分离，车辆本身总是处于“弱保护”状态。一方面，共享单车的使用并非定车定人，乱停乱放、占为私有、蓄意损坏等边际成本非常低；另一方面，共享单车消费是非竞争性消费，共享单车具有效用不可分割的“准公共物品”属性，使得分享经济共享单车领域更容易产生“公地悲剧”。二是分享经济下的异常模仿。分享经济的飞速发展引发了大量的模仿行为，但是对外观形式、业务流程、盈利方式等方面的异常模仿导致了诸多经济和社会问题，如市场上诸多共享单车企业间的异常模仿致使停放无序、恶性竞争、押金风险等问题愈演愈烈，给城市治理和政府监管带来了极大挑战。三是分享经济下的隐私风险。作为典型的网络经济、数字经济和平台经济，隐私风险是分享经济发展过程中必然要面对的一个重要问题。隐私风险不仅源于分享平台保护措施或程序不完善导致的被动、无意的用户隐私泄露，而且源于更严重的企业出于逐利目的而对用户隐私信息实施的不正当收集、加工和分析使用等行为。隐私泄露不仅会对隐私主体个人带来负面效用甚至骚扰电话、网络诈骗等危害，而且会对经济活动和政治活动造成一定程度的干扰。四是分享经济下的劳动关系。分享经济时代的劳动关系个体性、临时性、兼职性、灵活性的特征越来越明显，这一方面引发了传统劳动关系与新兴就业模式之间的冲突，导致我国传统劳动法律已不适用于分享经济下的新型用工模式；另一方面，分享经济新型劳动关系下，各方参与主体之间的权利与责任难以界定，资源提供方无法获得社会保障等福利。此外，分享经济下复杂的劳动关系问题会削弱共享经济的创新活力，甚至引发分享经济企业的破产倒闭。

在“问题治理”方面，随着分享经济负外部效应给经济社会带来诸多问题和对政府传统监管体系带来的冲击与挑战越来越严重，学术界对治理分享经济的关注度越来越高。与国外治理主体视角相对微观不同，通过对现有中国情境下分享经济治理的研究进行梳理和分析发现，当前关于分享经济治理的研究主要分为两种思路，也成为形塑分享经济中国之治研究与创新的关键思路：一种是基于政府单一视角，加强对分享经济的法律规制，在强调政府须对规范分享经济高质量发展负有重要责任的基础上，提出政府应该通过施行相关法律、政策、制度等，加强对分享经济的监管和规制。如 2018 年 6 月 5 日，交通运输部办公厅等八部门联合印发《关于加强网络预约出租汽车行业事中事后联合监管有关工作的通知》,明确了网约车行业事中事后联合监管工作流程。另一种是基于多维参与主体的协同视角,强调对分享经济的治理应该做到治理制度和治理模式随分享经济的创新而创新、变革,将分享经济不同参与方纳入治理主体,从企业微观层面的信用治理和国家宏观层面的城市治理出发,实现对分享经济的合作治理与协同治理。如 2017 年 7 月 3 日,国家发展改革委等八部门联合印发《关于促进分享经济发展的指导性意见》,就进一步营造公平规范市场环境、促进分享经济更好更快发展等进行了部署,要求探索建立政府、平台企业、行业协会及资源提供者和消费者共同参与的分享经济多方协同治理机制。

## 二、分享经济中国之治研究展望

未来,分享经济治理研究要在现有研究基础上,立足国家制度建设新方向和分享经济发展新时期,加强机构和作者间的交流与合作,加强学科和实践间的联系与融合,从政治学、经济学、管理学、社会学、伦理学和法学等综合视角出发,在研究内容、研究视角、研究领域和研究方法等方面不断完善。

第一,在研究内容上,现有研究多关注分享经济带来的问题和创新治理模式的构建,对分享经济产生问题及对监管体系造成冲击和挑战的内在机理、作用机制和深层原因研究不足。因此,后续的研究应注重新时期、新形势下,分享经济对经济社会和国家治理体系的持续影响和分享经济产生问题的根源所在。

第二,在研究视角上,现有研究在问题分析和治理措施方面多是基于政府、市场和企业的视角,缺乏基于供给侧、需求侧和第三方组织等参与主体视角的分析。因此,后续研究应该从分享经济多元参与主体的视角分析分享经济面临的问题、问题产生的原因和影响及创新治理的机制、模式和路径。

第三,在研究领域上,现有分享经济研究的焦点主要集中在网约车和共享单车两个方面,都属交通出行领域,缺乏对其他领域的关注和研究。因此,后续的研究应该拓宽研究领域,将分享经济下的住宿、餐饮、医疗、教育、物流和知识技能等纳入研究范畴。

第四,在研究方法上,现有研究多采用简单论述和定性案例分析方法,对理论模型和定量方法的应用较少。因此,后续研究一方面需要注重采用多学科领域中的理论模型,为分享经济治理研究构建理论体系,另一方面需要在问题纠因、问题分析和政策效用评价等方面引入合适的定量方法,为分享经济治理研究构建方法论体系。

# 推动产业数字化转型，打造可持续创新生态*

| 宋燕飞

当前全球经济发展下行趋势明显，但数字经济体现出强劲的发展韧性。2021 年，全球数字经济规模达 38.1 万亿美元，占 GDP 比重约为 45%。其中，美国数字经济规模为 15.3 万亿美元，中国数字经济规模为 7.1 万亿美元，位居世界第二[1]。作为数字经济发展核心动能，产业数字化占比持续增加，进一步推动我国传统产业数字化转型升级，量化产业数字化发展现状，预测产业数字化创新生态能级提升的趋势，助力成熟度能力升级的实施正成为目前数字经济发展的关键内容。

## 一、数字经济与产业数字化

数字经济是以数字化的知识和信息作为关键生产要素，以数字技术为核心驱动力量，以现代信息网络为重要载体，通过数字技术与实体经济深度融合，不断提高经济社会的数字化、网络化、智能化水平，加速重构经济发展与治理模式的新型经济形态。产业数字化属于数字经济的“四化”（图 1）中重要的一部分，是指传统产业应用“数字技术”所带来的产出增加和效率提升，包括但不限于智能制造、车辆网、平台经济等融合型新产业、新模式、新业态[1]。

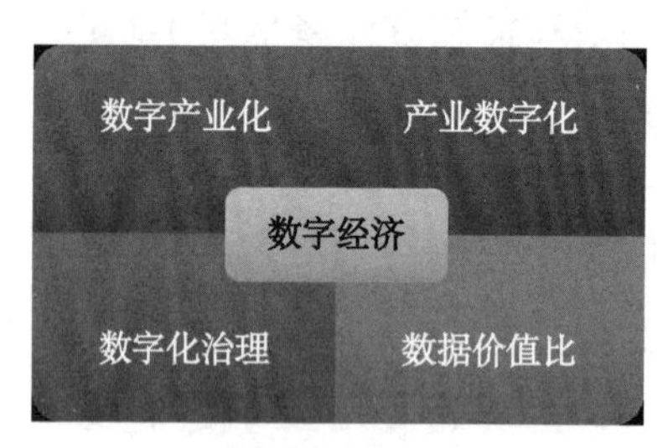


**图 1　数字经济的“四化”**

## 二、数字化转型的三个阶段

随着技术和社会经济发展，数字化转型经历了从“信息化”到“数字化”再到

---

* 本文为教育部人文社会科学青年项目“面向互补性资产的企业创新生态系统演化机制及路径优化研究”（项目编号：18YJC630149）的阶段性研究成果。

"数字化转型"的演化过程。其中，信息化是数字化、智能化的基础，是指传统信息通信技术的应用；数字化则更侧重于新一代信息技术的应用。目前，对数字化转型内涵的讨论主要聚焦对"数字技术"的应用，狭义的数字化转型以"数字技术"为重点，认为数字化转型是以数字技术为核心的不同技术的组合；而广义的数字化转型则以"数字技术"应用带来的转型结果为关注点，认为数字化转型是数字技术所带来的工作和组织方式及业务模式和商业模式等方面的变化，其应用对整个产业都会带来重大影响。Verhoef、Broekhuizen、Bart 等学者提出数字化转型的三个阶段：信息数字化（digitization）、行业和组织数字化（digitalization）、数字化转型（digital transformation），如图 2 所示[2]。其中，第一阶段的信息数字化是将模拟信息转换为数字信息的过程，是整个数字化转型的基础；第二阶段的行业和组织数字化是指使用数字技术来改变现有的业务流程，包括通信、分销、业务关系管理等，是对数字机会的利用；第三阶段的数字化转型主要涉及数字资源、组织结构、增长战略及指标和目标等。

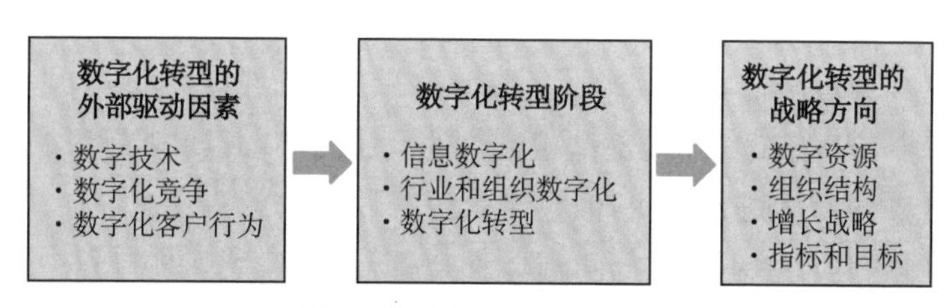


**图 2　数字化转型流程模型**

## 三、产业数字化成熟度评价

通过对产业数字化成熟度进行评价，能够明晰当前我国产业数字化发展水平，量化区域间产业数字化发展的现状及行业间发展差距，评估产业数字化转型发展生态能级，进而预测产业数字化创新生态优化发展的趋势。现有学术研究中主要采用调研问卷自评测的方式对微观企业层面的数字化成熟度进行评价，评价维度包含：战略与组织、制造与运营、供应链、商业模式、人员、产品、市场、数据驱动服务等方面。基于产业视角的数字化成熟度评价主要从区域和行业两个层面展开[3]。

1. *区域层面*

主要聚焦剖析国家及主要区域产业数字化发展现状及方向，为探索区域经济高质量发展路径提供方向和指引。区域产业数字化成熟度评价主要包括三个方面:基础环境、关键要素、产业升级。其中,基础环境包括政策支持力度、经济环境和产业发展现状;关键要素包括数字化基础设施建设、科研人才、核心资源及示范建设;产业升级主要体现在生态“势能”方面,包括产业发展活力、技术活跃度、数字化转型程度等。

2. 行业层面

分析和明确各行业数字化发展现状及不同产业间数字化创新生态能级的差异,凝练产业数字化创新生态优化的关键影响因素,探索不同行业数字化创新发展路径。行业产业数字化成熟度评价主要包括:产业落地、技术体系建设、生态支持。其中,产业落地包括企业层面数字化转型水平及数字化转型示范项目;技术体系建设包括基础技术设施等建设及技术应用;生态支持包括产业资源共享、资金支持及研发人才等方面。

## 四、产业数字化创新生态可持续发展建议

产业数字化的核心是实现整体效率的提升。目前我国产业数字化发展已初显成效,但整体仍处于初期局部区域推进的发展态势,区域发展不协调,部分产业内龙头企业数字化进程较快,但大多数企业数字化转型过程中存在数字技术基础薄弱、数字化应用不成熟等问题。在未来产业数字化发展过程中,需要推动企业对产业数字化转型的认知,多方协同,融合发展。基于此,从以下三个方面提出未来进一步促进产业数字化创新生态可持续发展的建议。

1. 完善基建、发挥区域优势,均衡数字化转型发展目标

2020 年国家发展和改革委员会明确将“新基建”界定为信息基础设施、融合基础设施、创新基础设施三方面,结合产业数字化转型,完善产业数字化转型相关基础设施对促进产业信息化、智能化具有不可或缺的基础性作用。各区域在数字化转型过程中发展进程不同,需要因地制宜,结合区域要素禀赋、充分发挥自身优势,均衡产业数字化转型发展目标,推进产业数字化转型的精细化治理。

2. 加强示范、发挥龙头优势,带动数字产业链协同发展

持续推进跨产业数字化转型应用能力等提升和落地,推动通用性数字化转型解决方案支撑未来产业进一步高质量创新发展;加强创新服务平台建设和园区示范效应,推动典型应用场景赋能,建设标杆示范企业,发挥龙头优势,带动产业链上下游协同发展,以完善产业数字化转型的配套设施,探索可复制、可推广

的数字化转型解决方案,提高核心竞争力。

3. 重视人才、促进产学合作,构建可持续人才发展体系

重视复合型人才的培养,加强区域间数字化转型人才的交流互动,构建和完善产业数字化转型人才体系,配套发展人才培育平台,促进高校及科研人员间的产学研跨领域合作。

## 参考文献

[1] 中国信息通信研究院. 全球数字经济白皮书(2022 年)[R/OL]. (2022-12-01)[2023-03-30]. http://www.caict.ac.cn/english/research/whitepapers/202303/P020230316619916462600.pdf?eqid=a12c38b10015ecc1000000026488df4e.

[2] VERHOEF P C, BROEKHUIZEN T, BART Y, et al. Digital transformation: a multidisciplinary reflection and research agenda[J]. Journal of business research, 2021(1):122.

[3] 易观分析. 2022 中国产业数字化发展成熟度指数报告[R/OL]. https://mp.weixin.qq.com/s/czvx3QFvyJv6iGTNWdolyw.

# 应警惕数据驱动型并购的垄断效应

| 曾彩霞

目前，数据垄断一是由数字市场结构特征及数据固有属性所致，具有一定的合法性；二是由数据垄断者的市场行为所致。无论是由数字市场结构特征及数据固有属性所致的数据垄断，还是由数据垄断者的市场行为所致的数据垄断，均会对市场竞争、创新（尤其是颠覆性创新）及消费者福利产生一定程度的损害。和传统市场相比，数据垄断者实施垄断行为更容易和更具隐蔽性。其中，数据驱动型并购行为尤为突出，反垄断执法部门应予以高度重视。

## 一、数据驱动型并购已成为垄断者的重要市场战略手段

在数字市场中，数据驱动型的平台经营者发挥着重要的市场作用。由于平台经营者具有“双边市场”的特征，它们一边通过向消费者提供免费服务获取大量数据，一边在广告市场通过“数据变现”而盈利。双边市场存在交互性，为在位平台经营者带来了极强的网络效应、范围经济和规模经济，很容易实现“赢者通吃”的效果。获得市场支配地位的平台经营者利用数据、资本和技术优势进入其他相关市场或产业，不断扩大其业务版图，促使“巨无霸”企业形成。

由于数字市场很容易形成寡头或者双寡头垄断的市场结构，企业出于防御或者占有市场的目的，往往刚发现潜在竞争者后就通过并购的方式将其扼杀在摇篮中。因此，在数字市场中，网络效应使得企业间的竞争以争夺整个市场为目标。这样，规模较小的市场参与者或潜在进入者所构成的威胁对于现有企业控制市场的力度至关重要。如果现有企业可以通过有针对性的收购轻松应对这种威胁，那么，这些目标企业就不会成为现有企业的约束，在位企业实施市场力也就有了空间。因此，企业特别热衷于实施数据驱动型并购，将其作为巩固和扩大市场支配地位的重要战略手段之一。

## 二、数据驱动型并购呈现出鲜明的新特征

与传统并购行为相比,数据驱动型并购呈现出一些新特征。

首先,数据驱动型并购中交易额和营业额的占比非常高。数据显示,亚马逊、脸书和谷歌所实施的并购行为都呈现出一个相同特征,即所兼并的企业大多是非常年轻的企业,其中近 60% 的被兼并企业的建立时长只有 4 年甚至更短[1]。这些初创企业的营业额较低,甚至尚未产生营业额,但并购交易额都非常大。从并购交易情况来看,被兼并的企业越成熟或建立时长越长,交易额和营业额的占比越低。相反,被兼并的企业越是年轻,交易额和营业额的占比越高。

其次,数据驱动型并购呈现向非横向并购集中的趋势。在数据驱动型并购中,非横向并购越来越成为垄断者所青睐的并购方式。数据显示,谷歌在混合并购中表现得非常活跃,其所兼并的许多企业都来自其他产业[2]。其中,很多并购双方并不是直接的竞争关系。以脸书和康卡斯特的合并为例,双方所提供的产品不是直接的竞争关系,如果按照传统非横向并购的相关规定,很容易通过并购审查[3]。但是这两家企业都是数据密集型企业,而且都独占性控制了高价值的特定种类数据。因此,数据驱动型并购很容易产生新型的垄断形态,甚至可能消除传统产业划分,最终催生“巨无霸”企业。

最后,数据驱动型并购的竞争损害通过事后救济效果欠佳。如果在企业并购后才发现其产生了严重的反竞争效应,那么一般采取的事后救济方式主要是资产剥离或处以罚款。但对数据驱动型并购来说,通过企业拆分进行资产剥离具有明显的消极性。一方面,拆分企业执行成本很高,需要投入大量的人力和时间。有些案件经历的时间太长,对企业的影响太大,容易造成企业和社会效益损失[4]。另一方面,即便拆分成功,是否能够降低反竞争效应和促进市场竞争也是个未知数。尤其是在非横向并购之后,企业可以通过合并获得具有功能性差异和互补性高的数据集合,对企业在不同市场中的竞争力的提升具有不可逆性。

## 三、对数据驱动型并购的应对

数据驱动型并购所呈现出的新特征,一方面促使并购交易非常活跃,另一方面对反垄断法中的并购事先申报制度、相关市场界定及传统损害理论都带来了极大的挑战。从过去十几年中国、美国、欧盟等主要国家和地区的相关实践来看,数据驱动型并购大多逃脱了反垄断法的规制。为应对数据驱动型并购带来

的挑战，欧盟和美国相继修订了并购控制规则。同时，针对超大型数字平台单独立法，以有效规制数据驱动型并购。欧盟颁布了《数字市场法》(*Digital Market Act*)，创设“守门人”制度；美国则制定了《平台竞争与机会法》(*Platform Competition and Opportunity Act*)，创设“涵盖平台”制度，同时通过《并购申报费现代化法案》(*Merger Filing Fee Modernization Act*)，以提高大额并购主体的成本，扩充美国反垄断执法资源和力量，以便强化事前监管，进而保护竞争。我国数字市场同样存在高度垄断现象，为进一步推动我国数据经济的可持续发展，应高度关注和警惕数据驱动型并购带来的挑战，并采取相应的举措进行规制。

首先，应完善事前规则，加强对数据驱动型并购的事前监管。我国在 2018 年和 2024 年对《国务院关于经营者集中申报标准的规定》进行了两次修改，但依然沿用了以营业额为标准的事先申报制度。我国可在该标准中增加交易额标准，改成“营业额”和“交易额”相结合的标准，有效规制营业额低但交易额高的并购行为。

其次，完善相关市场界定。为有效应对数据驱动型并购带来的挑战，可以引入动机原则，当出现营业额较低的大额交易并购时，审查其内在动机，界定独立的数据相关市场。针对平台的“系统性”和“生态性”特征，在审查并购行为的损害效应时，可采用多元化市场界定方法。根据实际情况，选择采用“单一市场界定方法”或“系统市场界定方法”。同时，降低价格因素的分量，提高质量因素的分量，并将隐私保护作为质量因素测试的关键指标。

最后，建立“守门人”制度，对超级平台单独立法。随着数字市场并购交易激增，反垄断执法部门的资源不足也成了重要短板，加大了数字市场并购审查的难度。我国可借鉴欧盟和美国的相关经验，针对大型平台单独立法，避免因数据驱动型并购的竞争潜力无法反映在营业额和市场份额中而逃脱反垄断审查的现象。虽然我国针对数字平台规制已采取了一定的举措，但与欧盟《数字市场法》中的相关规则相比，我国《关于平台经济领域的反垄断指南》在规制主体“守门人”的认定和救济措施方面均未提供客观标准，在运行机制方面也未提供具体操作流程。因此，结合我国的现实背景，在对平台进行分级分类的基础上，针对超大型平台制定专门法，对培育健康的具有竞争性的数字市场具有重要意义。

## 参考文献

[1] Competition and Market Authority of UK. Ex-post assessment of merger control decisions in digital markets[R/OL]. (2019-05-09)[2023-06-15]. https://assets. publishing. service. gov. uk/government/uploads/system/uploads/attachment _ data/file/803576/CMA _ past _ digital_mergers_GOV. UK_version. pdf.

[2] Competition and Market Authority of UK. Ex-post assessment of merger control decisions in digital markets[R/OL]. (2019-05-09)[2023-06-15]. https://assets. publishing. service. gov. uk/government/uploads/system/uploads/attachment_data/file/803576/CMA_past_digital_mergers_GOV. UK_version. pdf.

[3] MILLER C. Big data and the non-horizontal merger guidelines [J]. California Law Review 2019,107(1): 309-344.

[4] 王晓晔. 中华人民共和国反垄断法详解[M]. 北京:知识产权出版社,2008:254-255.

# 标准数字化和数字标准化

## ——数字化转型的两个关键

| 刘永冬　任声策

新一轮科技革命和产业革命正深刻演进，数字化转型是大势所趋，我国已就数字中国、数字经济等做了全面部署。在数字时代，数字化要发挥数字技术对经济的放大、叠加、倍增作用，数字化转型按照企业数字化转型到产业数字化转型最后实现整个社会的数字化转型的过程迭代。标准是这一过程的基础。一方面，标准数字化是数字转型深入发展的要求，随着数字化由消费互联网向工业互联网、物联网深入，复杂性、多元性、专业性、即时性更加突出，标准本身需要机器可读、线上可识；另一方面，数字技术的应用将广泛渗透各个领域，甚至产生颠覆作用，需要在数字技术的顶层设计、系统规范、软件接口、专业术语等方面建立一致性标准，数字标准化是推动这一进程的必要保障。因此，标准数字化和数字标准化是数字化转型的两个关键。

### 一、标准数字化与数字化转型

随着数字经济时代的到来，标准也应紧随时代步伐，乘上"数字技术列车"。标准数字化指利用数字技术（云计算、大数据、区块链、物联网、人工智能等）对标准本身及生命周期全过程赋能，使标准承载的规则与特性能够通过数字设备进行读取、传输与使用的过程。标准是静态的、规范的、封闭的，数字化是动态的、创新的、开放的。二者在属性上存在相悖之处，但是又相互促进。新标准的产生离不开技术创新，尤其是数字技术，数字技术提高标准的先进性、兼容性、互通性。标准降低数字技术的风险性，增强其价值，提高市场效益。标准数字化既是国家经济社会发展的现实需要，又是标准化应对数字技术变革的客观需求。

标准数字化工作已在国际标准化组织开展。一是国际标准化组织（International Organization for Standardization，ISO）标准数字化实践。2017年，ISO副秘书长在"标准与数字化：拥抱变革"的报告中提出数字化影响下的未来标准化，包括通过内容结构化创建更具价值的产品，创建机器可读标准等。2019 年，ISO 通过技术管理委员会 94 号决议（TMB Resolution 94/2018），建立机器可读标准的战略咨询小组（Strategy Advisory Group on Machine-Readable Standards SAG/MRS），提出机器可读标准（SMART）概念，发布了实施路线图。2021 年，ISO 发布《ISO 战略 2030》（*ISO Strategy 2030*），强调数字技术是 ISO 变革的驱动因素之一，提出通过检测技术创新，分析和预测用户需求，转变 ISO 标准创建、编排格式和交付内容的方式。2022 年，ISO 推出了一项新标准 ISO 5009：用数字 ID 识别商业实体中的官方组织角色，可用于验证已授权代表的身份，以满足了解客户（know-your-customer，KYC）和商业交易相关的监管要求。二是国际电工委员会（International Electrotechnical Commission，IEC）标准数字化实践。2020 年，IEC SMB 重启 SG12"数字化转型和系统方案"战略组，其工作范围包括定义数字化转型与 IEC 及其标准数字化有关方面内容、研究国际标准的数字化转型的方法、重新组建数字化转型和系统方法战略组。2021 年，IEC 成立了"SMART 标准化与合格评定"任务组，将"数字化转型""机器可读标准"纳入 IEC 总体规划实施方案。2022 年，IEC 发布《IEC 战略规划》（*IEC Strategic Plan*）提出要开发和部署满足不断变化的市场和成员需求的 SMART 标准和合格评定程序。三是欧洲标准化委员会（Comité Européen de Normalisation，CEN）和欧洲电工标准化委员会（European Committee for Electrotechnial Standardization，CENELEC）标准数字化实践。2017 年，《CEN-CENELEC 数字化转型战略》（*Strategy 2030-CEN-CENELEC*），提出标准数字化旨在确保工业领域数字化转型的标准化需求得到满足。2020 年，CEN 和 CENELEC 发布《2020 年欧洲标准化工作规划》（*CEN and CENELEC Work Programme 2020*），提出继续开展在线标准化项目、未来标准项目（使现有标准成为机器可读的标准）、开源创新项目。2021 年，《CEN-CENELEC 战略 2030》（*CEN-CENELEC Stratey 2030*）提出使客户和相关方受益于最先进的数字化解决方案，推出机器可读用、可读、可译等标准，促进更细粒度地使用标准内容，并将标准自动嵌入公司工作流程。

标准数字化作用体现在提高效率、降低风险、共同繁荣三个方面。

（1）提高效率

提高效率包含提高互操作性，确保兼容性和连接性。标准数字化的基础是机器可读，一个显著特点是通过数字设备或平台对标准进行获取和使用。一方面，在标准的研发阶段，由以前的逐项、逐步转变成整体、并行。数字技术赋能，增强标准的互联互通，如印度标准局(The Bureau of Indian Standards, BIS)启动了一个在线标准开发流程，ISO、IEC开发在线协同编写平台等，这不仅能缩短标准的制定周期，而且能提高标准的互操作性，能够在不同系统中开发、传输、获取数据。另一方面，互操作性将促进兼容性，标准数字化不仅在不同的系统中具有兼容性，在不同企业、地区、国家等都应具备兼容性。

(2) 降低风险

降低风险包含降低不确定性、投资风险和减少标准传输的障碍。标准数字化意味着标准的全生命周期在数字技术赋能下更稳健，面向客户限定了最低质量的水平，降低产品或流程的不确定性，从而降低投资人的投资风险。另一方面，语义互操作和信息模型使标准数字化达到机器可读标准，促进标准知识的扩散，减少标准传输的障碍。

(3) 共同繁荣

标准是进入国际市场的“敲门砖”。不仅要符合国内标准，还要进一步符合国际通用标准。标准数字化促进技术要求的统一，最终可能演化出一个开放型标准数字化生态系统。不仅能够增强企业、行业、区域的互操作性和兼容性，还能促进人类命运共同体的共同繁荣。一方面，在标准数字化生态系统中，达成共识是标准制定的前提，协商与规范的数字化流程，增强了标准内容的协调统一性；另一方面，在标准数字化生态系统中，违反标准及侵犯数据安全的障碍更容易处理，但也要警惕数字技术的开放性和扩张性带来的负面作用，尤其是隐私保护和知识产权保护的问题。

## 二、数字标准化与数字化转型

数字标准化不同于数据标准化。Gal 和 Rubinfeld[1] 对数据标准(Data Standardization)的定义为：数据标准是数据价值链相关的标准，包括数据属性、存储、使用，数据集的术语、结构和组织。最常用的数据标准是应用程序接口(Application Programming Interface, API)。数字标准化是数字技术的标准赋能，保证数字技术的开发、定义、使用、维护的一致性，提高数字的互联互通性，从而降低数字化的不确定性，实现数字技术利用的最大化，发挥共享共赢的作用。数字标准化是提升数字资源质量、推动建立数字市场秩序、促进数字化转型的关键。数字标准化的目标为开发数字标准平台、扩散数字标准知识、共享数字标准操作。

随着数字和技术的快速发展，制造业将向数字化、网络化、智能化发展。以某大型制造企业为例，其智能制造能力成熟度模型分为流程化管理—数字化改造—网络化集成—智能化生产—产业链创新五个级别，基于基础平台的搭建—技术平台的连接—应用平台的赋能实现数字化转型。在这个过程中，以数据为中心，要把孤立的计算机化的设备和信息系统互联互通，要防止信息安全平台、维护平台、监控平台等不同系统在企业内部独立运行，避免形成信息孤岛。同时，确定数字标准化需求，建立集成所有应用系统，以便集中管理、运行、监控等至关重要。而如智能驾驶、智慧能源等未来数字相关产业发展均需要强化标准的促进作用。

数字标准化有引领发展、提高数字资源质量、高效联通、便于监管等作用。

（1）数字标准化可以引领发展

传统标准的制定往往晚于产品或流程，但数字技术发展迅速、更新迭代快、影响范围广，所以数字标准化逐渐形成数字和标准并行甚至先有标准后有数字技术的趋势。一方面，制定符合国际的标准将促进数字技术获得国际市场的通行证，有利于数字技术的交流、扩展，从而增加市场效益。另一方面，在制定数字标准的过程中，要减轻利益相关者对数字化转型的排斥影响，增强变革的信心，从而推动数字化转型。

（2）数字标准化可以提高效益

一方面，数字标准化能够增强数字资源的质量。数字资源作为重要的生产要素，能够推动企业进行技术、产品、商业模式等方面的数字化转型，但企业面临的数字化转型的动力不仅是在当前的产品和服务中添加数字元素，而是充分利用数字技术的变革潜力。因此，数字技术的质量至关重要，数字标准化是规范数字技术质量的底线，具有很强的影响力和约束力。另一方面，数字标准化能够增强联通高效性。受新冠疫情影响，全球经济陷入低迷期，国内的经济全面数字化转型刻不容缓，数字化带来的巨大利益潜力成为推动企业数字化转型的核心力量，数字标准化快速制定并响应用户需求。

（3）数字标准化便于治理

数字标准化便于治理包括企业自我治理和便于政府的监管。一方面，数字标准化能够对快速发展的数字技术发挥良好的规范作用和约束作用，进而能够保障产品的质量和效益，甚至有利于促进产品的升级和转化，节约公司的治理成本，提高企业的治理效率。另一方面，我国实行"统一管理，分工负责"标准化工作模式，数字标准化更方便政府对数字资源的统一管理、统筹协调。

标准数字化是对标准的数字赋能，数字标准化是对数字的标准赋能。单个企业的数字化转型可能关注知识产权问题，全行业数字化转型方面，智能工厂、物联网等的标准问题需要重点讨论，如数字存放收集标准、机器可读标准、产品标准等。对于已有的标准，标准本身需要数字化来应对现实社会的客观需求。标准化促进数字技术的使用和互操作性提升，数字技术促进标准化的可读性和互通性提升，实现数字化转型离不开标准数字化和数字标准化，二者相互需要、相互强化。

## 参考文献

[1] GAL MS, RUBINFELD L. Data standardization[J]. NYUL Rev., 2019(94):737.

# 数据资产的概念演化与界定

| 徐 涛 尤建新

在以智能化和数字化为核心的技术革命浪潮中，数据已经成为新的生产要素和战略资产。作为关键要素，数据不仅极大地提升了生产效率，优化了生产模式，也成为推动经济高质量发展的新动能。2022 年 12 月，中共中央、国务院发布《关于构建数据基础制度更好发挥数据要素作用的意见》，从数据产权、流通交易、收益分配、安全治理等方面构建数据基础制度。2023 年 8 月，财政部印发《企业数据资源相关会计处理暂行规定》(以下简称《暂行规定》)，首次对数据的财务处理建立相关规范，明确了数据的资产属性。

尽管数据资产概念已经广泛被接受，但从现有研究来看，目前学界未就数据资产的概念达成共识，尤其是在数据资产的存在形态[1]、数据资产的涵盖范围[2]、数据资产的价值创造[3]等方面存在一定争议。在财政部印发的《暂行规定》中，也未明晰数据资产的概念。因此，本文旨在在现有研究的基础上，梳理数据资产的概念演化，并对数据资产的概念进行界定和讨论。

## 一、数据资产的概念演化

技术的快速发展改变了数据的产生、共享和传播方式[4]，数据不仅仅是数字和字符的组合，更是潜在的知识和价值的体现。本文梳理了数据资产的概念演化过程，如图 1 所示。

从古代手工记录到现代的电子数据收集，数据的生成速度和规模呈指数级增长。在数字化的初期，数据主要被看作存储在计算机中的一些数字和字符，被用来描述和记录特定的事物或事件，但通常不被视为有形资产。随着大数据、云计算、物联网、人工智能等新兴技术的兴起，数据本身成为企业和组织的核心资产。物联网技术的普及实现了大规模数据的实时收集和交互，为组织提供了更全面、准确和实时的数据来源。云计算技术的发展使得大量数据可以被高效地存储和处理。大数据技术使得处理海量数据成为可能，并且通过对大数据的分析和挖掘，可以进一步探索隐藏在数据背后的价值。人工智能的进步推动了数据的深度挖掘和智能分析，通过机器学习和数据模型构建，可以从庞大的数据中发现模式、预测趋势和提供智能化的决策支持[5]。

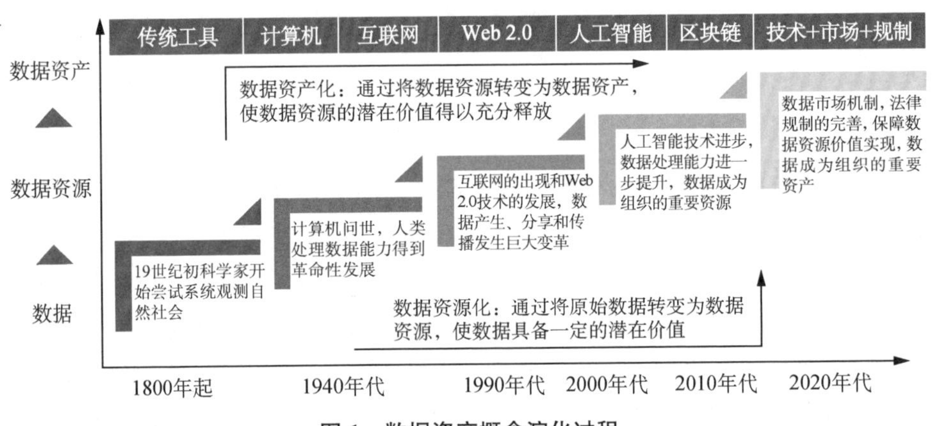


**图 1　数据资产概念演化过程**

此后，随着数据的资产属性逐渐被广泛接受，围绕数据的市场机制和法律框架也逐步建立[6]。数据交易、授权和共享成为常见的商业行为。组织可以通过数据交易和数据合作实现资源的互补和价值的最大化。同时，法律和隐私保护机制也在不断完善，以确保数据的合法性、安全性和隐私权的保护[7]。相关市场机制和法律框架的建立为数据的管理和交流提供了基础，促进了数据资产的有效利用和保护[8]。

## 二、数据资产的概念讨论

从现有研究来看，数据资产概念由信息资源和概念逐渐演变而来。信息资源概念是在 20 世纪 70 年代计算机科学快速发展的背景下产生的，信息被视为与人力资源、物质资源、财务资源和自然资源同等重要的资源。21 世纪后，随着大数据技术的兴起和数据管理应用的发展，数据资产概念开始普及[9-10]。尽管现有的一些研究已经讨论了数据资产的概念，但由于研究背景和观察角度不同，学界未就数据资产的定义达成共识。

1. 数据资产的类型

对于数据资产的类型划分目前存在争议。一些学者认为，数据资产应仅限于以电子形式记录的数据，特别是数字化数据[11]。例如，王汉生认为数据的价值必须在大规模分析的基础上实现，因此数据资产必须是电子形式的记录和分析[2]。叶雅珍、刘国华和朱扬勇等认为纸质资料和电子资料在计量、规模和使用上有着本质的不同，在对数据资产进行界定时，剔除了图书馆、档案馆的纸质资料数据[12]。然而，另一些研究者认为，应将以所有形式记录的数据纳入数据资产范畴，包括以纸质形式记录的数据和以电子形式记录的数据。这种观点认为在特定背景下，纸质记录仍然具有重要的信息价值[13-14]。纸质记录作为非数字化数据形式，在某些情况下仍然广泛使用和保存。例如，历史档案馆和博物馆通常保管大量纸质文件和记录，相关文件记录了珍贵的历史信息和文化遗产。在法律和医疗等行业，仍然存在大量纸质文档和病历，相关记录对于法律案件审查和医疗诊断至关重要。

2. 数据资产的价值

关于数据资产的价值，学界也存在着不同的观点。其中一个观点认为，只有那些直接对商业收入或决策产生影响的数据才应被归为数据资产。该观点强调数据的直接经济价值和实用性，并将数据资产的价值与其对组织业务目标的影响相联系[15]。在该观点下，数据被视为一种资源，其价值在于对企业运营和决策过程产生直接影响[14,16-17]。然而，另一种观点认为，即使某些数据目前可能缺乏直接的经济价值，但随着时间的推移，数据的积累可以为企业创造更多的价值。这种观点强调了数据资产的长期前景和战略价值。通过积累和分析大量数据，组织可以发现新的关联性和趋势，从而获得新的商业机会和创新想法。该观点认为数据资产应被视为战略资源，其潜在价值在于为组织提供未来的竞争优势和持续创新[13]。

3. 数据资产的权属

数据所有权问题也是目前存在争议的领域。有研究认为，只有由企业本身拥有、控制、支配的数据才能被定义为数据资产，只有此类数据才能被有效地管理和使用，以实现企业的商业目标[13,15-16]。该观点强调了数据资产的所有权和可控性的重要性。然而，其他研究认为，数据资产的定义应更广泛，包括所有对企业可用的数据，而不仅局限于企业本身拥有的数据。例如，公共数据和开放数据也可以成为企业的数据资产，通过对开放数据的分析，可以获得有价值的信息和洞察力[14]。此外，由于没有明确的法律依据定义数据的所有权，从相关主体获得授权已成为普遍做法。为了规避与数据使用相关的风险，数据使用权的概念已经被引入，意味着拥有使用权的数据也可以被视为数据资产[18]。

## 三、数据资产概念界定

基于对上述争论点的讨论，本文对数据资产作出如下定义。

数据资产是指企业在不违反现有法律规定的情况下，拥有所有权或者使用权的具有即时或未来经济价值的以电子方式记录的数据资源。

作为企业的重要资产，数据资产在决策、业务发展和创新方面具有重要意义。本文的定义强调了数据资产对企业的重要性和战略价值，同时也关注数据的合规性、电子记录和价值潜力。此定义可以帮助企业明确其数据资产的范围，并为企业管理、保护和有效利用数据提供指导。

(1) 数据资产作为企业拥有所有权或使用权的数据资源，强调了企业对相关数据带来的收益享有分配权利。同时，企业有权决定如何使用、管理和保护相关数据资源，以实现其业务目标和战略愿景。需要注意的是，数据的管理和使用必须符合法律要求，包括数据隐私保护、数据安全和合规要求。

(2) 数据资产具有即时价值或潜在的价值。即时价值是指数据在现阶段对企业的运营、决策和创收带来的直接经济和商业利益。潜在价值指的是数据在未来可能带来的增长、创新和竞争优势。数据资产的定义将重点放在实际价值和潜在价值上，强调了数据资产对企业的战略重要性及数据资产对长期增长的影响。

(3) 本文对数据资产的定义认为数据应当为电子记录的形式，反映了企业在数据处理和存储方面的现代趋势，电子记录提供了更高的可靠性、可访问性和可管理性。通过电子记录，数据资产可以被更好地分析、整合和共享，从而实现更有效的数据利用和价值创造。

## 四、总结

本文在梳理数据资产概念演进的基础上，分析了现有的定义和争议，为读者提供了一个全面的视角。本文提出的数据资产定义强调了数据资产实际和潜在的经济价值、企业的所有权或使用权，以及电子记录的重要性，期望这一定义能为企业在数据管理、保护和利用方面提供参考。

### 参考文献

[1] 叶雅珍，刘国华，朱扬勇. 数据资产化框架初探[J]. 大数据，2020，6(3)：1-12.

[2] 王汉生.数据资产论[M].北京:中国人民大学出版社,2019.
[3] 孙新波,张媛,王永霞,等.数字价值创造:研究框架与展望[J].外国经济与管理,2021,43(10):35-49.
[4] 陈国青,曾大军,卫强,等.大数据环境下的决策范式转变与使能创新[J].管理世界,2020,36(2):95-105.
[5] RIALTI R, MARZI G, CIAPPEI C, et al. Big data and dynamic capabilities a bibliometric analysis and systematic literature review [J]. Management Decision, 2019, 57(8): 2052-2068.
[6] 黄丽华,窦一凡,郭梦珂,等.数据流通市场中数据产品的特性及其交易模式[J].大数据,2022,8(3):3-14.
[7] 曾彩霞,朱雪忠.必要设施原则在大数据垄断规制中的适用[J].中国软科学,2019,34(11):55-63.
[8] LEONELLI S. Data—from objects to assets [J]. Nature, 2019, 574(7778):317-320.
[9] FISHER T. The data asset how smart companies govern their data for business success [M]. Hoboken: John Wiley & Sons, Inc. , 2009.
[10] 郭毅可.我们正在进入数据资本的时代[EB/OL].(2016-11-23)[2023-09-22]. http://finance. ce. cnrolling20161123t20161123_18077724. shtml.
[11] VELDKAMP L. Valuing data as an asset [J]. Review of Finance, 2023 27(5): 1545-1562.
[12] 叶雅珍,刘国华,朱扬勇.数据资产相关概念综述[J].计算机科学,2019, 46(11):20-24.
[13] HANNILA H, SILVOLA R, HARKONEN J, et al. Data-driven begins with DATA; potential of data assets[J]. Journal of Computer Information Systems, 2022, 62(1):29-38.
[14] BIRCH K, COCHRANE D T, WARD C. Data as asset? The measurement, governance, and valuation of digital personal data by Big Tech[J]. Big Data & Society, 2021, 8(1):1-15.
[15] LI Y, LUO C, DONG L, et al. Data asset disclosure and nonprofessional investor judgment evidence from questionnaire experiments[J]. Mobile Information Systems, 2022, 2022(6):1-8.
[16] HU C, LI Y, ZHENG X. Data assets, information uses, and operational efficiency[J]. Applied Economics, 2022, 54(60):6887-6900.
[17] XIE K, WU Y, XIAO J, et al. Value co-creation between firms and customers: the role of big data-based cooperative assets [J]. Information & Management, 2016, 53(8): 1034-1048.
[18] 徐涛,尤建新,曾彩霞,等.企业数据资产化实践探索与理论模型构建[J].外国经济与管理,2022,44(6):3-17.

# 警惕智能网联汽车带来的数据垄断风险

| 张桁嘉

《中华人民共和国国民经济和社会发展第十四个五年规划和 2035 年远景目标纲要》《交通强国建设纲要》《新能源汽车产业发展规划(2021—2035 年)》《新一代人工智能发展规划》及《关于构建数据基础制度更好发挥数据要素作用的意见》,有力推动了我国智能网联汽车产业的发展,并从数据产权、流通交易、收益分配、安全治理等方面加快了我国数据基础制度体系的构建速度,促进了数据高效流通使用。

智能网联汽车的快速发展为汽车市场竞争生态带来了新的挑战,龙头企业容易占据像超大型平台企业一样的市场地位,成为汽车数据、汽车制造、汽车售后服务等相关市场的垄断者,其垄断行为对市场竞争生态的健康持续发展带来极大的负面影响,有关方面必须予以关注。

## 一、智能网联汽车数据垄断态势凸显

智能网联汽车通过车辆传感器、驾驶员检测系统、车载应用等途径,可采集到规模大、覆盖面广的车辆内部数据(传感器、系统、定位等)和外部数据(驾驶员、车联网、地图等信息)。设备维护、车队管理、汽车保险、媒体宣传等各个服务商,都需要访问和使用有价值的车辆数据来改善驾驶体验和推动消费。出于保持市场竞争优势、创造更大商业利益等角度,智能网联汽车的龙头企业借助设计汽车数据架构以实现对数据的独占访问[1],从而成为智能网联车数据的垄断者。

国外学术界和实务界对汽车数据垄断问题的关注较早,近两年国内学者对此问题也展开了一定研究。Geradin D[2]、Martens B 和 Mueller-Langer F[3]、Andraško J[4]、曾彩霞和朱雪忠[5]等学者的研究成果都说明,随着智能网联汽车的迅猛发展,龙头企业越来越呈现出垄断汽车数据的倾向,并在经营行为上不断设置反垄断障碍。

## 二、智能网联汽车数据垄断将破坏市场生态

不同于传统燃油车通过车辆自动诊断系统（On-Broard Diagnostics，OBD）接口才能读取汽车数据，虽然智能网联汽车的数据名义上归车主所有，共享使用时需要经过车主授权许可，但实际上汽车数据往往必须由汽车制造商来提供。垄断对车辆数据的访问将影响市场竞争、损害消费者利益，并可能带来隐私方面的风险。例如，第三方服务商需要访问车辆数据，只能通过智能网联汽车龙头企业购买，并接受智能网联汽车龙头企业提出的价格和使用条件，这部分费用很可能会转嫁到车主身上，而这部分费用本来就应该属于车主。并且，第三方服务商如果在一定延迟后获取数据或被拒绝访问数据，这将使得智能网联汽车龙头企业提供的服务缺乏吸引力或阻碍创新服务的发展[6]。换句话说，将使得车主接受服务受阻。

现实中有不少这类案例，例如，谷歌平台存在“自我优待”行为，其在搜索结果中偏袒其自有购物服务谷歌购物（Google Shopping），在自我优待的算法加持下，汽车制造商可能会排除其他车载电子商务的服务提供商；脸书平台在未获得用户同意的情况下，将在其他平台、网站等收集到的个人信息整合至其平台账户中，损害了用户对个人数据的自主控制，同样的场景与风险也可能出现于智能网联汽车领域，严重损害市场生态。

## 三、智能网联汽车数据垄断规制的研究与展望

国内外机构和学者对智能网联汽车数据垄断规制展开了相关研究，欧盟委员会指出，其将继续检测汽车数据准入问题，建设汽车数据共享框架，以维护公平竞争环境[7]。Kerber W 指出，为智能网联汽车数据找到一个合理的治理框架的解决办法之一是要求汽车制造商许可售后服务提供商使用汽车数据[8]。Ducuing C 提出，应更多关注数据共享的具体目的，更广泛地关注相关数据的生态系统[9]。欧盟委员会提出，要加强企业间的数据共享，如果存在特殊情况，应强制性要求企业开放数据准入，但应该建立在公平、透明、合理和非歧视等条件的基础上[10]。曾彩霞和朱雪忠提出，可以通过构建数据强制许可制度，确认数据强制许可制度的基本原则和监管制度，强制要求数据垄断者开放数据，进行结构性救济，促进市场有效竞争[5]。

在我国智能网联车快速发展的背景下，必须加快数据垄断规制建设。为此

必须进一步开展下列工作：一是加快数据垄断规制的立法研究，特别是针对智能网联汽车数据垄断问题进行单独立法；二是加快数据流通平台的建设，公平公正，激发企业创新创造活力；三是积极培育健康的数据市场生态，围绕促进数据要素合规高效、安全有序流通和交易需要，培育智能网联汽车数据要素流通和交易服务生态。

## 参考文献

[1] MARTENS B，MUELLER-LANGER F. Access to digital car data and competition in aftersales services markets [EB/OL]. [2023-02-14]. https://joint-research-centre.ec.europa.eu/system/files/2018-10/jrc112634.pdf.

[2] GERADIN D. Access to in-vehicle data by third-party service providers: is there a market failure and, if so, how should it be addressed[EB/OL]. [2023-02-14]. https://papers.ssrn.com/sol3/papers.cfm? abstract_id=3545817.

[3] MARTENS B，MUELLER-LANGER F. Access to digital car data and competition in aftermarket maintenance services[J]. Journal of Competition Law & Economics，2020，16(1)：116-141.

[4] ANDRAŠKO J，HAMUL'ÁK O，MESARČÍK M，et al. Sustainable data governance for cooperative，connected and automated mobility in the European Union [J]. Sustainability，2021，13(19)：10610.

[5] 曾彩霞，朱雪忠. 数字经济背景下构建数据强制许可制度的合理性、基本原则和监管思路——基于数据作为关键设施视角[J]. 电子政务，2022，230(2)：97-109.

[6] SCHULZE K. Competition，security，and transparency：data in connected vehicles[J]. Designing Data Spaces，2022：513-520.

[7] Communication from the Commission to the European Parliament，the Council，the European Economic and Social Committee，the Committee of the Regions. On the road to automated mobility：an EU strategy for mobility of the future[EB/OL]. (2018-05-17)[2023-02-14]. https://eur-lex.europa.eu/legal-content/EN/TXT/?uri=CELEX%3A52018DC0283.

[8] KERBER W. Data governance in connected cars：the problem of access to in-vehicle data [J]. J. Intell. Prop. Info. Tech. & Elec. Com. L.，2018(9)：310-331.

[9] DUCUING C. Data as infrastructure? A study of data sharing legal regimes [J]. Competition and Regulation in Network Industries，2020，21(2)：124-142.

[10] Communication from the Commission to the European Parliament，the Council，the

European Economic and Social Committee, the Committee of the Regions. A European strategy for data[EB/OL]. (2020-02-19)[2023-02-14]. https://eur-lex.europa.eu/legal-content/EN/TXT/?uri=CELEX%3A52020DC0066.

# ChatGPT“不讲武德”，教育界“封堵”能否有效应对

| 徐　涛

2022 年 11 月，人工智能实验室 OpenAI 推出智能聊天机器人系统 ChatGPT。ChatGPT 凭借其出色的生成语言文本的能力，快速吸引了大量用户，尤其是在各高等院校迅速走红。与此同时，ChatGPT 也给现有的教学和科研范式带来新的挑战。

## 一、“不讲武德”，使用 ChatGPT 写论文获全班最高分

据媒体报道，美国北密歇根大学的一位教授在为自己任教的课程论文评分时，读到了一篇“全班最好的论文”，在质问学生后，学生坦白其文章是由 ChatGPT 生成的。使用 ChatGPT 生成课程论文已并非个例，美国教育调研机构 Study. com 的一项调查结果显示，美国 89%的大学生会借助 ChatGPT 来完成作业[1-2]。如果学生在缺少对作业和问题的思考情况下直接复制 ChatGPT 给出的答案，将严重影响教学质量。

同样，ChatGPT 也因其出色的创作能力成为期刊论文的合著者。笔者通过谷歌学术检索发现，截至 2023 年 2 月 13 日，至少已有 4 篇文章（包含预印本）将 ChatGPT 列为合作者（图 1）。然而，现有手段很难直接判定 ChatGPT 所提供的信息是否准确、原创，从而可能导致抄袭剽窃等学术不端问题出现。此外，ChatGPT 作为机器学习模型，如果其训练数据包含偏见或错误，可能会输出带有偏见的或错误的答案。在研究人员没有发觉的情况下，可能会给科研带来严重的后果。

## 二、“全面封堵”，多国教育界打响对 ChatGPT“反击战”

ChatGPT 自发布以来，大学生们用得不亦乐乎，而教师们却防不胜防。面对来势汹汹的 ChatGPT，美国、澳大利亚、法国等多国教育界开始对其采取封杀举措，打响对 ChatGPT“反击战”（图 2）[3]。

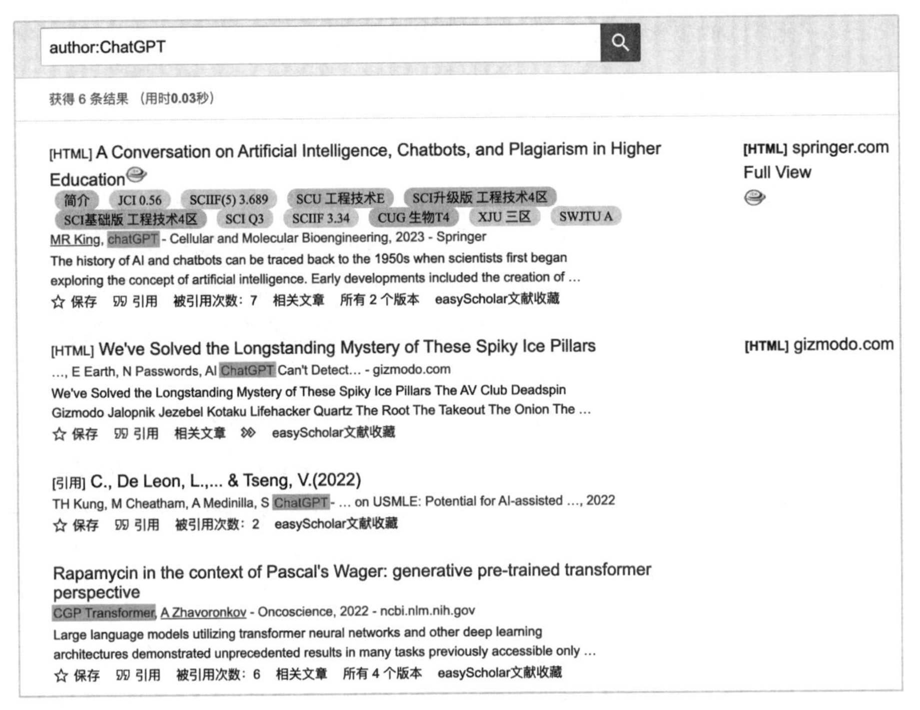


**图 1　ChatGPT 被 4 篇文章列为合作者**

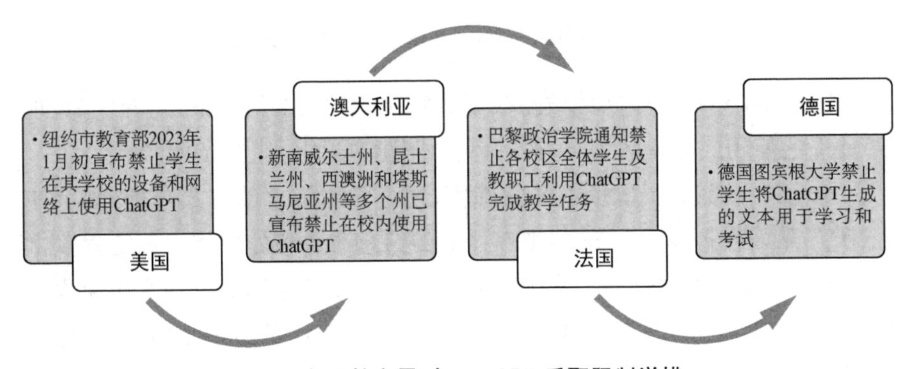


**图 2　多国教育界对 ChatGPT 采取限制举措**

除了教育机构，《科学》(*Science*)、《自然》(*Nature*)、《肿瘤学》(*Oncology*)等多家科学期刊发表声明，不接受论文将 ChatGPT 列为合著者。在中国，《暨南大学学报(哲学社会科学版)》《天津师范大学学报(基础教育版)》也发布相关声明，表示不接受与 ChatGPT 联合署名的文章。

## 三、“来势汹汹”，封堵或将难以产生实际效果

ChatGPT 如洪水般来势汹汹，笔者认为，ChatGPT 本质是利用复杂的算法来理解和回应人类自然语言的一种技术。从技术的角度来看 ChatGPT 的发展，全面封堵或将难以产生实际效果。

首先，从技术的起源来看，ChatGPT 的发展源于人们对更加便捷获取信息和知识的需求。这种需求不会因为 ChatGPT 被禁止而消失，相反，其他人工智能系统同样会出现以满足人们的这一需求。例如中国的百度、讯飞等科技公司已经上线类 ChatGPT 技术。

其次，从技术的发展来看，任何技术都有双面性，人们在享受技术带来的便利时，也必然需要面对技术带来的挑战。面对 ChatGPT 目前存在的被“滥用”和文本“可靠性”欠佳的问题，教育界需要思考的应是规范技术的使用，从而减少负面影响。

最后，从技术的演进来看，对 ChatGPT 的禁用或将限制技术的发展。禁止在研究和教学中使用 ChatGPT 将阻碍人工智能技术和机器学习技术进一步发展和改进，不仅会对研究和教学领域产生负面影响，也会对整个社会技术进步和演进产生负面影响[4]。

## 四、“堵不如疏”，规范 ChatGPT 使用或能化敌为友

在全面封堵难以产生实际效果甚至影响技术发展的情况下，笔者认为，规范 ChatGPT 的使用或能化敌为友，在发挥技术优势的同时减少负面影响。

首先，引导研究人员以负责任的态度、遵守学术道德的方式合理、规范使用 ChatGPT，从而发挥技术优势。ChatGPT 的信息产生和处理能力一定程度上可以提高人们科研工作的效率。例如，在研究中，可以使用 ChatGPT 快速收集和分析大量的数据，帮助研究人员节省时间以将更多时间精力用于创造性研究。

其次，优化教学和考核方式，减小 ChatGPT 对教学质量的影响。据报道，包括乔治·华盛顿大学在内的多所高校的教授正在尝试用课堂作业、手写论文、小组作业和口试等方式代替课后的开放式作业，从而减小 ChatGPT 对教学质量的影响。

最后，加强教育部门和技术平台的协同，尤其是协同治理当前教育场景中的问题。一方面，提高 ChatGPT 文本内容的可靠性以避免内容偏差误导使用者；

另一方面，开发新的技术平台以识别类人工智能技术生成的文本内容，以避免对ChatGPT的滥用。

## 参考文献

[1] HUANG K. Alarmed by A. I. Chatbots, Universities Start Revamping How They Teach[EB/OL]. (2023-01-16)[2023-02-17]. https://www.nytimes.com/2023/01/16/technology/chatgpt-artificial-intelligence-universities.html.

[2] 潘恩荣. ChatGPT不讲武德，教育界学术界率先跳出喊“封杀”[EB/OL]. (2023-02-12)[2023-02-17]. https://mp.weixin.qq.com/s/8V43_M54LAwku_T2osesUw.

[3] 袁秀月. 论文都是科技与狠活？ChatGPT为何引教育界“封杀”[EB/OL]. (2023-02-12)[2023-02-17]. https://www.chinanews.com.cn/sh/2023/02-12/9952237.shtml.

[4] SHEN Y, Heacock Laura, Elias Jonathan, et al. ChatGPT and other large language models are double-edged swords[J]. Radiology, 2023, 307(2): 230163.

# 科思创数字孪生的实践经验与启示

| 徐　涛　尤建新　毛人杰

随着数字技术的不断进步，数字孪生技术应用领域不断拓展。通过构建数字模型，数字孪生技术将实体世界与虚拟世界紧密结合，为工业生产提供了全新的思路和方式[1]。科思创(Covestro)作为全球聚合物领域的领先企业，在数字孪生的实践中积累了丰富的经验。探讨科思创数字孪生实践经验，尤其是相关技术在应用过程中面对的主要挑战及应对举措，将有助于为数字孪生技术在产业界的进一步应用提供借鉴和启示。

## 一、数字孪生的概念发展与应用领域

数字孪生技术萌芽于20世纪60年代，美国航空航天局(National Aeronautics and Space Administration, NASA)使用计算机模拟技术来预测宇宙飞船的性能，这种模拟技术被称为“虚拟原型”。此后，随着物联网和云计算等新技术的出现，数字孪生技术进一步发展。迈克尔·格里夫斯(Michael Grieves)在2002年首次提出数字孪生概念，并将其定义为一个数字化的、虚拟的实体，与现实世界中的物理实体一一对应，并在其整个生命周期中保持同步[2-3]。数字孪生技术能够在虚拟世界中对物理实体进行仿真和测试，以预测物理实体的行为和性能，从而优化物理实体的设计和运营。从虚拟原型到数字孪生，数字孪生的概念和应用不断发展。图1展示了数字孪生技术的主要发展阶段和应用领域。

随着数字技术发展和数字化转型推进，数字孪生的技术的应用领域进一步拓展[4]。通过梳理发现，目前数字孪生技术已应用在制造业、建筑行业、能源和公共事业等多个领域，其主要应用场景及价值如表1所示。

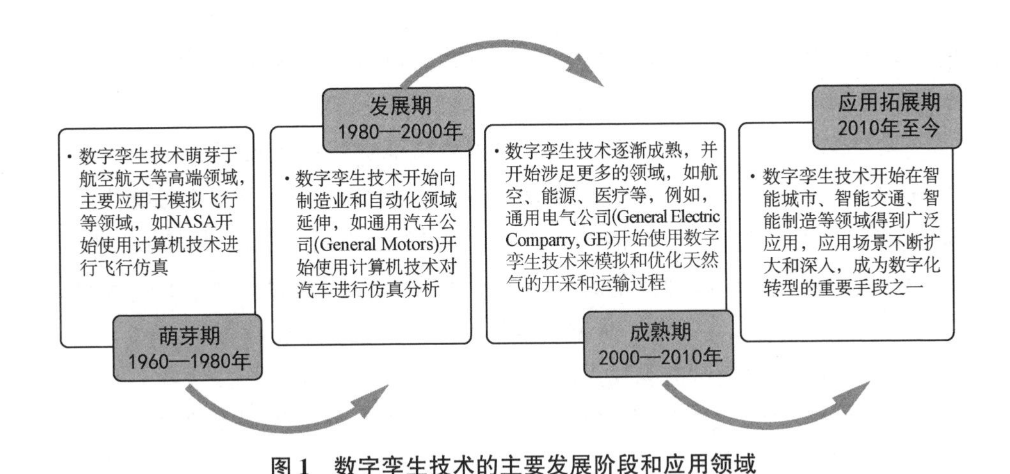


**图 1　数字孪生技术的主要发展阶段和应用领域**

**表 1　数字孪生技术的主要应用场景和价值**

| 行业 | 主要应用场景 | 价值 |
|---|---|---|
| 制造业 | 生产流程优化，预测性维护，质量控制 | 提高效率，减少停机时间，提高质量，降低成本 |
| 化工行业 | 过程设计、优化和控制，安全监测 | 提高效率，降低风险，提高安全性，降低成本 |
| 建筑业 | 建筑设计、施工和维护，项目规划和管理 | 提高安全性，降低成本，提高项目管理效率 |
| 农业 | 作物监测和管理，土壤分析，天气预报 | 提高产量，减少资源浪费，优化作物生长，控制风险 |
| 能源与公用事业 | 能源生产、传输和分配，智能电网管理 | 提高效率，减少停机时间，预测性维护 |
| 航空航天 | 飞机设计、测试和维护 | 提高效率，降低成本，提高安全性 |
| 医疗保健 | 个性化医疗、手术规划和模拟，疾病建模 | 提高准确性，降低风险 |
| 环保 | 污染监测和管理，气候建模 | 提高环境可持续性，降低对生态系统的负面影响 |

## 二、科思创数字孪生技术的主要应用场景

科思创是一家总部位于德国的聚合物行业领先企业。该公司致力于通过推动数字化转型提升企业竞争力，其中数字孪生是支持公司数字运营的关键技术。

同时，数字孪生技术在 Covestro 公司的应用非常广泛，覆盖了公司价值链的主要环节，包括研发和设计、生产制造，以及运营和维护。

在研发设计阶段，数字孪生技术的应用集中在优化研发流程。数字孪生技术通过虚拟模拟，测试不同的产品设计方案，优化产品设计，提高产品设计质量和缩短产品上市时间。例如，借助 Lab Twin 数字实验平台收集和捕获实验过程数据，科思创建立产品开发全链条研发数据平台，从而指导实验环节的成分控制范围。科思创还创建了数字研发模拟平台，对化学反应的过程进行模拟，大幅减少实验过程，减少企业资源投入。

在生产制造阶段，数字孪生技术的应用主要集中在生产过程优化和质量控制两个方面。数字孪生技术可以对生产制造过程进行模拟和优化，提高生产制造的效率和质量。例如，科思创通过数字孪生技术优化生产线布局、调整生产工艺参数、提高生产设备利用率。此外，数字孪生技术还被应用于对产品质量进行监测和控制，通过数字孪生模型实现对产品质量的实时监测和控制，确保产品符合客户要求。

在运营和维护阶段，数字孪生技术的应用主要集中在设备运行状态监测和维护保养两个方面。例如，借助数字孪生技术建立设备的虚拟模型，科思创对设备的运行状态进行监控和预测，提前发现设备故障，并进行修复，从而避免设备故障对生产制造造成影响。

## 三、科思创数字孪生实践挑战与应对

科思创在数字孪生技术的研发和应用过程中面临诸多挑战，涉及资源协调、模型建立、数据处理、隐私保护等多个方面。为此，科思创采取了一系列举措应对挑战，提高了数字孪生技术的应用效率和价值。表 2 所列为科思创数字孪生实践过程中面临的主要挑战与应对举措。

**表 2　数字孪生实践的主要挑战与科思创经验**

| 挑战方面 | 问题 | 科思创经验 |
| --- | --- | --- |
| 组织和资源协调 | 如何建立跨部门的数字孪生团队、制定战略计划和推进计划落地执行 | 科思创在董事会层面成立数字化转型委员会，进行统筹规划和资源调配，建立跨组织和部门的数字团队推动项目实施 |
| 人员培训和管理 | 如何培训和管理相关领域的专业人员，以确保数字孪生技术的顺利应用 | 科思创实施数字孪生项目时，需要对项目相关工程师、数据科学家、运营人员等进行培训和管理，以确保数字孪生技术的顺利应用 |

（续表）

| 挑战方面 | 问题 | 科思创经验 |
|---|---|---|
| 模型建立和验证 | 如何建立和验证数字孪生模型，以确保其准确性和可靠性 | 科思创建立数字孪生模型时，收集大量生产数据和设备数据，并进行模型验证和调整，以确保模型的准确性和可靠性 |
| 数据获取和处理 | 如何有效整合和处理来自不同源头的大量数据 | 科思创生产过程涉及多个工厂和数百台设备，需要整合大量设备和生产数据，以支持数字孪生模型的建立和验证 |
| 数据安全和隐私保护 | 如何保障数字孪生技术处理的敏感数据的安全性和隐私性 | 科思创实施数字孪生项目时，采取严格的数据安全措施，包括对数据进行加密和安全传输等，以确保数据的安全和隐私 |
| 技术标准和互操作性 | 如何制定相应的技术标准和协议，以确保数字孪生模型的互操作性和可扩展性 | 科思创在数字孪生项目实施中，考虑到不同生产工厂和设备之间的技术标准和互操作性问题，制定相应的技术标准和协议，以确保数字孪生模型的互操作性和可扩展性 |

## 四、科思创数字孪生实践的主要启示

科思创的数字孪生实践经验，为数字孪生技术在产业界的进一步应用提供了如下启示。

第一，战略层面推动数字孪生项目的实施。数字孪生项目的成功实施需要统筹规划和资源调配。企业需要制定数字孪生的战略计划，明确目标和路线，确定资源分配方式和进度等。同时，在数字孪生技术的部署过程中，需要建立跨部门的数字孪生团队，协同各个部门的专业人才，共同推进数字孪生项目落地。

第二，吸引和培养相关领域的专业人才。数字孪生项目涉及多个领域，因此，数字孪生项目专业人才需要具备机械、电子、化工等领域的专业技能及数学、计算机等学科的基础知识。因此，推进数字孪生项目的实施，企业需要建立数字孪生人才储备，吸引和培养相关领域的专业人才，为数字孪生技术的成功应用提供支持。

第三，积极参与制定相关技术标准和协议。数字孪生技术的发展需要相关的技术标准和协议的支持，企业需要积极参与相关标准和协议的制定。通过积极参与制定技术标准和协议，企业可以促进数字孪生模型的互操作性和可扩展性提升，从而提高数字孪生技术的实施效果和经济效益。

第四，开展数据质量治理及数据隐私与安全保护。数字孪生技术的成功应用需要大量的数据支持，来自不同数据源的数据需要被整合和处理。在此过程中，企业需要解决数据质量欠佳和格式不一致等问题，确保数字孪生模型的准确性和可靠性。同时，企业需要采取严格的数据安全措施，包括对数据进行加密和安全传输等，以确保数据的安全和隐私。

## 参考文献

[1] AVEVA. Covestro optimizes process simulation for the digital twin[EB/OL]. [2023-04-27]. https://www.aveva.com/en/perspectives/success-stories/covestro/.

[2] JONES D, SNIDER C, NASSEHI A, et al. Characterising the digital twin: a systematic literature review[J]. CIRP Journal of Manufacturing Science and Technology, 2020(29): 36-52.

[3] TAO F, XIAO B, QI Q, et al. Digital twin modeling[J]. Journal of Manufacturing Systems, 2022(64): 372-389.

[4] 李靓. 数字孪生系统：技术，应用与挑战[J]. 电子通信与计算机科学，2023，5(1)：138-140.

# 数字技术开源社区贡献动机

## ——基于"胡萝卜—彩虹"框架

| 汪 万 蔡三发

数字技术爆炸式发展促进了企业产品和服务创新的不断更迭，其生成性更是带来众多"意外发现"[1]。开源社区作为这种生成性的数字基础设施的一部分，通过公开透明的方式，构建可信的开放协作模式，允许众多创新主体开展颠覆性的知识协作活动[2]，进而激发技术创新。数字技术开源社区并非新鲜事物，其通过让用户深度参与组织知识共创和价值共享过程而产生经济效益[3]，受到了政府、产业界和学术界的高度重视。我国"十四五"规划首次将开源写入国家战略顶层设计，明确提出支持数字技术开源社区等创新联合体发展，并将数字技术开源社区定义为"支持开源数字技术交流、开源产品发布推广的开放共享平台"。数字技术开源社区涉及的知识流动、共享和创造的过程引发人们对开源现象的疑问：为什么有大量的开发者愿为创造一种公共产品而免费贡献[4]？

动机是激发和维持有机体的行动，并使行动导向某一目标的心理倾向或内部驱力，动机在心理现象中属于心理状态。关于动机的研究也逐渐突破了学科限制所带来的理论障碍，形成了一致性的动机理论知识体系[5]。依据经济理论，一般这种由私人供应的公共物品可能存在供不应求、供给延迟和质量问题[6]，但数字技术开源社区中的开发者本身就具有高度的自主性、内在动机和自我决定性[7]，也积极自愿地开发更高质量的软件。开源软件作为一种"侵蚀因素"，突破了传统的封闭式创新和治理模式[8]，对于这一现象，学术界重点对数字技术开源社区项目贡献动机进行研究，国外最早开展对数字技术开源社区贡献动机的广泛研究，且热度不断攀升，而国内相关研究极少。Lerner 和 Tirole 指出工作信号是开发者为开源软件（Open Source Software，OSS）作出贡献的主要动机[4]；而 Johnson 认为一旦开发者开发出自己所需的软件时，OSS 就会给贡献者带来利益[9]。另外还有其他的研究表明，开发者为数字技术开源社区作出贡献的主要驱动因素包括内在动机（如享乐、满足感等）[10-11]、外在动机（如职业或工作机会的信号激励、财务激励)[12-13]、内化的外在动机(如声誉、互惠、学习和自用)[14-15]、数字技术开源社区存在的有关礼物文化等[16]。从传统上来讲,为数字技术开源社区作贡献一般被认为是个人自愿行为,贡献者主要受到内在动机、外在动机及内化的外在动机三种动机的混合影响;而且这些不同类型的动机会促使相关的个人利益与开源公共价值相结合,在一定程度上补偿了开发者为数字技术开源社区贡献的私人编程成本[6]。

本文基于自决理论和社会实践观[14],构建"胡萝卜—彩虹"下的贡献动机框架,用"胡萝卜"和"彩虹"表示数字技术开源社区相关贡献动机,其中"胡萝卜"代表短期的、经济性回报(如金钱激励、职业发展),"彩虹"代表长期的、公共价值回报(如社区认同、公共利益),以此整合国内外有关研究,归纳整理出现有关数字技术开源社区贡献动机的研究,为未来贡献动机分析奠定理论基础。

**表 1 "胡萝卜—彩虹"框架下的 OSS 贡献动机总结**

| 维度 | 动机 | 理论基础 | 研究类型 | | |
|---|---|---|---|---|---|
| | | | 实证研究 | 理论研究 | 其他 |
| "胡萝卜" | 财务激励和奖励、工作晋升、人力资本、编程技能、智力刺激、互惠互利等 | 认知评价理论、人事经济学、自决理论、路径—目标理论、信号理论、期望价值理论、激励保健理论等 | Wu C-G、Gerlach JH 和 Young C E[17];Krishnamurthy S、Ou S 和 Tripathi A K[18];常静、欧瑞秋和陈泉[19];陈晓红、周源和苏竣[20];Ho S Y 和 Rai A[21];Sharma P N、Daniel S L 和 Chung T R,等[22] | Lerner J 和 Tirole J[23];von Krogh G、Haefugers S 和 Spaeths S[14];Suhada TA、Ford J A 和 Verregnne M-L,等[24] | Li Z、Seering W 和 Ramos J D,等[25];Gerosa M、Wiese I 和 Trinkenreich B,等[26];陈光沛、魏江和李拓宇,等[27];Trinkenreich B、Guizani M 和 Wiese I,等[28] |
| "彩虹" | 利他主义、社区认同、声誉、意识形态、仁爱、公共利益等 | 认知评价理论、自决理论、社会交换理论、私人—集体创新模 | Chang H H 和 Chuang S-S[29];Weiber R、Mühlhaus D 和 Kim J-S,等[30];Krishnamurthy | Bonaccorsi A 和 Rossi C[13];von Krough、Haefliger S 和 Spaeth S,等[14];Suhada T A、 | Li Z、Seering W 和 Ramos JD[25];Barcomb A、Kaufmann A 和 Riehle D,等[31];Gerosa |

（续表）

| 维度 | 动机 | 理论基础 | 研究类型 | | |
|---|---|---|---|---|---|
| | | | 实证研究 | 理论研究 | 其他 |
| “彩虹” | | 型、社会资本理论、Schwartz价值观理论等 | S、Ou S 和 Tripathi A K，等[18]；Cai Y 和 Zhu D[32] | Ford J A 和 Verreynne M-L，等[24]；焦豪和杨季枫[33] | M、Wiese I 和 Trinkenreich B，等[26]；陈光沛、魏江和李拓宇，等[27]；Trinkenreich B；Gujzani M 和 Wiese I，等[28] |

注：本表中仅列出代表性研究。

## 参考文献


[1] 曲永义. 数字创新的组织基础与中国异质性[J]. 管理世界，2022，38(10)：158-174.

[2] STANKO M A，ALLEN B J. Disentangling the collective motivations for user innovation in a 3D printing community[J]. Technovation，2022(111)：102387.

[3] ABEDIN B，QAHRI-SAREMI H. Introduction to the special issue — social computing and service innovation：a framework for research[J]. Journal of Organizational Computing and Electronic Commerce，2018，28(1)：1-8.

[4] LERNER J，TIROLE J. Some simple economics of open source[J]. The Journal of Industrial Economics，2002，50(2)：197-234.

[5] STEEL P，KÖNIG C J. Integrating theories of motivation[J]. Academy of Management Review，2006，31(4)：889-913.

[6] BITZER J，SCHRETTL W，SCHRÖDER P J H. Intrinsic motivation in open source software development[J]. Journal of Comparative Economics，2007，35(1)：160-169.

[7] ROBERTS J A，HANN I-H，SLAUGHTER S A. Understanding the motivations，participation，and performance of open source software developers：a longitudinal study of the apache projects[J]. Management science，2006，52(7)：984-999.

[8] SPAETH S，HAUSBERG P. Can open source hardware disrupt manufacturing industries? The role of platforms and trust in the rise of 3D printing[M]//FERDINAND J-P，PETSCHOW U，DICKEL S. The decentralized and networked future of value creation：3D printing and its implications for society，industry，and sustainable

development. Cham: Springer International Publishing, 2016: 59-73.

[9] JOHNSON J P. Open source software: private provision of a public good[J]. Journal of Economics & Management Strategy, 2002, 11(4): 637-662.

[10] HERTEL G, NIEDNER S, HERRMANN S. Motivation of software developers in open source projects: an internet-based survey of contributors to the Linux kernel[J]. Research Policy, 2003, 32(7): 1159-1177.

[11] LAKHANI K R, WOLF R G. Why hackers do what they do: understanding motivation and effort in free/open source software projects[M]//JOSEPH F, BRIAN F, SCOTT A H, et al. Perspectives on free and open source software. Cambridge: MIT Press, 2007: 3-21.

[12] ALEXANDER HARS S O. Working for free? Motivations for participating in open-source projects[J]. International Journal of Electronic Commerce, 2002, 6(3): 25-39.

[13] BONACCORSI A, ROSSI C. Comparing motivations of individual programmers and firms to take part in the open source movement: from community to business[J]. Knowledge, Technology & Policy, 2006, 18(4): 40-64.

[14] VON KROGH G, HAEFLIGER S, SPAETH S, et al. Carrots and Rainbows: motivation and social practice in open source software development[J]. MIS Quarterly, 2012, 36(2): 649-676.

[15] HAUSBERG J P, SPAETH S. Why makers make what they make: motivations to contribute to open source hardware development[J]. R&D Management, 2020, 50(1): 75-95.

[16] ZEITLYN D. Gift economies in the development of open source software: anthropological reflections[J]. Research Policy, 2003, 32(7): 1287-1291.

[17] WU C-G, GERLACH J H, YOUNG C E. An empirical analysis of open source software developers' motivations and continuance intentions[J]. Information & Management, 2007, 44(3): 253-262.

[18] KRISHNAMURTHY S, OU S, TRIPATHI A K. Acceptance of monetary rewards in open source software development[J]. Research Policy, 2014, 43(4): 632-644.

[19] 常静,欧瑞秋,陈泉.分布式创新参与者动机对行为的影响机制:以开源社区为例[J].科技进步与对策,2016,33(24):17-23.

[20] 陈晓红,周源,苏竣.分布式创新、知识共享与开源软件项目绩效的关系研究[J].科学学研究,2016,34(2):228-235,245.

[21] HO S Y, RAI A. Continued voluntary participation intention in firm-participating open

source software projects[J]. Information systems research, 2017, 28(3): 603-625.

[22] SHARMA P N, DANIEL S L, CHUNG T R, et al. A motivation-hygiene model of open source software code contribution and growth[J]. Journal of the Association for Information Systems, 2022, 23(1): 165-195.

[23] LERNER J, TIROLE J. Economic perspectives on open source[M]//LIBECAP G D. Intellectual property and entrepreneurship. Leeds: Emerald Group Publishing Limited, 2004: 33-69.

[24] SUHADA T A, FORD J A, VERREYNNE M-L, et al. Motivating individuals to contribute to firms' non-pecuniary open innovation goals[J]. Technovation, 2021(102): 102233.

[25] LI Z, SEERING W, RAMOS J D, et al. Why open source? Exploring the motivations of using an open model for hardware development[C]//ASME 2017 International Design Engineering Technical Conferences and Computers and Information in Engineering Conference. [S. l.]: ASME, 2017.

[26] GEROSA M, WIESE I, TRINKENREICH B, et al. The shifting sands of motivation: revisiting what drives contributors in open source [C]//2021 IEEE/ACM 43rd International Conference on Software Engineering (ICSE). [S. l.]: IEEE, 2021: 1046-1058.

[27] 陈光沛，魏江，李拓宇. 开源社区：研究脉络、知识框架和研究展望[J]. 外国经济与管理，2021，43(2)：84-102.

[28] TRINKENREICH B, GUIZANI M, WIESE I, et al. Pots of gold at the end of the rainbow: what is success for open source contributors? [J]. IEEE Transactions on Software Engineering, 2022, 48(10): 3940-3953.

[29] CHANG H H, CHUANG S-S. Social capital and individual motivations on knowledge sharing: participant involvement as a moderator[J]. Information & Management, 2011, 48(1): 9-18.

[30] WEIBER R, MÜHLHAUS D, KIM J-S, et al. Motives, success factors, and planned activities in a community of innovation as a critical mass system[J]. Total Quality Management & Business Excellence, 2014, 25(9-10): 1105-1125.

[31] BARCOMB A, KAUFMANN A, RIEHLE D, et al. Uncovering the Periphery: A Qualitative Survey of Episodic Volunteering in Free/Libre and Open Source Software Communities[J]. IEEE Transactions on Software Engineering, 2020, 46(9): 962-980.

[32] CAI Y, ZHU D. Reputation in an open source software community: antecedents and

impacts[J]. Decision Support Systems, 2016(91): 103-112.
[33] 焦豪,杨季枫.数字技术开源社区的治理机制:基于悖论视角的双案例研究[J].管理世界,2022,38(11):207-232.

# 加快创新产品推荐政策发展，增强科创“核爆”辐射效应

| 鲍悦华

## 一、引言

2023 年 7 月，联影医疗研制的 3.0T 核磁共振成功上市并开始量产，不仅打破了欧美国家 40 年来对核磁共振检测仪的技术和价格垄断，使西门子核磁共振仪的价格从 3 500 万元降低至 600 万元，还为医院与其他医疗研究机构提供了自主开放的研究平台，助推我国临床影像医学和相关科研水平的持续进步。联影的成功与上海市创新产品推荐政策紧密相关，一方面，上海市创新产品推荐政策为联影的产品创造了进入公立医院的通道，帮助联影在实现销售收入的同时，在实际应用场景中实现产品快速优化迭代；另一方面，联影产品在上海市医院的良好应用业绩也助力联影产品在其他地区进一步推广，形成了辐射效应。联影的案例为我国创新产业发展和上海科创“核爆”辐射效应释放提供了重要启示。

## 二、我国创新产品推荐政策发展历程

创新产品推荐是一类重要的供给侧政策，通过建立有效的公共采购政策，以政府采购降低创新企业市场风险，促进本国企业加大研发投资。我国创新产品推荐政策发展大致可以分为三个阶段。

1. 自主创新产品政府采购政策兴起(2006—2011 年)

早在 2006 年，作为贯彻与落实《国家中长期科学和技术发展规划纲要(2006—2020 年)》的配套政策，科学技术部、国家发展和改革委员会和财政部于 2006 年 12 月联合发布了《国家自主创新产品认定管理办法(试行)》，从部门职责、鼓励措施、申报条件、认定程序、动态管理、监督管理等方面对自主创新产品认定作了规定，为我国自主创新产品的认定评价工作提供了制度依据和方法指导。2007 年，财政部进一步发布《自主创新产品政府采购预算管理办法》《自主

创新产品政府首购和订购管理办法》等系列文件，明确政府采购自主创新产品的首购和订购制度，并对自主创新产品政府采购实操作了详细规定。2007 年 12 月 29 日修订通过的《中华人民共和国科学技术进步法》在法律层面明确规定："对境内公民、法人或者其他组织自主创新的产品、服务或者国家需要重点扶持的产品、服务，在性能、技术等指标能够满足政府采购需求的条件下，政府采购应当购买；首次投放市场的，政府采购应当率先购买。政府采购的产品尚待研究开发的，采购人应当运用招标方式确定科学技术研究开发机构、高等学校或者企业进行研究开发，并予以订购。"至此，我国国家层面的自主创新产品推荐及与之关联的政府采购政策框架体系已经基本形成。

2. 自主创新产品政府采购政策中断(2011—2017 年)

中国政府开展自主创新产品推荐与政府采购工作使得国外高科技公司担心自己的产品未来会被中国政府拒之门外，从而蒙受巨大经济损失。中国政府颁布的政策里出现了大量"自主""本土""进口替代"等让外国感到敏感的词，以美国为代表的高科技企业通过中国美国商会、美中贸易全国委员会等非营利组织公开表示抗议，并要求美国政府对中国施压[1]。通过一系列游说运作，美国商会成功地将自主创新产品推荐工作引发的争议纳入第二轮中美经济与战略对话(China-U. S. Strategic and Economic Dialogue, S&ED)的讨论平台，并使其成为双方关注的焦点。

在国际上，中国于 2007 年正式申请加入世界贸易组织(World Trade Organization, WTO)《政府采购协议》(*Government Procurement Agreement*, GPA)，开启了多轮多边谈判。迫于一些国家的外部压力，2011 年 7 月，科学技术部、国家发展和改革委员会、财政部发布《关于停止执行〈国家自主创新产品认定管理办法(试行)〉的通知》，终止了国家层面政府创新产品采购相关政策工具的使用。2011 年 11 月，国务院办公厅印发《关于深入开展创新政策与提供政府采购优惠挂钩相关文件清理工作的通知》，要求各地方、各有关部门自 2011 年 12 月 1 日起停止执行规范性文件中关于创新政策与提供政府采购优惠挂钩的措施。2016 年 11 月，国务院办公厅发布《国务院办公厅关于进一步开展创新政策与提供政府采购优惠挂钩相关文件清理工作的通知》，要求各地再次对涉及自主创新政策与提供政府采购优惠挂钩的规范性文件开展清理。自此，自主创新产品认定与政府采购相挂钩的政策体系被正式画上句号。

3. 创新产品推荐政策再出发(2018 年至今)

我国政府并未放弃通过政府采购支持科技创新。在吸取了相关经验教训之后，“非歧视性”支持创新产品推荐政策陆续出台。虽然取消了直接挂钩，但政府采购仍然是促进科技创新、支持创新产品的重要政策工具，而且政策力度预期会越来越大。在“双循环”“中美脱钩”等宏观背景下，这种趋势愈发明显。2018 年 11 月，中央全面深化改革委员会正式通过《深化政府采购制度改革方案》，明确要“强化政府采购政策功能措施”，将政府采购的政策功能置于更高地位。2021 年 4 月，财政部发布《政府采购货物和服务招标投标管理办法(修订草案征求意见稿)》，对《政府采购货物和服务招标投标管理办法》作了修订，明确“采购人应当在货物服务招标投标活动中落实支持创新、绿色发展、扶持不发达地区和少数民族地区、促进中小企业发展等政府采购政策”。

受中央人民政府影响，我国各级地方政府也出台了一系列创新产品推荐政策。从整体上来看，地方政府政策受国家相关政策指导，发展历程基本和国家政策基本一致，体现出略微时滞，大致可以分为两个不同阶段，由“自主创新产品”政府采购向“创新产品”推荐政策发展，如图 1 所示。

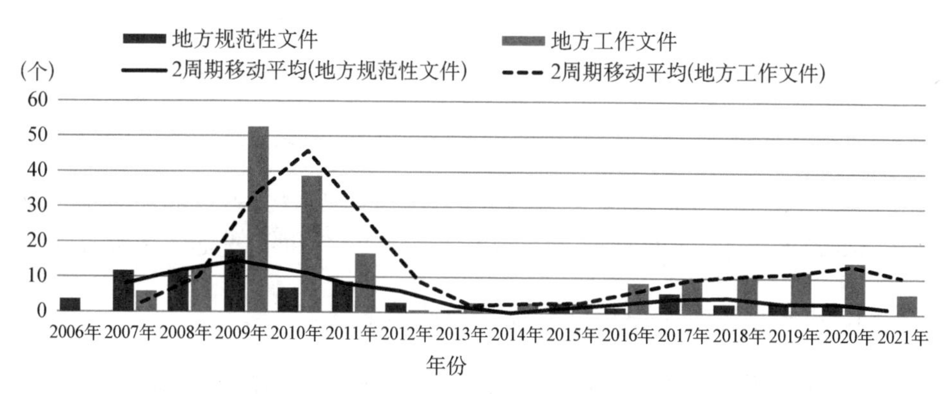


**图 1 我国各级地方政府创新产品推荐政策颁布时间分布**

## 三、上海市创新产品推荐政策发展历程

上海市是全国发布创新产品推荐政策文件最多的城市之一，政策制度的完备程度和实际工作的开展情况都始终走在全国前列。上海市颁布的自主创新产品推荐政策同样可以分为 2011 年前的自主创新产品政府采购政策和 2011 年后的创新产品推荐政策两个阶段。

2006 年 12 月，上海市财政局发布《上海市政府采购支持自主创新产品暂行规定》，规定“国家和地方政府投资的重大建设项目，采购人应在可行性研究报告中承诺采购自主创新产品，明确采购自主创新产品的具体要求（国产设备采购比例一般不得低于的 60%），并纳入项目竣工审计的范围之内”，为政府采购自主创新产品提供了重要制度保障。2009 年 3 月，上海市财政局、上海市科学技术委员会印发《上海市政府采购自主创新产品操作规程（试行）》，规定政府部门在自主创新产品预算管理、采购评审、首购订购、合同订立等方面的具体操作程序和要求。上海市于 2009 年和 2010 年两次组织开展自主创新产品认定申报工作，共有 8 大领域合计 523 项产品入选。和国家政策发展相同，2006—2011 年，上海市将自主创新产品推荐与政府采购挂钩。

2015 年 5 月 25 日上海市委、上海市人民政府发布《关于加快建设具有全球影响力的科技创新中心的意见》。为落实上述文件精神，支持上海建设具有全球影响力的科技创新中心，上海市于 2015 年年底重启创新产品推荐工作。2022 年 12 月，上海市经济和信息化委员会、科学技术委员会、推进科技创新中心建设办联合发布《〈上海市创新产品推荐目录〉编制办法》，作为对 2018 年颁布的《上海市创新产品推荐目录编制办法（2018）》的更新，并进一步贯彻落实《上海市推进科技创新中心建设条例》，促进创新产品市场化和产业化，强化高端产业引领功能，推动研发活动产业化，支撑上海产业高质量发展。该文件明确了进入《上海市创新产品推荐目录》的创新产品可以享受的各项政策支持。

目前，上海创新产品推荐工作已经常态化开展，从政策内容来看，上海市创新产品推荐政策也在不断完善，相关政策与具体工作开展情况如图 2 所示。

## 四、进一步完善上海创新产品推荐政策的建议

放眼世界，优先采购本国创新产品一直是欧美等发达国家和地区的通行做法。即便已经成为 WTO《政府采购协定》的缔约方，以美国、加拿大、日本、韩国等国为代表的发达国家在借助政府采购促进自主创新方面也不遗余力[2-6]。对于我国政府而言，在全面建设社会主义现代化国家开局起步的关键时期，只要“规则正确”，创新产品推荐政策在关键核心技术攻关、科技自主可控等方面就可以发挥更大作用；对于上海而言，创新产品推荐政策能够对上海“2＋3＋6＋4＋5”新型产业体系提供更大支持，并助力上海全球科创中心核心功能建设，加速科创“核爆点”的形成与辐射效应的释放。在这里提出如下五方面建议。

一是提高“上海市创新产品”品牌含金量，进一步加大对“上海市创新产品”的宣传力度，提高《上海市创新产品目录》的社会知名度和影响力，形成“品牌效

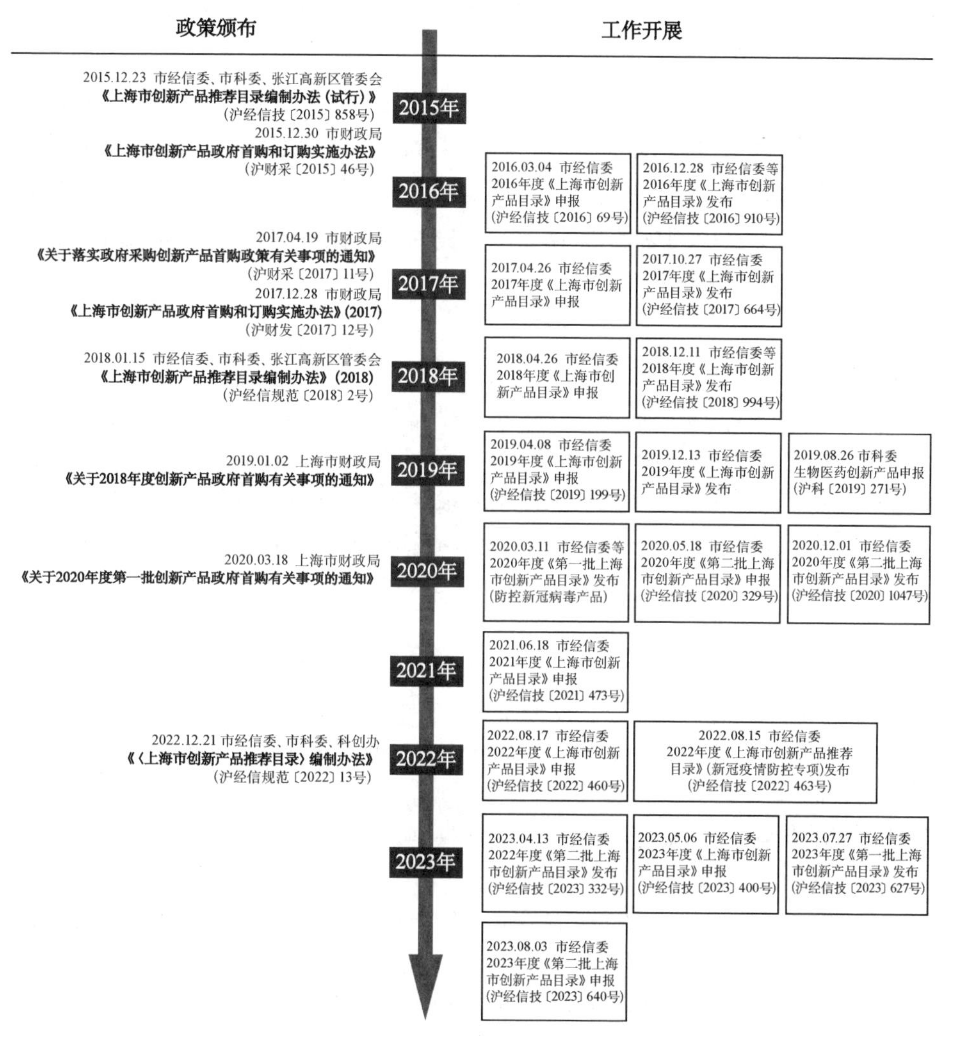


**图 2　上海市创新产品政策与具体工作开展情况**

应”，让“上海市创新产品”成为高质量产品的代名词。

二是在长三角区域一体化国家发展战略背景下，尝试牵头在长三角层面建立起区域性推荐目录和采购绿色通道，在目录遴选过程中建立良性技术竞争机制，通过各地共性产品比学赶超，变地方保护为创新鼓励。

三是发挥政府首购订购政策对战略创新活动的支持作用。在仪器、软件、零部件、试剂、耗材等对国外依赖程度较高的领域，尝试通过使用方开“清单”、政府有组织开展首购订购活动的方式来促进自主创新；在战略创新领域，面向国家战略，尝试开展颠覆性创新政府首购订购试点，作为“十四五”规划期间深化具有全球影响力的科创中心核心功能建设的重要举措。

四是优化政策设计，加强与“专精特新”“小巨人”等其他政策体系的联动，并出台前期研发经费补贴、远期采购合约、报价优惠、分拆合同、合同预留、优先采购等配套政策，营造良好的创新政策环境。

五是创造更多应用场景，为创新产品提供展现优势的舞台，帮助创新产品自我改进、积累更多应用业绩。

## 参考文献


[1] 美中贸易全国委员会(USCBC). 美中贸易全国委员会(USCBC)关于《开展 2010 年国家自主创新产品认定工作的通知(征求意见稿)》修改建议书[EB/OL]. [2023-10-03]. https://wenku.baidu.com/view/03ddb56aaf1ffc4ffe47ace2.html?_wkts_=1696162102543&bdQuery=%E7%BE%8E%E4%B8%AD%E8%B4%B8%E6%98%93%E5%85%A8%E5%9B%BD%E5%A7%94%E5%91%98%E4%BC%9A%28USCBC%29%E5%85%B3%E4%BA%8E%E3%80%8A%E5%BC%80%E5%B1%952010%E5%B9%B4%E5%9B%BD%E5%AE%B6%E8%87%AA%E4%B8%BB%E5%88%9B%E6%96%B0%E4%BA%A7%E5%93%81%E8%AE%A4%E5%AE%9A%E5%B7%A5%E4%BD%9C%E7%9A%84%E9%80%9A%E7%9F%A5%28%E5%BE%81%E6%B1%82.

[2] 邓婉君，张换兆. 对《政府采购协议》下中国保护本国产业和支持本土创新的建议[J]. 中国科技论坛，2012(4):25-29.

[3] 胡海鹏，袁永. 新形势下创新产品政府采购国际规则及对策研究[J]. 科技管理研究，2019,39(5):22-25.

[4] 郭雯，程郁，任中保. 国外政府采购激励创新的政策研究及启示[J]. 中国科技论坛，2011(9):146-151.

[5] 马金眈. 韩国政府采购支持创新产品有哪些“招数”[N]. 中国政府采购报，2021-01-19(3).

[6] 姜夏云，午于晨. 日本政府采购市场开放与保护政策实施及其启示[J]. 市场观察，2017(7):54-58.

# 集成电路布图设计保护：专门法保护为什么不被市场青睐

| 常旭华　刘汝曦

集成电路(Integrated Circuit)，又称芯片，是一个国家或地区电子信息产业的基础和核心。尤其在当前全球科技竞争加剧的大背景下，各国家和地区对芯片所有产业环节的发展都予以了足够重视。芯片产业分为设计、制造、封测三个环节。全球知名半导体数据分析机构 IC Insights 的统计数据显示，中国大陆企业在全球芯片设计产业中的市场占有率达 14%，居于第三位，具有较强的全球竞争优势。为保护集成电路设计相关知识产权，各国家和地区普遍针对集成电路布图设计实施了专门法保护模式，然而近 20 年，中美等主要芯片设计大国的专门法立法普遍陷入了停滞状态，法律保护严重滞后于产业发展。针对这一现象，本文意图探究集成电路布图设计专门法保护在各国家和地区的实施现状与效果，为我国下一步的集成电路布图设计专门法立法工作提供方向和建议。

## 一、集成电路布图设计专门立法沿革

集成电路诞生于 20 世纪 50 年代末，其在诞生之初并没有成为一项独立的知识产权。在当时，集成电路设计需要耗费大量人工布图，高效的创新布图是芯片设计产业的核心竞争手段。20 世纪 80 年代，芯片产业的蓬勃发展使得企业认识到，集成电路布图设计这一新兴智力财产迫切需要法律保护。集成电路布图设计本质上是由元件和电路构成的拓扑图形，并不具有美国《专利法》(*Patent Law*)规定的专利应具有的外观设计新颖性；但如果对其采取著作权法保护模式，过长的保护时限又不利于产业发展，因此，1984 年美国制定了世界上第一部集成电路布图设计专门法《半导体芯片保护法》(*Scemiconductor Chip Protection Act of 1984*，SCPA)。这部法律将集成电路布图设计定义为“掩膜作品”(Mask Work)，虽然形式上部分属于版权，但是其保护方式、保护时间都和传统著作权客体大相径庭，实际上属于一种特殊保护法，这部法律后来成了相关国际公约的蓝本。美国颁布 SCPA 后，全球主要芯片企业所在国也紧随其后，日本于 1985 年颁布了《半导体集成电路线路布局法》，英国等欧洲国家也在 1987 年前后制定了半导体拓扑图形相关保护条例。各国立法推动了国际立法的诞生。1989 年，世界知识产权组织在美国华盛顿召开会议，通过了《集成电路知识产权条约》(*Intellectual Property Treaties of Integrated Circuits*, IPIC)。虽然 IPIC 最后并没有生效，但其对集成电路布图设计保护模式的规定被《与贸易有关的知识产权协定》(*Agreement on Trade-related Aspects of Intellectual Property Rights*, TRIPS)所继承。IPIC 规定，各国对于集成电路布图设计可以采用灵活的立法方式，包括版权、工业产权、专门法及其他方式。过去 30 多年，除英国等少数国家将布图设计列入工业设计保护之外，全球大多数国家都采取了专门法的立法模式；与此同时，一些国家(如美国)依然保留了用其他方式保护布图设计的路径。

## 二、世界各国家和地区专门法保护可能已经被“架空”

作为芯片产业的重要环节的集成电路设计的产业规模近年来不断攀升，按理说相应的设计注册申请、涉诉案件数量应该会同步增长；然而，事实却是各国集成电路布图设计注册数量、援引专门法的侵权案件数量都不多。集成电路布图设计的专有权保护似乎没有达到立法初衷。

### 1. 集成电路主要设计企业分布状况

IC Insights 数据显示，美国芯片设计产业在全球芯片设计产业中处于龙头地位，产值占全球市场份额的 63%，中国台湾地区凭借联咏科技、联发科技等行业巨头的强势表现紧随其后，产值占全球市场份额的 17%，中国大陆位列第三，产值占全球市场份额的 14%(图 1)。高端芯片设计产业具有高附加值的特点，美国和中国台湾地区的企业数量虽然不多，但产值在各自领域所占比重巨大，标准必要专利拥有量也远超同领域内其他公司，例如高通公司在通信领域。根据集邦咨询(Trend Force)的统计数据，2023 年第一季度，在市场占有率前十名的企业中，有 6 家美国公司，3 家中国台湾地区公司，仅 1 家中国大陆公司(韦尔半导体)，且前四位均为美国公司(表 1)。而在 2020 年之前一度跻身全球前五的芯片设计公司华为海思也因受到美国禁令断供影响营收额急速下滑，退出了龙头设计企业行列。此外，我们观察到在 1985 年日本《半导体集成电路的电路布局法》颁布之时，日本的芯片设计产业也曾在世界范围内占有一席之地。因此，本文选取美国、中国大陆、中国台湾地区和日本四个研究对象，对其法律修改情况、集成电路布图设计注册量和相关诉讼量进行分析，尝试性还原集成电路布图设计的专门法保护现状。

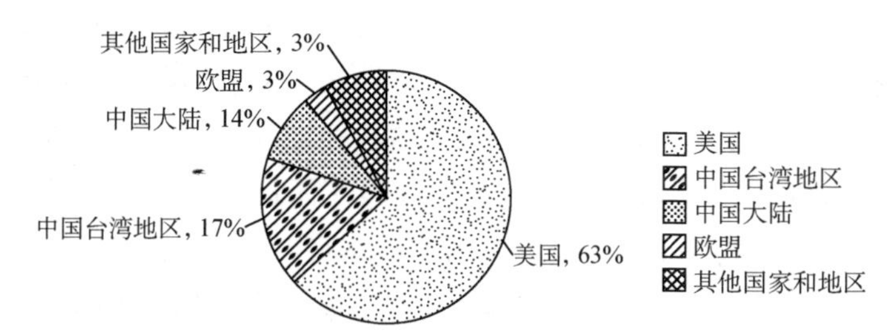


**图 1　2022 年各国家和地区集成电路布图设计企业产值在全球市场份额中的占比**

来源：IC Insights。

**表 1　2023 年第一季度全球前十大芯片设计公司营收及市场占有率**

| 排名 | 公司 | 2023 年第一季度营收（百万美元） | 2023 年第一季度市场占有率 |
|---|---|---|---|
| 1 | 高通（Qualcomm） | 7 942 | 23.5% |
| 2 | 博通（Broadcom） | 6.908 | 20.4% |
| 3 | 英伟达（NVIDIA） | 6 732 | 19.9% |
| 4 | 超威（AMD） | 5 353 | 15.8% |
| 5 | 联发科（MediaTek） | 3.147 | 9.3% |
| 6 | 美满电子（Marvell） | 1 354 | 4.0% |
| 7 | 联咏（Novatek） | 791 | 2.3% |
| 8 | 瑞昱（Realtek） | 646 | 1.9% |
| 9 | 韦尔半导体（Will Semiconductor） | 539 | 1.6% |
| 10 | 芯源系统（MPS） | 451 | 1.3% |

来源：集邦咨询。

2. 各国家和地区集成电路布图设计立法及登记状况

虽然立法时间各有不同，但是各个国家和地区的法律修改进程却呈现出惊人的一致。位列芯片设计产业全球前三的美国、中国台湾地区、中国大陆在立法之后都从未提起修改；而日本也仅在 2003 年进行了一次布局条例与刑法的衔接性调整，在保护范围、保护时间、登记方法上并没有作出实质性修改。总之，即使芯片设计产业近 30 年迅速发展，产业规模急剧扩张，而其法律保护的根基——专门法却显现出一种被“雪藏”的状态。这一显然不符合法律发展规律的现象出现的原因值得深入探究。通过查阅 Westlaw、美国版权局登记簿年度报告等数据库及文件，可以发现除中国大陆外，美国、日本、中国台湾地区的集成电路布图设计登记和诉讼数量都呈减少趋势。在全球芯片设计产业中的市场占有率超过 50%的美国，2018—2023 年几乎没有集成电路布图设计登记（图 2），20 世纪 80 年代末以来也没有芯片布图设计相关的涉诉案件。中国台湾地区除了 2011—2013 年因两家美国公司为进入台湾地区市场而提出大量申请（2011—2013 年的申请几乎全部来自这两家公司）之外，集成电路布图设计年均申请数量不足 100 件（图 3），且在中国台湾地区“智慧财产法院”中仅能检索到两例集成电路布图

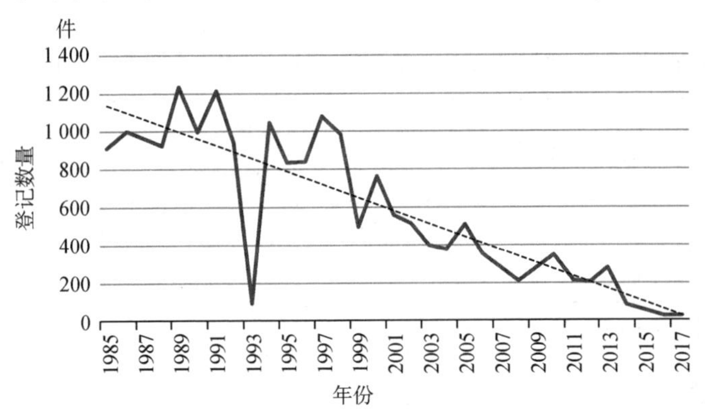


**图 2　美国的集成电路布图设计注册申请量**

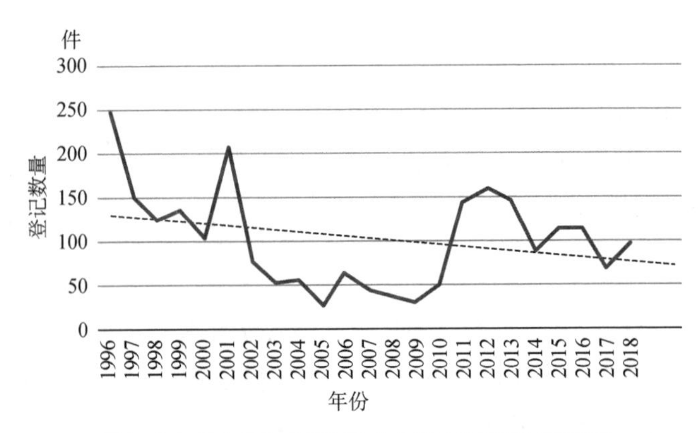


**图 3　中国台湾地区的集成电路布图设计申请量**

设计相关涉诉案件。日本2013—2023年也几乎没有集成电路布图设计的登记。中国大陆虽然近些年的集成电路布图设计登记数量呈上升趋势,但在立法的20年间也仅有6万多件申请,与中国大陆市场的企业数量和市场规模不成比例,与集成电路相关的专利数量相比更是九牛一毛;与此同时,2003—2023年也仅有80起有关集成电路布图设计的诉讼(表2)①。由此可知,在主要芯片设计企业所在国家和地区,芯片设计企业并不主动追求专门法的保护,集成电路布图设计作为一个专门的知识产权分类,目前正处于被"架空"的尴尬地位。

**表2 美国、中国、日本集成电路布图设计立法登记数量及诉讼数量**

| 国家及地区 | 立法时间 | 修订 | 登记数量 | 诉讼数量 |
|---|---|---|---|---|
| 美国 | 1984年 | 从未修改 | 逐年减少,2018—2023年注册数量不足100件 | 自20世纪80年代以来没有相关诉讼 |
| 中国台湾地区 | 1995年 | 从未修改 | 逐年减少,近年来年均不足100件 | 仅有2件 |
| 中国大陆 | 2001年 | 从未修改 | 自立法以来共收到60 000多件申请,近年呈现增加趋势 | 自立法以来每年少于10件 |
| 日本 | 1985年 | 2003年后无实质性修改 | 逐年减少,2013—2023年几乎没有登记 | 2003—2023年没有相关诉讼 |

## 三、专门法保护在各国家和地区效果不佳的原因

1. *高端芯片领域几乎不存在针对布图设计的侵权*

芯片设计领域的市场占有率呈现高度集中的趋势。根据集邦咨询的统计数据,全球前十大集成电路设计公司2020年总营收为859.74亿美元,业务规模前5名的公司的市场占有率约为57.3%,业务规模前10名的公司的市场份额占67.22%。之所以有这样的表现,是因为头部设计企业掌握着技术壁垒高、附加值高的高端芯片设计,包括安全芯片、骨干网路由器芯片等。因为技术壁垒高,所以即使能够通过反向研发获得设计图纸,也很难对其进行商业利用。能够商业利用设计图纸的企业也多为高端芯片制造巨头,而这些公司无论出于竞争策

① 登记数据来源:美国版权局登记簿的年度报告,中国台湾地区"经济部智慧财经局"报告,中国国家知识产权局年度报告,SOFTIC版权登记簿的年度报告。

诉讼数据来源:Weastlaw,中国台湾地区"智慧财产法院",北大法宝,日本裁判所(Courts in Japan)。

略考虑还是出于商誉考虑，都几乎不可能在布图方面作出侵权行为。

2. 低端芯片领域独创性认定困难

迄今为止，针对集成电路布图设计的侵权诉讼主要集中在技术壁垒低的低端芯片领域。中国的芯片设计企业数量庞大，但多为低端芯片企业，这也正是近几年中国在布图设计登记数量方面与其他主要国家和地区呈现相反趋势的原因。在北大法宝数据库列举的 80 起相关案件中，所有涉案企业均为中小企业，企业员工人数超过 100 人的仅有 5 家。在这些诉讼中，多起属于因登记制度不完善，提交的图纸模糊、老化，提交文件过少而无法进行独创性认定的案件。除此之外，在诉讼中，法院高度依赖鉴定意见，但由于没有完备的针对鉴定机构标准的规定和制度，对于集成电路布图设计的独创性认定仍是一大难题。除登记制度不完善外，电子设计自动化（Electronic Design Automation，EDA）技术的快速普及使得人工布图比例降低。在涉及 EDA 的布图设计中，因为标准化模块的适用，独创性认定难度被进一步提高。

3. 采用商业秘密保护等其他途径可能更有效

集成电路布图设计的专门法保护是采用“公开换保护”的一种立法逻辑；但从企业主观角度出发，这种方式并不经济。比较专门法保护和商业秘密保护，由于芯片设计的反向研发属于合法行为，企业公开布图设计只会徒增被反向研发的风险。更令人感到意外的是，除了日本、韩国明确地将集成电路布图设计纳入刑法保护之外，美国、中国大陆、中国台湾地区等对集成电路布图设计专有权的保护力度都没有对商业秘密的保护力度大，只能通过认定损失进行民事救济。因此，相比于专有权保护，企业更偏好商业秘密保护，在降低公开风险的前提下获得更加严格的保护。

## 四、我国集成电路布图设计保护条例的未来修改方向

1. 完善登记制度及侵权标准认定

目前，我国的集成电路布图设计登记制度仅规定必须提交布图设计的复制件或图样，纸质材料容易损坏、老化造成辨认不便，且通过少数的图样无法认定整块芯片的立体设计，未来应重点考虑增加电子文档或样品作为必要文件，以大大降低独创性的认定难度。目前我国缺乏统一的侵权鉴定意见标准，鉴定意见多数取决于鉴定机构的认知。制定行之有效的认定标准迫在眉睫。

2. 聚焦低端领域的集成电路布图设计,加大对中小企业的保护力度

针对我国的芯片产业设计现状,我国目前应将保护重点放在中小企业上。在低端芯片市场,芯片剽窃的技术难度与成本相对较低,对于频频发生的芯片设计侵权案件,应考虑综合优化救济手段和渠道,重点加大对中小企业的保护力度。

3. 与刑法保护相衔接

我国刑法对于著作权、专利权及商标专有权的侵权都有相应的规制。但是,我国目前尚未出台集成电路布图设计相关的刑法保护措施。将专门法与刑法相衔接,在加大保护力度的同时也提高了侵权成本,更能促进集成电路产业的健康发展。

# 智能卫星与“共享星座”：中国商业航天的创新模式

| 夏多银　邵鲁宁

2023 年 8 月 29 日，华为终端产品 Mate 60 Pro 上市，打破了美国 1 566 天的 5G 芯片封锁，让国人为之振奋。除此之外，首发卫星通话功能也让人耳目一新，Mate 60 Pro 成为全球首款支持卫星通话的大众智能手机。联想到之前中国电信正式上线天通卫星套餐，似乎预示着商业航天领域的新产业、新业态、新模式正在加速形成。

## 一、中国商业航天突破发展面临的主要痛点和挑战

商业航天是一种以卫星产业为核心的创新型行业，它着重在卫星设计、制造、运营及卫星数据的应用等方面进行创新，通过推动卫星产业的创新发展，满足不断增长的商业需求和探索太空领域的新机遇。2015 年 10 月，国家发展和改革委员会、财政部和国防科技工业局联合发布《国家民用空间基础设施中长期发展规划》，引导探索国家民用空间基础设施市场化、商业化发展新机制，支持和引导社会资本参与国家民用空间基础设施和应用开发，积极开展区域、市场化、国际化及科技发展等多层面的遥感、通信、导航综合应用示范。2015 年被认为是中国商业航天发展元年，在政策加持和资本助推下，政府明确鼓励民营企业发展商业航天，开启了中国航天向政府主导与市场推动相结合转变的进程。2015—2023 年，北斗导航产业生态快速形成，2019 年开始进入快速发展阶段，基本形成了国有为主、民营补充的完整产业链。尽管空间信息基础设施建设已被纳入新基建范畴，相关省市相继出台支持政策鼓励各类卫星应用产业发展，但是相对而言，商业航天还处在不断探索可持续发展商业模式的早期阶段。

中国航天的传统卫星产品形式单一，卫星发射成功后无后续衍生服务，且卫星制造科技门槛高、资金量需求大，但盈利模式简单，在卫星应用市场中未形成良好的卫星应用盈利模式，传统卫星产业痛点主要体现在以下四方面。

一是卫星制造成本高。为保证发射成功率高，传统卫星的制造成本较高，卫星

功能单一（每颗卫星仅支持一项特定任务），导致中国卫星星座建设成本高。

二是卫星研制周期长。传统卫星软件与硬件紧耦合，导致卫星功能单一，无法执行复杂任务。同时，传统卫星制造流程非标，开放度低，卫星制造产业链上下游协同效率低，从而使得制造周期长（平均 36 个月），这显然难以支撑商业航天快速发展需求，影响商业卫星星座组网时效。

三是卫星利用率低。传统卫星发射后无法根据应用需求变化持续迭代，执行新任务，导致卫星利用率低，卫星应用成本高。同时，中国卫星总体数量少，供给能力限制卫星应用落地，导致中国星座无法有效支持众多领域卫星应用的潜在需求。

四是创新迭代缓慢。传统风险投资投资商业航天的期望是创新带来数倍收益，但大多数商业航天企业目前尚未盈利，在正常经营与不断创新方面均有极大的生存压力，更难以实现风险投资的期望目标，缺乏持续大量资金注入，导致卫星应用和技术创新迭代缓慢。

相较于美国等发达国家在商业航天领域的快速布局和发展，中国商业航天面临着极大的挑战。美国在卫星制造、火箭发射领域的技术研发实力与服务能力全球领先，以 SpaceX、蓝色起源、轨道科学为代表的公司具有从设计、制造验证到发射、运营的能力，使得政府、军方、科研机构等用户从市场购买发射服务的成本显著降低。2015 年，SpaceX 提出“星链”计划，该计划发布时间最早、卫星数量最多，计划发布的卫星大多分布在 300～600 公里的极低轨道。截至 2023 年 2 月，SpaceX 公司累计发射了 3 900 多颗卫星，其中在轨卫星 3 431 颗，卫星发射频率约 2～3 次/月，单次发射 50 余颗。当前，SpaceX 公司的卫星服务已覆盖全球 37 个国家和地区，用户数超过 100 万个，美国航天迎来了全面商业化的浪潮。与此同时，考虑到“排他性”，这一浪潮对中国商业航天行业发展构成了巨大的竞争压力。太空轨道是一种稀缺资源，空天近地轨道位置和频谱资源均为有限资源，遵循“先到先得”原则。卫星在空间运行需要与其他卫星保持安全距离，近地轨道可容纳的卫星数量有限，约 6 万颗。目前，“星链”计划预计发射 4.2 万颗卫星，中国计划发射 1.3 万颗卫星，先行发射的卫星能够占据更理想的轨道平面。卫星公司希望自己的卫星网络可以覆盖全球，因此往往对每颗卫星的位置都进行精巧的设计，平衡成本和性能，最经济的方案是建设由 24 颗卫星组成的可覆盖全球的星座。但对于后进入者，若没有可供选择的理想位置，可能就需要部署更多卫星，采用更复杂的排布方式，导致成本增加。

## 二、中国商业航天需要商业模式创新带动产业发展

中国商业航天面对着一些现实的危机和挑战，同时也应该看到其中的机遇。商业航天服务企业作为航天领域的新生力量，在政策扶持和社会资源助推下，可以成为我国航天产业高质量发展的有力支撑。从图 1 的中外商业航天产业不同发展阶段对比中可以看出，中国商业航天领域需要有新力量、新模式、新赛道。

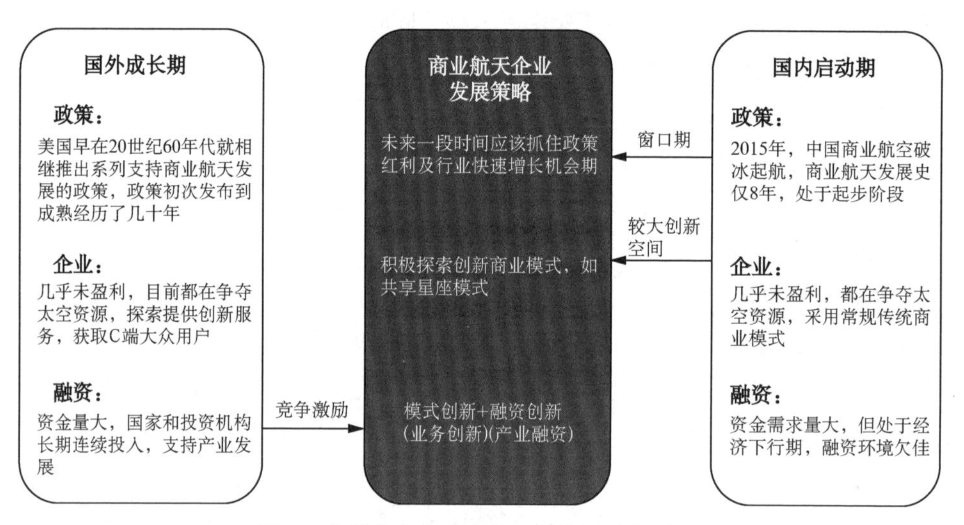


**图 1　中外商业航天产业不同发展阶段对比**

面对卫星资源有限和航天全面商业化浪潮的挑战，中国商业航天企业应集聚全产业链的力量，共同探索智能卫星“共享星座”新型商业模式，有效提高卫星的使用效率，降低卫星应用门槛，同时促进卫星数据的共享和应用创新，实现资源互补、利益共赢。

在国家大力推动数字经济的趋势下，共享经济已成为家喻户晓的商业生态。在此背景下，新技术有了广阔的市场土壤，可以用来整合和深度发掘利用现有资源。来自中国科学院的技术团队采用开放系统架构设计的软件定义智能卫星，使得行业、企业、科研机构和个人等不同主体与商业航天交叉融合成为可能。相较于传统卫星，智能卫星造星周期短，制造流程标准化，制造成本大大降低。同时，软件定义的智能卫星一星多功能，支持软件组件按需加载、星上智能处理地面各类卫星应用需求，且星与星之间可实时连接、信息共享、智能互联，从而使得地面多样化卫星应用需求效能提升，大大降低不同行业用星门槛。

商业航天领域的共享经济创新商业模式被称为“共享星座”。对于使用“共享星座”卫星的用户而言，可以选择卫星某一时间段的“使用权”，不需要买下完整的卫星“所有权”。用户为某短时间内的卫星使用权而付费，而无须关注为自己提供卫星数据服务的卫星具体是哪一颗。“共享星座”模式整合了传统碎片化卫星和新型智能卫星资源，将卫星应用所有权拆分为卫星的“使用权”“处置权”“获益权”，让部分卫星使用权得以共享，是卫星应用领域“优化交易结构”的创新商业模式。该模式“让想用卫星的人享有卫星”，有利于快速推动更多的卫星允许共享使用，降低卫星使用门槛，提高卫星应用效率，让卫星应用方获得利益，为更多卫星投资者获取更多投资回报。

同时，卫星数据也将会成为新型商业数据，在农业、工业、交通、建筑和金融等各个领域都具有大量潜在应用新场景。卫星应用空天地一体化的趋势正在加速形成，通导遥一体化趋势也愈加明显，“共享星座”模式将在更多的传统产业数字升级中发挥出更大作用，在更多的新产业、新业态、新模式拥有广泛的发展空间（图 2）。

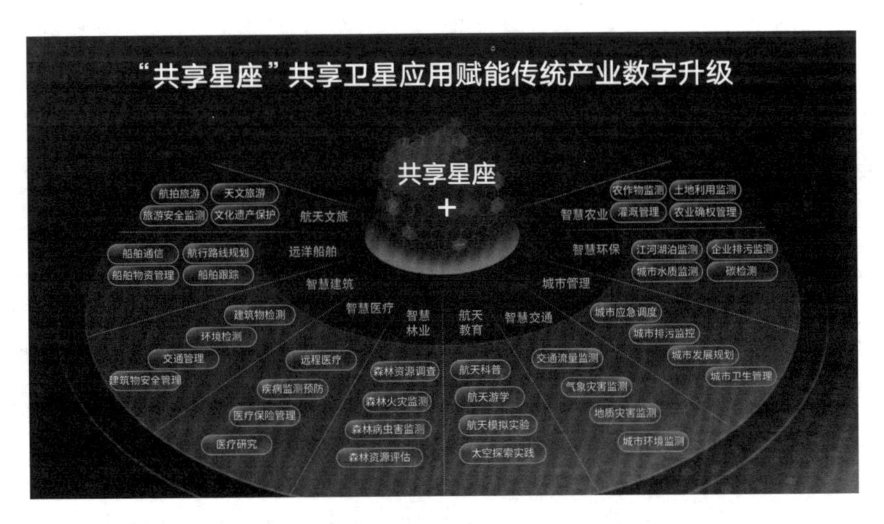


**图 2 “共享星座”模式下卫星与传统行业的融合应用创新布局**

［特别感谢中国科学院杰出科技成就奖获得者、北斗导航卫星总质量师、天鯤力（山东）卫星技术有限公司董事长李志勇对本文的指导。］

# 全球新能源汽车动力电池回收利用的整体趋势

| 薛奕曦　张笑颜

新能源汽车作为推动汽车产业转型升级、实现“双碳”目标、助推交通领域可持续发展的重要工具,近年来在我国得到了快速发展。然而,其数量的快速增长导致动力电池“退役”量逐年增加,且未来几年可能会呈现持续快速增长趋势。鉴于动力电池本身特殊的物理和化学特性,一方面,如果能够妥善回收和利用,则有助于减少原材料的需求、降低电池成本,反哺新能源汽车的市场竞争力;另一方面,如果未能实现妥善的回收与利用,将会造成难以逆转的环境污染与资源浪费,严重背离新能源汽车行业可持续发展的初衷。在此背景下,动力电池的回收利用被国家列为“十四五”重点推动项目。然而,新能源汽车动力电池的回收利用本质上是一个复杂系统,受诸多因素的影响。因而,探究全球新能源汽车动力电池回收利用的整体趋势,进一步了解该领域现状,有助于为优化、创新我国新能源动力电池回收利用模式打下坚实基础。

## 一、回收利用的急迫性

2010 年以来,新能源汽车在全球范围内受到普遍重视,环境、能源、汽车产业转型升级等推动世界主要汽车发展国家均将新能源汽车作为未来汽车产业发展的重要战略。受政府政策驱动的激励等因素影响,新能源汽车在全球范围的销售量持续增高(图 1)。

全球新能源汽车销量大幅增长的同时,带动动力电池装机量实现同比翻倍。从主流类型动力电池装机量来看,全球市场上磷酸铁锂动力电池的比例逐年增加,2022 年上半年占比达 33%(图 2)。而在中国市场,自 2021 年 7 月磷酸铁锂动力电池在装机量上首次超过三元锂动力电池后,磷酸铁锂动力电池凭借着更低的成本和更高的安全性等优势,占据了市场主流地位,仅 2022 年上半年,其装机量已超过三元锂动力电池 18.8GWh(图 3)。

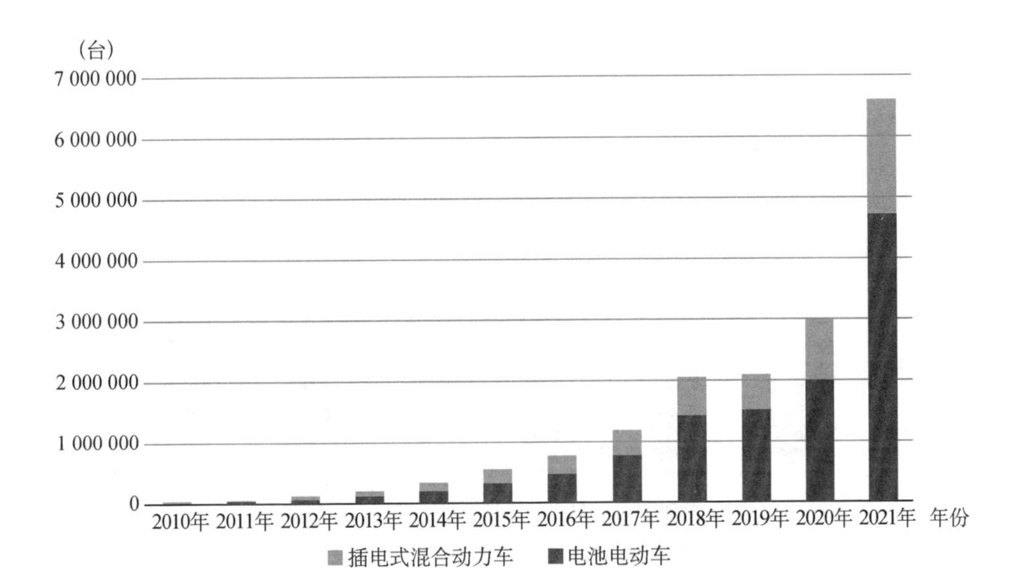


**图 1　2010—2021 年全球新能源汽车销售量**

资料来源：国际能源署（International Energy Agency，IEA）。

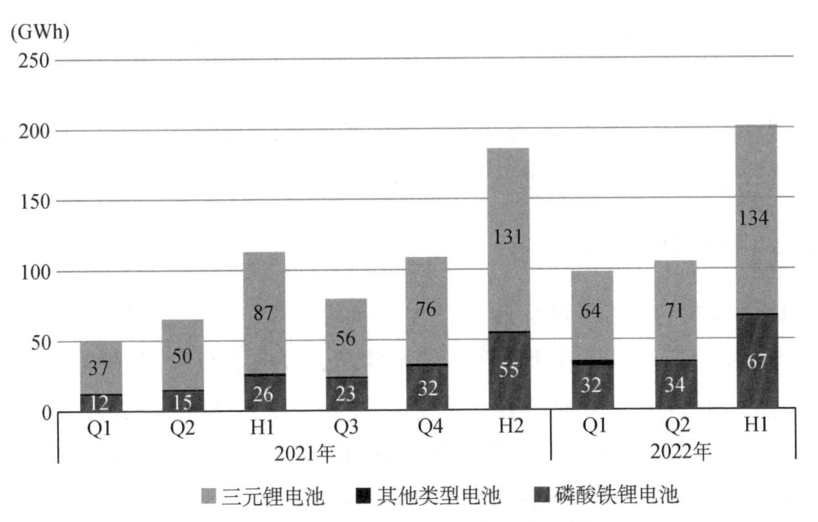


**图 2　全球主流类型动力电池装机量**

资料来源：SNE Research。

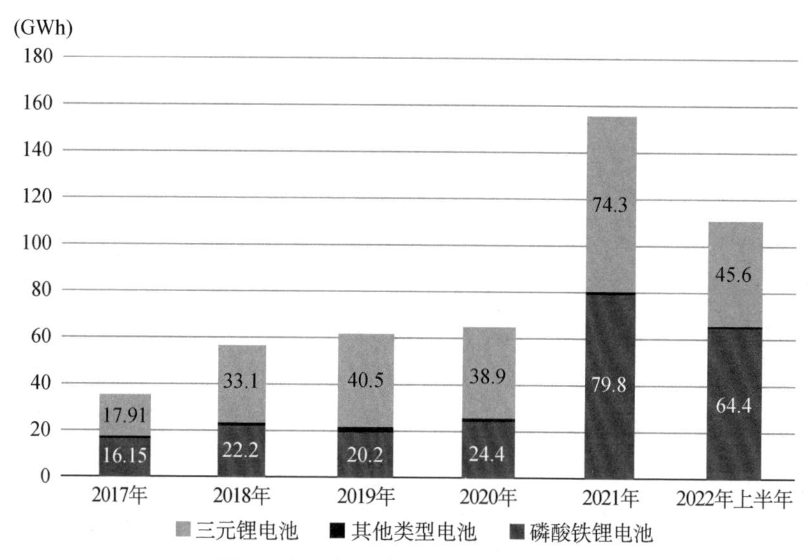


**图 3 中国主流类型动力电池装机量**

资料来源：中国汽车动力电池产业创新联盟。

随着国内“双碳”目标(2030 年前实现“碳达峰”，2060 年前实现“碳中和”)的提出，国际上欧盟 2035 年禁燃提案的提出、美国 2030 年新能源汽车销量占比 50%的发展愿景的提出等，新能源汽车的发展将驶入快速道，各大车企也在加速电动化转型。新能源汽车电池的寿命一般为 5～8 年或 10 年，因而伴随着新能源汽车持有量的不断增多，以及未来规模的预期增加，新能源汽车电池回收已成为全球主要新能源汽车国家必须面对的问题。

## 二、回收利用的必要性

新能源汽车动力电池的回收不仅仅是经济问题，更多的是环境保护与资源的循环梯次利用问题。一方面，电动汽车的动力电池退役后，如果处置不当，随意丢弃，废旧动力电池中的部分物质会给社会环境带来不良影响和安全隐患(表 1)。因此，对废旧电池进行集中无害化处理，回收其中的金属材料，是确保人类健康和环境可持续发展的重要举措。

另一方面，动力电池通过回收利用能在减排、资源利用及储能等梯次利用等多方面产生综合效益。动力电池的回收利用能有效节能减排，符合“双碳”目标。碳排放量的不断增加引发了全球气候变暖等各种自然问题，引起全社会的广泛关注。为实现“双碳”目标，各国政府正在大力改革，以促进新能源产业的发展。

国际清洁交通委员会（International Conference on Communication Technology，ICCT）的研究显示，从全生命周期来看，新能源汽车的二氧化碳排放量约为 130 g/km，但若能对废旧的动力电池进行梯次运用、再生应用，其所对应的新能源汽车每千米碳排放量将分别减少 22 g、4 g，进而显著减少新能源汽车全生命周期的碳排放量（表 2）。

**表 1　动力电池主要化学特性与危害**

| 类别 | 常用材料 | 主要化学特性 | 潜在环境污染 |
| --- | --- | --- | --- |
| 正极材料 | 钴酸锂、锰酸锂、镍酸锂、磷酸铁锂等 | 与水、酸、还原剂或强氧化剂（双氧水、氯酸盐等）发生强烈反应，产生有害金属氧化物 | 重金属污染改变环境酸碱度 |
| 负极材料、电解质 | 碳材、石墨 $LiPF_6$、$LiBF_4$、$LiAsF_6$ | 粉尘遇明火或高温可发生爆炸，有强腐蚀性，遇水可产生 HF，氧化产生 $P_2O_5$ 等有毒物质 | 粉尘污染、氟污染改变环境酸碱度 |
| 电解质溶剂 | 碳酸乙烯酯、碳酸二甲酯 | 水解产物产生醛和酸，燃烧可产 CO、$CO_2$ 等 | 有机污染物 |
| 隔膜 | 聚丙烯（PP）、聚乙烯（PE） | 燃烧可产生 CO、醛等 | 有机污染物 |
| 粘合剂 | 聚偏氟乙烯（PVDF）、偏氟乙烯（VDF） | 可与氟、发烟硫酸、强碱、碱金属反应，受热分解产生 HF | 氟污染 |

资料来源：卫寿平，孙杰，周添，等. 废旧锂离子电池中金属材料回收技术研究进展[J]. 储能科学与技术，2017，6(6)：1196-1207.

**表 2　改进动力电池的制造、使用方式将减少碳排放**

| 变量 | 在电池制造过程中的碳排放量增减百分比 | 在全生命周期中的碳排放量增减百分比 |
| --- | --- | --- |
| 动力电池大型化 | 增加 33%～66% | 增加 18% |
| 梯次利用 | — | 减少 22% |
| 再生利用 | 减少 7%～17% | 减少 4% |
| 电网脱碳 | 减少 17% | 减少 27% |
| 更高的能量密度设计 | 减少 10%～15% | 减少 6% |

资料来源：ICCT，天风证券研究所。

废旧动力电池资源性强，回收利用价值高。动力电池回收不仅符合国家“双碳”目标，进一步挖掘利用其内部资源还有利于经济发展。锂离子动力电池正极、电解液等多种材料中含有钴、镍、铜、锰、有机碳酸酯等有一定毒害性的化学物质，但这些化学物质回收后能够产生较大的经济效益。废旧动力电池可梯次利用。车用动力电池的容量降低为 80%后，其充放电性能不能满足汽车行驶的要求，需要报废，但电池容量低于 60%后才不再具有使用价值。因此，若直接拆解回收从电动汽车上拆卸下来的电池，将造成大量的能量浪费。将这类电池重组后，梯次应用于比汽车电能要求更低的场合，将实现电池容量的充分利用。

## 三、回收利用的普遍性

鉴于新能源汽车动力电池回收的急迫性与必要性，目前主要新能源汽车生产国均已出台相关措施引导激励约束动力电池的回收。2012 年起，中国陆续出台多项政策、办法加强新能源汽车动力电池回收利用管理，规范行业发展。2012 年 6 月，国务院在《节能与新能源汽车产业发展规划（2012—2020 年）》中首次提出要建立动力电池回收和梯级利用管理制度，引导动力电池生产企业加强对废旧电池的回收利用，鼓励发展专业化的电池回收利用企业。2016 年 11 月，国务院发布《“十三五”国家战略性新兴产业发展规划》，提出要推进动力电池梯次利用，建立上下游企业联动的动力电池回收利用体系。2018 年 1 月以来，各部委先后发布《新能源汽车动力蓄电池回收利用管理暂行办法》《新能源汽车动力蓄电池回收利用溯源管理暂行规定》等，推行生产者责任延伸制度，开展动力电池试点回收工作、动力电池回收服务网点建设等。同时，美国、欧洲、日本等国家和地区也在积极构建动力电池回收利用法律体系，对废旧电池的生产、运输全环节予以监控，明确废旧电池产业链上多个主体的法律义务。

## 四、结语

为应对当下能源危机和环境问题的挑战，新能源汽车产业的快速发展有助于实现汽车产业低碳转型与交通领域可持续发展。然而随着动力电池装机量的持续增长，新能源汽车动力电池的回收利用成为影响行业可持续发展的关键环节和问题。目前全球范围内，新能源汽车动力电池回收利用的整体趋势呈现出急迫性、必要性与普遍性，这意味着电池回收利用作为新能源汽车产业下游环节的重要一环，必须坚持可持续视角，进一步助力新能源汽车产业的可持续发展。未来中国应抓住机遇，着眼未来，促进产业协同和重视环境保护，推动新能源汽车动力电池回收利用领域的发展和创新，同时在回收利用模式上对社会、环境视角予以充分关注，将可持续发展有效整合在其中。

# 上海新能源汽车动力电池回收利用产业链现状分析

| 薛奕曦　张笑颜

上海是中国汽车产业重镇，正努力打造世界级汽车产业集群。上海市新能源汽车公共数据采集与监测研究中心数据显示，上海新能源汽车年销量从2014年的1.1万辆上涨至2020年的12.8万辆。截至2021年6月底，上海新能源汽车保有量已达45.97万辆。因此，对于上海而言，必须分析其新能源汽车动力电池回收利用产业链现状，认真思考如何在新能源汽车产能与保有量快速增长的同时，切实做好动力电池回收利用模式的创新与配套政策的支持。这对于上海汽车产业应对全球竞争、实现高质量发展及提高城市软实力具有重要意义。本文主要从动力电池回收利用体系建设、处理流向、技术研发和上下游企业的产业合作四个方面，对上海市新能源汽车动力电池回收利用产业链现状进行分析。

## 一、回收利用体系建设

近年来，上海市相继出台多份政策文件提及动力电池回收体系建设，并探索可行有效的属地化废旧动力电池回收利用长效机制。2019年起，上海市开始集中建设电池回收服务网络；2022年7月，上海市政府发布《上海市瞄准新赛道促进绿色低碳产业发展行动方案（2022—2025年）》，提出上海要发展退役动力蓄电池循环利用产业，建成上海第一条本地化动力电池拆解利用产线。一系列举措有效打通了动力电池回收产业链的各个环节，也为上海市加速实现低碳化、智能化的回收模式奠定了基础。

*1. 废旧动力电池来源*

由于回收责任主体与物权主体的不统一性，电池的处置权分散，主机厂主导的生产责任制的落实仍面临较大的困难。上海市退役动力电池来源以整车厂为主，回收量总体较低。此外，毁损场景下的车辆及电池多由中间商及保险公司推动下一步的回收，或由中间商及各类小作坊回收，回收利用渠道和方式仍有待改善。

2. 回收市场

虽然上海目前有工业和信息化部认定的白名单动力电池回收企业及正规动力电池回收网点,但市场上的非正规动力电池回收企业仍以其低成本、高价格回收的优势占据了回收市场。退役动力电池流入工业和信息化部白名单企业的比例还未达到25%,大量的退役电池实质上流入了没有回收资质的小作坊,致使正规回收企业的市场空间被挤压,回收体系的市场机制亟待完善。

3. 回收利用企业

为进一步推动上海新能源产业链的发展,上海市鼓励有技术、高产业附加值的动力电池回收企业落地上海,行业的市场规模逐步提升,产业的发展形势向好。2022年12月工业和信息化部公告显示,上海已有4家环保企业上榜第4批符合《新能源汽车废旧动力蓄电池综合利用行业规范条件》企业名单(表1)。其中,伟翔众翼新能源科技有限公司是目前全国88家入围工业和信息化部"白名单"企业中为数不多具有梯次利用和再生利用双资质的企业,标志着上海动力电池属地化回收体系建设的新进展。虽然上海有420个动力电池回收网点,但许多网点并没有直接处理退役动力电池的经验、资质及能力,部分网点甚至并不清楚自身被列入工业和信息化部动力电池回收"名单",回收网点建设和完善存在明显不足。

**表1　上海市动力电池回收"白名单"企业**

| 企业名称 | 类型 |
|---|---|
| 上海比亚迪有限公司 | 梯次利用 |
| 鑫广再生资源(上海)有限公司 | 梯次利用 |
| 上海毅信环保科技有限公司 | 梯次利用 |
| 上海伟翔众翼新能源科技有限公司 | 梯次利用、再生利用 |

## 二、动力电池处理流向

动力电池的回收利用主要有梯次利用和再生利用两种方式。但针对动力电池回收利用的行业标准和监管体系目前仍不清晰,行业上下游衔接的规模化和安全性难以保证。上海市相继出台多份政策文件明确电池回收的生产者责任延伸制度，并加大了相关奖惩力度，规范交易各个环节。为推动实现新能源动力电池回收路径的明晰化，上海市新能源汽车动力电池溯源管理平台力求打通动力电池从装车、销售到退役回收的各个环节，帮助有关企业及部门掌握动力电池的使用信息、健康状态、流通情况等，打破回收利用环节各个主体间的信息壁垒，也有助于政府部门对电池流向进行及时的监管，有效提升了动力电池回收和综合利用的效能。截至 2022 年 10 月，平台内已有 105 家企业完成了注册，其中整车企业 105 家、回收端企业 4 家，已接入电池包 68 万个。在维修、回收等环节，也已有数据接入。平台内新能源汽车动力电池的维修和退役信息合计约 5 000 条。但目前平台的信息以电池主自觉自发登记为主，中间环节可能存在缺失的情况。此外，平台虽已登记大量电池信息，但接入的退役回收信息仍较为有限，需要平台继续与动力电池回收链相关企业对接，完善溯源系统。

## 三、技术研发

电池技术是动力电池回收产业链需要重点研究和突破的领域，上海新能源动力电池回收各环节的关键技术发展还不够成熟，新一代全固态电池方向的研发布局显著滞后于日本丰田汽车等优势企业，要素完整的锂电池技术体系尚未健全。

相对而言，上海市虽拥有较多的动力电池回收利用领域的专利申请(图 1)，但专利内容集中在功能及应用层面，原始创新专利相对落后，综合研发技术实力仍有待提升。目前部分技术的水平仍不足以支撑动力电池回收利用产业健康、有序、绿色发展，技术研发方面存在较多技术难点。在动力电池回收技术层面仍须进行深入的技术研究，从而保障市场回收利用系统的绿色闭环可持续运行。

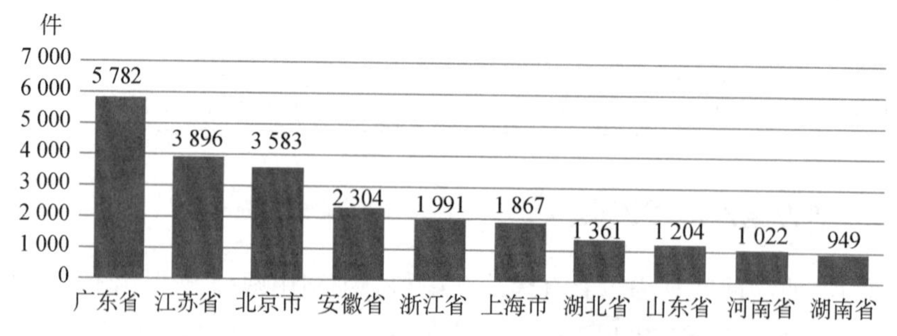


**图 1　我国动力电池回收利用领域专利申请数量前 10 名的省市**

## 四、上下游企业的产业合作

目前上海市新能源汽车产业发展迅猛，整车产业正逐步加快补链、扩链步伐，形成新能源汽车产业体系的完整闭环。如上海电气和上汽集团积极利用各自的市场及产业链优势，强化重要供应链领域的协同合作，加强动力电池梯次利用与回收后跨界利用，打通新能源产业链的各环节。天奇股份也与斯泰兰蒂斯（上海）汽车有限公司签定了服务协议，前者为后者提供覆盖全中国市场的退役锂电子电池回收及循环利用服务，建立锂电子电池全生命周期管理体系，保证废弃锂电池有序回收及规范处理。

# 共享员工：分享经济助力中小企业协同创新发展的新实践

| 敦　帅

《中共中央关于制定国民经济和社会发展第十四个五年规划和二〇三五年远景目标的建议》指出，建立促进创业带动就业、多渠道灵活就业机制，全面清理各类限制性政策，增强劳动力市场包容性，放宽灵活就业人员参保条件。从行业方面看，2022 年 11 月 27 日，北京市餐饮行业协会联手北京市连锁经营协会、北京电子商务协会共同举办了北京市餐饮行业共享用工资源对接会。需求企业与餐饮单位将通过共享用工合作，协调解决员工待岗问题，保障消费者供需服务；从企业方面看，以盒马鲜生、京东、阿里巴巴等为首的一大批企业纷纷加入共享员工合作，通过灵活用工方式解决中小企业人力错配、用工困难等问题，助力中小企业创新发展。分享经济助力中小企业协同创新发展的新实践——共享员工模式如图 1 所示。

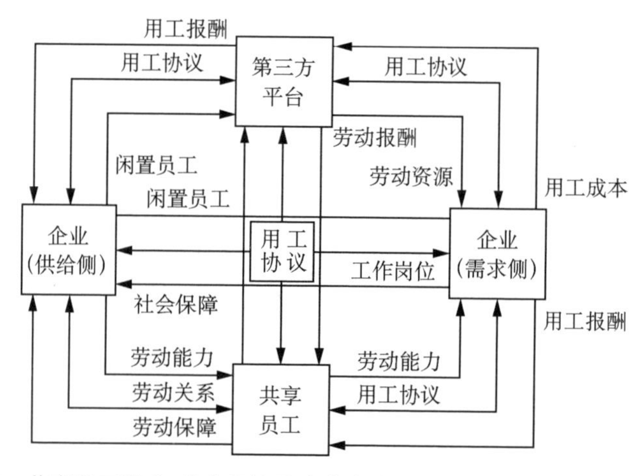


**图 1　共享员工模式：分享经济助力中小企业协同创新发展的创新实践**

## 一、B2B式共享员工

B2B(Business to Business)式共享员工是指,劳动力闲置企业与劳动力短缺企业直接合作开展人力资源共享。一方面,劳动力闲置企业向劳动力短缺企业提供闲置员工和劳动能力,满足劳动力短缺企业的人力资源需求;另一方面,劳动力短缺企业为劳动力闲置企业员工提高工作岗位,并支付用工报酬。同时,企业双方通过签定必要的用工协议明确各自权利与义务:共享员工与劳动力闲置企业仍保持劳动关系,与劳动力短缺企业仅是短期雇佣关系;劳动力闲置企业仍为共享员工提供基本的工资和保障,劳动力短缺企业为共享员工与劳动力闲置企业提供薪资和社保等福利。

据恒大研究院估算,2020年春节7天假期内全国零售和餐饮业销售额同比下降约5 000亿元,上万名员工待业;中国连锁经营协会数据显示,新冠疫情期间物流配送等方面员工短缺达50%以上。在这样的背景下,盒马鲜生联合云海肴和青年餐厅创先提出共享员工模式,一方面解决新冠疫情期间餐饮行业待岗人员就业问题,缓解餐饮企业成本压力,另一方面,解决生鲜电商消费行业人力不足的问题。2022年3月,针对需求量激增、运力紧张的问题,盒马鲜生重新开启上海、深圳两地共享员工的紧急招聘,希望能够通过增加人力来补足缺口。丰收日、农耕记、探鱼等餐饮企业纷纷为盒马鲜生提供人力支持,有近300名员工报名参与。

## 二、C2B式共享员工

C2B(Customer to Business)式共享员工是指,员工与劳动力闲置企业暂时或永久解除劳动关系,利用闲置时间和知识技能自行与劳动力短缺企业直接合作。在这种模式下,共享员工为劳动力短缺企业提供劳动能力,满足企业劳动需求;劳动短缺企业为共享员工提供工作岗位,并向员工支付劳动报酬与福利;劳动短缺企业与共享员工之间不需要签订传统的劳动合同,而只需签订短期的雇佣协议,协议到期合同解除。这不仅可以有效满足劳动力短缺企业的劳动力需求,降低劳动力闲置企业生存成本,而且可以为事业人员或隐性事业人员提供就业,平衡劳动力市场供需,从而助力中小企业协同创新发展。

2022年3月,叮咚买菜大仓的供货产能提升幅度超50%。其中,蔬菜、肉蛋奶等重点民生保障商品供应量增长超过100%。因此,叮咚买菜实施共享员工计划,主要招募收理货、拣货打包、骑手等岗位员工,不仅能在很大程度上缓解自身用工压力，为消费者提供更优质的服务，而且能有效盘活赋闲在家、具备熟练业务能力的闲置人力资源，助力中小企业协同创新发展。2022 年 3 月，叮咚买菜释放了大量共享员工储备资源，输送给上海联洋地区、曹杨地区等订单需求量大的区域，共享员工多数是具有外卖或快递配送经验的骑手，以及餐饮厨房的空闲人员。2022 年 3 月以来，叮咚买菜上海一线共享员工入职人数已超 1 000 人。

## 三、B2P2B 式共享员工

B2P2B(Business to Platform to Business)式共享员工是指，由第三方平台对接劳动力闲置企业与劳动力短缺企业，从而开展人力资源共享。第三方平台作为对接劳动力供需双方的中介机构，一方面对接劳动力闲置企业，通过与企业签定必要的用工协议，将闲置员工汇聚到平台，并向企业与员工支付用工报酬；另一方面对接劳动力短缺企业，通过协议约定汇集市场用工需求，并向企业收取相应的用工成本，同时利用平台整合与技术优势，精准匹配劳动力市场供需，有效促进人力资源高效流动。这不仅有利于劳动力供需企业双方精准对接，而且可以有效降低企业双方的时间与金钱等成本，推动企业有序健康发展，从而助力中小企业协同创新发展。

2020 年 2 月 6 日，阿里本地生活服务公司推出“蓝海”就业共享平台，通过灵活、就近、短期的用工形式，帮助各地餐饮商户的门店服务员临时“转行”，成为外卖配送员或便利店员工等，以缓解企业、商户和员工的压力。在“蓝海”平台员工共享计划下，一是餐饮业闲置员工可以自行或由商户代其在平台报名，选择成为当地的蜂鸟骑手、商超员工等，劳动力短缺的商超、便利店和生鲜店等企业可以在平台上找到合适的临时员工；二是员工和岗位可以实现精准对接，闲置员工能够临时就近就业；三是员工与餐饮商户能够保留劳动合同，与饿了么平台或商超等仅建立短期雇佣关系，待雇佣关系终止，员工回归其原工作岗位；四是共享员工的劳动报酬由其雇佣企业或商户如饿了么平台、连锁便利店、社区生鲜店承担，通过“蓝海”平台结算给员工所属餐饮商户或员工个人，共享员工薪酬的计算方式和雇佣企业正式员工相同，主要包括基本工资、计时工资或计件工资两部分。该模式下，平台在员工共享中发挥主体作用，负责招募共享员工、制定用工协议和结算劳动报酬等工作。“蓝海”就业共享平台首批为饿了么平台招募了 10 000 名蜂鸟骑手，向全国超过 10 万家饿了么口碑门店发出招募通知，并与本地 20 万家商超、连锁便利店和社区生鲜店共同实施了共享员工计划。

# 探索数字化发展阶段，构建数字化成熟度评价模型

| 宋燕飞

随着“十四五”时期数字经济的不断发展，我国开启全面建设社会主义现代化国家新征程，在传统产业数字化转型过程中，数据成为新的生产要素，数字技术成为发展的核心引擎，数字经济正进入快速发展阶段。在企业数字化转型过程中，企业的核心竞争力从“物”转变为“人”，投入要素从原材料等资源转变为原材料资源与数据资源的融合，数据的作用在投入产出的过程中得以体现。随着企业数字化转型升级的不断深入，对数字化发展水平进行测度、对数字化成熟度进行评价、寻求数字化能力提升关键因素的重要性逐渐凸显。

## 一、企业数字化发展级别

企业数字化转型是一个长期持续的过程，随着企业对数字化技术应用的逐渐成熟，数据应用的创新模式不断拓展和提升，企业数据管理和应用水平不断优化，企业数字化潜能逐步释放。

最为常见的企业数字化发展级别是从战略、技术、文化、生态等维度构建评价体系，通过定量化分析对企业数字化成熟度打分，进而将企业分为五个级别：数字化入门者、数字化探索者、数字化升级者、数字化优化者、数字化成熟者（图 1）。

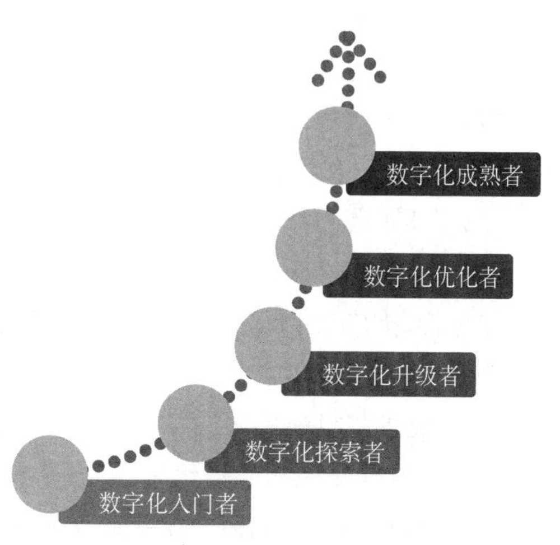


**图 1　企业数字化发展的五个级别**

数字化入门者:数字化工作尚处于起步阶段,数字化能力尚未建设完善,管理层对数字化开始有所意识,但缺乏数字化相关战略规划。

数字化探索者:对数字化进行战略规划,对基础设施进行升级改造,开始尝试探索数字化能力建设路径;但数字化能力还处于较低阶段,很大程度上限制了企业发展,未来还需要进行更深入的数字化变革。

数字化升级者:开始跨部门、横向或纵向业务流程的数字化变革,已具备一定的数字化能力,数据价值初步得以体现。

数字化优化者:基础设施布局和数字化工作已基本完成,各项业务功能需求能够基本得到满足和有效支撑,并不断创新优化。

数字化成熟者:数字化功能得到完全满足,数字化能力相对完备,甚至可以发挥更深层次的潜能,达到行业领先水平。

## 二、数字化转型的四个阶段

企业数字化转型战略和转型路径各不相同,但大致方向趋同,都是从无到有、从低到高、从点到面、从被动融合到主动驱动的过程。数字化转型通常要经过四个阶段:数字赋能阶段、网络优化阶段、智能转型阶段和数实融合创新驱动阶段。

1. 数字赋能阶段

数字化转型的初期需要制定数字化战略、培养数字文化、提高数字意识,通过物联网、大数据、人工智能、移动应用等数字技术的初步使用,有效提高工作效率,降低成本,达到成本驱动。

2. 网络优化阶段

企业完成数字化赋能后,在数字化基础上通过部门协作对业务流程进行优化和完善,推广数字化产品;通过优化降低能耗、提高效率,实现企业资源的优化配置。

3. 智能转型阶段

通过数据赋能和业务优化,助力传统业务向数字化转型发展,在这个阶段,以实现用户价值为中心,数字化产品和服务在企业营收中的占比逐年增加;企业的生产运营与商业模式也趋于产业互联和智能化。

4. 数实融合创新驱动阶段

数实融合是传统企业向数字化转型的关键阶段。数字化转型发展过程的最终核心驱动是由成本驱动转向创新驱动，最终的竞争也将转为生态层面的竞争；平台型的业务模式需要更为复杂的平台化技术架构与系统来支撑。数实融合将摒弃传统的组织管理结构，打破企业原有商业模式，形成全真互联的数字生态，推动企业逐步寻求新的盈利模式。

## 三、数字化成熟度评价模型构建

目前学界分析和评价技术发展水平的方法主要有技术文献计量法、技术就绪水平分析、技术专利分析，以及基于技术能力的评价法。现有学术研究中主要采用调研问卷或基于层次分析(Analytic Hierarchy Process, AHP)—决策试验与评价实验室(Decision-making Trial and Evaluation Laboratory, DEMATEL)的方法对企业数字化水平进行评价研究，评价维度包含战略与组织、制造与运营、供应链、商业模式、人员、产品、市场、数据驱动服务等。

本文探索构建以数字化转型发展阶段为底层逻辑支撑的技术成熟度评价模型。因此，基于数字化转型的四个阶段(一级维度)及各阶段所处状态的度量(二级指标)，构建和定义数字化成熟度评价模型，该评价模型包括 4 个一级维度和 11 个二级指标。数字化维度的二级指标中的成本是指在该维度下达成数字技术赋能成本驱动；部门协同是指结合数字技术应用达到不同业务部门间的协同发展；数字化产品是指利用数字平台或技术开发出来的产品或服务。网络化维度的二级指标中的效率是指在该维度下实现降本提效；价值链是指数字化产品推广过程中能够获得价值链优势；平台化是指通过构建数字平台完成数据共享和应用。智能化维度的二级指标中的服务用户是指在智能转型阶段以实现用户价值为中心；产业互联是指采用数字创新模式实现全渠道管理，实现产业链上下游互联互通。数实融合维度的二级指标包括创新驱动、全真互联和生态竞争，主要指数字化转型以数实融合为目标，通过创新驱动、全真互联，最终将演化为数字生态的竞争(图 2)。

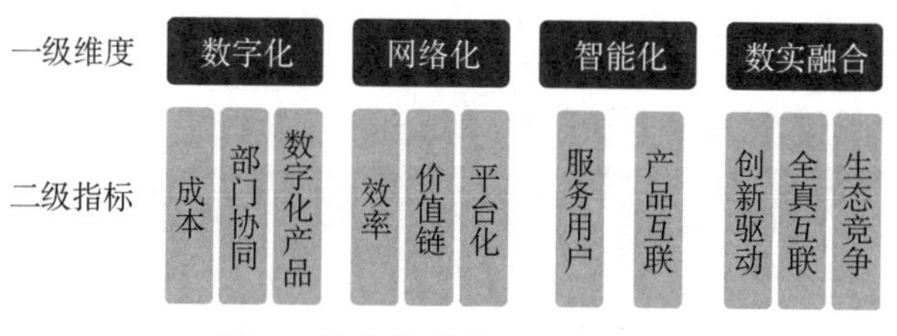


**图 2 数字化成熟度评价模型**

## 四、结语

数字化转型让人难以理解和操作的原因在于其很难具象化，通过数字化成熟度评价能够明晰当前企业数字化发展水平，量化企业数字化发展的现状及与先进企业的差距，评估行业数字化转型发展生态能级，进而预测数字化创新生态优化发展的趋势。对数字化技术成熟度进行评价，可以帮助企业和管理者更好地认识和了解当前数字化发展能级，明确数字化发展的趋势和方向。作为企业经营者，要具备抽象化能力，关注数字化转型的差异性，明确数字化转型的目的和自身优势，才能够助力企业从容应对环境变化、提升战略竞争力。

# 科技创新助力中国陶瓷产业升级*

|范　斐　魏妍坤　宋欣怡

2023 年 12 月举行的中央经济工作会议强调，以科技创新引领现代化产业体系建设，广泛应用数智技术、绿色技术，加快传统产业转型升级。中国陶瓷产业逐渐由传统的手工制作转向现代化、机械化与自动化生产，生产效率和产品质量显著提高，数字化、智能化技术为陶瓷设计和生产带来了新的机遇。

## 一、我国陶瓷产业发展历程

中国陶瓷产业拥有悠久的历史和丰富的文化底蕴，被视为中国传统工艺的瑰宝。商周时期，青铜器上出现了原始陶瓷装饰。北宋时期，汝窑、定窑、钧窑等窑口相继兴起，瓷器的质量和工艺水平达到了巅峰，瓷器远销海外，成为世界各地的珍宝。明代，景德镇成为中国陶瓷的中心，瓷器的种类进一步增加、品质进一步提升，青花瓷、五彩瓷和粉彩瓷等装饰技法成为瓷器制作的重要特色。清代，景德镇瓷器工艺更加精湛，出现了粉彩、釉里红等新的装饰技法，丰富了瓷器的表现形式。

中国陶瓷产业自 20 世纪至今经历了一系列的现代化转型发展。随着科技的进步和工业化的推进，陶瓷制造过程逐渐自动化和机械化，生产效率和产品质量不断提高。同时，陶瓷材料的研发和创新也取得了重大突破，出现了新型的陶瓷材料，如高温陶瓷、功能陶瓷等。现代陶瓷广泛应用于建筑、电子、航空航天等领域，随着工业化进程不断加速，中国已成为全球最大的陶瓷生产国与出口国，“三山一镇”的传统陶瓷生产版图上不断涌现出新的陶瓷产业聚集区，极大地推动了区域经济及相关产业的发展[1]。

我国陶瓷产业集群特征突出，陶瓷产区主要分布在华北平原地区、长江中下

---

* 本文为国家陶瓷行业工业设计研究院 2022 开放基金项目（项目编号：NICID2022Y02）的阶段性研究成果。

游地区和东南沿海地区，其影响因素包括历史文化、地理环境、政策与市场条件等。我国不同陶瓷产区的空间集聚程度不同，学者利用区位熵统计法，对我国陶瓷产区的集聚程度作了统计。其中，江西省、福建省、湖南省、广东省与山东省等省份陶瓷产区的空间集聚程度较高，景德镇市、泉州市、株洲市、佛山市与淄博市等城市是其主要的陶瓷产区，表 1 展现了 2020 年区位熵指数大于 1 的省份及其代表城市(产区)①。此外，我国陶瓷产业门类丰富，根据用途，可将陶瓷分为建筑陶瓷、卫生陶瓷、日用陶瓷与艺术陶瓷等不同类型。

**表 1　区位熵指数大于 1 的省份及代表城市(2020 年)[1]**

| 省份 | 所属地区 | 区位熵指数 | 代表城市 |
|---|---|---|---|
| 江西省 | 华东地区 | 3.35 | 景德镇市 |
| 福建省 | 华东地区 | 3.24 | 泉州市 |
| 湖南省 | 华中地区 | 1.70 | 株洲市 |
| 广东省 | 华南地区 | 1.70 | 佛山市 |
| 山东省 | 华东地区 | 1.12 | 淄博市 |
| 四川省 | 西南地区 | 1.01 | 乐山市 |

## 二、中国陶瓷产业面临的问题与发展趋势

我国陶瓷产业在文化底蕴、市场规模、技术创新和国际竞争力等方面具有独特的优势，但仍面临着一系列问题。

1. 技术创新和数智化转变产能过剩、资源过度依赖局面

改革开放以来，我国陶瓷产业发展迅猛、陶瓷产量居世界第一，陶瓷产品体系完善、门类齐全。2016 年后，我国陶瓷产量一度缩减，虽在与“一带一路”共建国家的合作下缩减趋势有所缓和，但产能过剩所带来的影响已积重难返[2]。目前，我国陶瓷产品大多运用传统工艺制造，生产原料多采用天然矿产，长期的开采致使高品质原料日渐减少，而大部分原料具有不可再生的特质，岌岌可危。随着科技的进步，中国陶瓷行业正积极推动陶瓷产业技术创新和智能化发展。新的生产技术和设备的引入，使得陶瓷制造更高效、更精确。数字化的发展有助于

① 区位熵指数表示一个地区的专业化或集聚程度，通常以数值 1 为判断标准，数值大于 1 表示产业在该地的集聚程度高于总体水平。

企业实现由提供传统产品服务向提供新时代产品服务的转变，构建完整有序的数字化生产经营体系和便捷高效的服务生态系统。

2. 绿色环保和可持续技术减少生产链条造成的环境污染

在陶瓷产业发展初期，许多企业片面追求经济利益，导致设备管控不足、环境污染严重。而相关处理工艺的滞后与企业环保意识的缺失，最终对环境造成了较大的破坏。中国陶瓷行业正致力于降低能耗、减少污染和提高资源利用效率。在生产过程中，采用更环保的材料、清洁能源和废弃物回收利用技术，以减少对环境的影响。

3. 技术创新与设计创新相结合，发展高端陶瓷市场

得益于国民经济的快速发展与人民生活品质的提高，我国高端陶瓷市场的需求不断扩大。然我国陶瓷产业仍存在规模大而实力弱，本国产品难以跻身中高端国际市场，高端陶瓷制品依赖进口的问题，制约我国陶瓷产业的进一步升级。我国陶瓷产业需要进一步从科技创新、设计创新、绿色制造等方面入手，向价值链、供应链中高端迈进，从传统向高新、从低端向高端、从制造向智造迭代升级。

## 三、科技创新支撑传统陶瓷产业升级

1. 加大新材料、新工艺研发和创新力度，提高产品的质量和工艺水平

科技创新是提高产品质量和工艺水平非常重要的一环，围绕突破新材料关键核心技术，提高产品科研技术含量，助推陶瓷行业向高精尖方向发展。部分陶瓷产区已经展开了相关探索：福建德化陶瓷企业重点关注新赛道，推进碳纤维等高新材料产业建设，应用新型材料和工艺，开发出更具创新性和竞争力的陶瓷产品；河北邯郸陶瓷企业在原料加工、产品成型等方面采用了一系列先进的工艺技术装备，生产的强化瓷、新骨质瓷等处于国内领先水平，拥有较高的市场知名度和较多的品牌产品；山东淄博坐拥国家工业陶瓷工程技术研究中心，该中心是全国工业陶瓷领域唯一的国家工程技术研究中心；山东临沂陶瓷企业围绕石油、化工、航空航天等应用领域，向生产具备机械功能、热功能、电磁功能的陶瓷方向拓展，依托丰富的石英砂岩资源和硅产业科技创新园，拓展碳化物陶瓷、氧化物陶瓷的应用领域。[3]

2. 数字化转型，大力推进行业智能制造

数字化升级成为陶瓷工厂的首要任务，陶瓷工厂利用人工智能技术，进行产

品设计、生产过程控制和质量检测等方面的优化和改进，全平台构建供应链管理和销售渠道，实现产业链协同优化、市场竞争力提升。福建德化陶瓷企业注重陶瓷产业数字赋能，重点发展针对行业算力需求的“云计算”中心，深化数字绿色技改专项行动；新明珠集团联合阿里达摩院，经过 2 年多的开发，成功研制 AI 表面缺陷检测系统，并在行业内率先实现产业化应用；蒙娜丽莎集团对标“灯塔工厂”，打造了蒙娜丽莎特高板数智化示范车间，其代表着世界陶瓷板材制造的高端水平，引领中国建陶产业在数字化、智能化与绿色化方面走在世界前列[4]；广东潮州陶瓷企业践行“设备换芯、生产换线、机器换人”的新型工业化转型路线，主动应用智能技术向新领域迈进，不断推动产业走向价值链、供应链中高端。

3. 绿色环保，注重节能减排、资源循环利用，向绿色可持续发展方向转变

加强环保意识，推动绿色制造，采用清洁生产技术和环保材料，减少能源消耗和环境污染。广东佛山东鹏控股通过历史数据分析，总结窑炉优化数据，节省天然气，减少碳排放。湖南醴陵华联瓷业、华鑫电瓷等企业率先制定省绿色设计产品评价标准，阳东磁电专利成果“农林废弃物资源化无害化处理成套技术装备”关键技术被鉴定为达到国际先进水平[5]。河北邯郸陶瓷企业采用“釉中彩”技艺生产的高档日用瓷因环保健康而被誉为“绿色陶瓷”，深受欧美高端市场欢迎。

## 参考文献

[1] 曹嘉琪. 陶瓷产业空间集聚演化特征及其驱动因素研究[D]. 景德镇：景德镇陶瓷大学，2022.

[2] 王欣. 我国陶瓷产业现状及发展趋势[J]. 山东陶瓷，2022，45(6)：70-74.

[3] 临沂市人民政府. 临沂市战略性新兴产业发展规划[EB/OL]. (2022-12-31)[2024-02-29]. http://www.linyi.gov.cn/info/9319/343015.htm?eqid=b2fb6e810000269300000003642f7e45.

[4] 刘蓉. 圆桌论坛|新的一年，佛山陶瓷行业如何乘风破浪?. (2022-03-07)[2024-02-29]. https://www.fsonline.com.cn/p/297294.html.

[5] 湖南省发展和改革委员会. 湖南“碳”路|醴陵市：探索绿色低碳发展新路径 打造中国陶瓷节能新典范. (2023-04-08)[2024-02-29]. https://mp.weixin.qq.com/s/sTv0dMV3pH01AukvMimR2Q.

# 营商环境如何驱动专精特新中小企业培育

| 敦　帅

专精特新中小企业凭借主营业务专业化、管理经营精细化、产品服务特色化和创新效能新颖化，已成为优化现代产业体系、提升基础研究能力、破解“卡脖子”关键技术难题、构建创新型发展格局、推动经济高质量发展的核心主体。培育和促进专精特新中小企业高质量发展，是建设制造强国的有效方式，是构筑就业保障的高能途径，是激发企业活力的关键举措，有利于提高企业资源利用效率，有利于实现经济增长和新旧引擎的更替，有利于推动质量变革、效率变革和动力变革。《2022 年国务院政府工作报告》强调，“着力培育‘专精特新’企业，在资金、人才、孵化平台搭建等方面给予大力支持”。党的二十大报告进一步强调，“支持专精特新企业发展”。大力培育发展专精特新中小企业已成为全面建成社会主义现代化强国的重要内容。截至 2022 年 8 月，我国总计公布四批共 9 119 家专精特新“小巨人”企业，涵盖新材料、新能源、新技术、新制造等各领域，基础技术、基础材料、基础部件、基础工艺等领域的专精特新中小企业已成为国家的重点扶持对象。

## 一、研究模型

营商环境作为复杂的生态系统，其构成要素具有多元化、系统化、层次化的特征。基于已有研究可知，营商环境要素分类有二元、四元、六元、七元和八元等多种论断，已经形成了相对成熟的研究基础，但是关于营商环境的测量仍未形成统一的认知体系。因此，本文在上述研究的基础上，结合国家发展和改革委员会发布的《中国营商环境报告 2020》、广东粤港澳大湾区研究院和 21 世纪经济研究院发布的《2020 年中国 296 个城市营商环境报告》，以及中国战略文化促进会、中国经济传媒协会、万博新经济研究院和第一财经研究院联合发布的《2019 中国城市营商环境指数评价报告》等研究报告，聚焦研究问题、定性比较分析(Qualitative Comparative Analysis，QCA)方法对变量的要求和样本容量，基于环境的视角，将营商环境要素分为市场环境、政务环境、法律环境、创新环境和人文环境。

专精特新中小企业培育是一项复杂的系统工程，受到营商环境视域下市场环境、政务环境、法律环境、创新环境和人文环境的协同影响，营商环境各具体因素也为后续的变量选择提供了依据。然而，营商环境下某单一因素是否是专精特新中小企业培育的必要条件？营商环境各具体因素需要以怎样的方式组合才能更好地促进专精特新中小企业的培育？怎样的营商环境组态会阻碍专精特新中小企业的培育？现有研究并未给出答案。由于 QCA 方法主要解构多元同效因素对结果发生的协同作用，能够从不同角度发掘各因素与结果的不对称性等效度的复合因果联系，从而为培育专精特新中小企业协同作用机制的研究提出了更为合理的分析方法。因此，本文基于组态视角，采取 QCA 分析方法，探究营商环境各要素对专精特新中小企业培育的复杂影响机制和协同驱动路径，具体理论模型如图 1 所示。

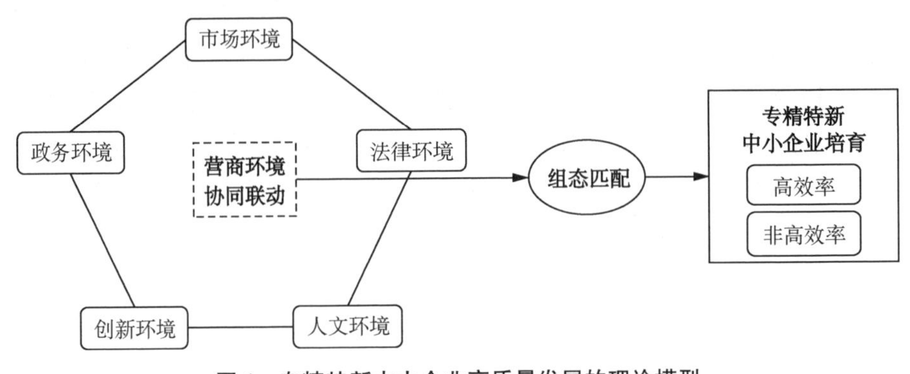


**图 1　专精特新中小企业高质量发展的理论模型**

## 二、协同驱动路径

本文以我国 31 个省（自治区、直辖市）专精特新中小企业培育数量为样本，从营商环境视角出发，运用组态思维和 QCA 方法整合市场环境、政务环境、法律环境、人文环境和创新环境五方面的条件变量，解构影响专精特新中小企业培育区域差异的多重并发因素和因果复杂机制。

### 1. 市场—人文环境协同驱动型路径

市场—人文环境协同驱动型路径是指，在政务环境和创新环境不足、法律环境无关紧要的情形下，良好的市场环境和良好的人文环境可以协同驱动专精特新中小企业培育效率提高。一方面，良好的市场环境不仅可以为中小企业获得人才、资金、技术、材料等环境资源提供支撑，而且可以为中小企业开拓市场机会、赢得市场竞争和提升核心能力提供支持，是中小企业向“专精特新”转型创新的重要推力。另一方面，良好的人文环境不仅有助于企业间形成内外融合的强关系链，实现不同企业间资源的开放共享，而且通过构建良好的社会信用体系，有助于企业间形成良好的忠诚、联合与信任关系，是中小企业向“专精特新”转型创新的重要拉力。同时，良好的市场环境可以推动企业形成良好人文环境，良好的人文环境可以塑造良好的企业市场环境，良好的市场环境和良好的人文环境的协同可以推动中小企业向“专精特新”转型过程中“推力＋拉力”的合力场形成。

2. 人文—创新环境协同驱动型路径

人文—创新环境协同驱动型路径是指，在市场环境和政务环境不足或法律环境无关紧要的情况下，专精特新中小企业培育的高效率主要由良好的人文环境和良好的创新环境协同驱动。一方面，良好的人文环境不但可以推动企业间资源开放共享，形成强关系链，而且可以依托较好的社会信用助力企业间形成忠诚、联合与信任的良好关系，从而促进中小企业向“专精特新”转型。另一方面，良好的创新环境既是中小企业整合创新资源、加大创新投入、增进创新合作、强化技术溢出、提升创新能力的外部保障，也是中小企业开拓新生存空间和探索新发展机会的重要助力。同时，良好的人文环境通过强化企业间良好的关系链推动良好的创新环境形成，良好的创新环境又通过增进企业发展动力源推动良好的人文环境形成。可见，良好的人文环境和良好的创新环境的协同可发挥推动中小企业向“专精特新”转型过程中“关系链＋动力源”的场效应。

此外，由以上两条路径可知，良好的人文环境在两个组态中均作为核心条件出现，在专精特新中小企业培育的高效率方面发挥了核心作用，表明良好的人文环境对专精特新中小企业培育的高效率有着较为普遍的影响。

## 三、实践启示

1. 有的放矢，集中有限优势资源推动专精特新中小企业培育

研究发现，专精特新中小企业培育效果受到营商环境多重因素的协同影响，多重因素可以通过不同的组态结合，提升专精特新中小企业培育的效率，达到

"殊途同归"的效果。因此,在资源有限的条件下,相关部门要集中有限优势资源,选择适合本区域的驱动路径,有的放矢地优化营商关键要素环境,推动实现专精特新中小企业培育的高效率。

2. 重点发力,打造更好的人文环境,促进专精特新中小企业培育

良好的开放共享机制和社会信用体系是中小企业持续发展与创新升级的重要基础和保障。良好的人文环境在研究发现的专精特新中小企业培育高效率协同路径中出现了两次,对专精特新中小企业培育的高效率有着较为普遍的影响。因此,在专精特新中小企业培育上,相关部门要通过构建共享平台和健全开放机制,加强社会征信和规范失信惩戒,为中小企业的"专精特新"转型升级提供良好的人文环境。

# 中国"一带一路"科技创新合作的成效、问题与建议*

|鲍悦华　吴　诗

## 一、科技创新合作："一带一路"倡议的重要内容

"一带一路"倡议与中华民族伟大复兴紧密相关，2023 年是习近平主席提出"一带一路"倡议 10 周年。2013 年秋，习近平主席在访问哈萨克斯坦、印度尼西亚期间，先后提出共建丝绸之路经济带和 21 世纪海上丝绸之路重大倡议。2015 年 3 月，国家发展改革委、外交部、商务部联合发布《推动共建丝绸之路经济带和 21 世纪海上丝绸之路的愿景和行动》，以政策沟通、设施联通、贸易畅通、资金融通、民心相通（以下简称"五通"）为主要内容，积极推进"一带一路"共建国家发展战略的相互对接，这标志着"一带一路"倡议进入实施阶段。

科技创新合作是"一带一路"倡议的重要内容，"五通"建设内容中都贯穿着科学技术的扩散、转移与分享。推动"一带一路"科技创新合作是我国应对世情国情变化、扩大开放、实施创新驱动发展战略的重大需求[1]。2023 年 11 月，习近平主席向首届"一带一路"科技交流大会致贺信，指出"科技合作是共建'一带一路'合作的重要组成部分"。

"一带一路"共建国家经济总量约占全球经济总量的 30%，人口总量超过全球人口的 60%，经济、贸易增速高于世界平均水平，但共建国家大多为新兴经济体和发展中国家，科技发展水平相对较低，经济发展的科技需求较大，科技合作无疑是"一带一路"合作的关键点和突破口[2]。在与共建国家合作过程中，我国能将剩余产能、优势产能转移到共建国家，既有利于解决中国产能过剩问题，又能使共建国家在与中国开展产能合作的过程中吸收中国先进技术、扶贫理念、经

* 本文为国家社会科学基金重大项目"新形势下进一步完善国家科技治理体系研究"（项目编号：21ZDA018）阶段性研究成果。

验等[3]。对于共建国家而言，“一带一路”科技创新合作能帮助其突破低端锁定、实现价值链攀升和产业升级[4]。当前全球已进入“技术国际化”的初始阶段，沿线发展中国家抓住机遇，不断加强国际技术合作，是其获得科技全球化所带来的利益的关键[5]。

## 二、我国“一带一路”科技创新合作布局与成效

### 1. 我国“一带一路”科技创新合作布局

2017 年 5 月，习近平主席在首届“一带一路”国际合作高峰论坛开幕式上提出，中国愿同各国加强创新合作，启动“一带一路”科技创新行动计划，开展科技人文交流、共建联合实验室、进行科技园区合作、推进技术转移 4 项行动。

在科技领域，2016 年 9 月，科技部、国家发展改革委、外交部、商务部联合发布《推进“一带一路”建设科技创新合作专项规划》，明确提出“一带一路”科技创新合作的近、中、远期战略目标，并确立了密切科技人文交流合作、加强合作平台建设、促进基础设施互联互通、强化合作研究等重点任务。

在教育领域，中国每年向共建国家提供 1 万个政府奖学金名额，教育部于 2016 年 7 月发布《推进共建“一带一路”教育行动》，设计了加强“丝绸之路”人文交流高层磋商、充分发挥国际合作平台作用、实施“丝绸之路”教育援助计划、开展“丝路金驼金帆”表彰工作 4 方面内容，为“五通”提供支撑。

在知识产权领域，2016 年，在“一带一路”知识产权高级别会议上，与会的各国知识产权机构共同展望了加强知识产权领域合作的愿景，形成《加强“一带一路”国家知识产权领域合作的共同倡议》，对于加强“一带一路”知识产权合作发挥了积极作用；2018 年 8 月，在“一带一路”知识产权圆桌会议期间，中国与“一带一路”共建国家联合发布《关于进一步推进“一带一路”国家知识产权务实合作的联合声明》，为科技创新合作强化制度保障。

在税收领域，2019 年 4 月，34 个国家和地区税务部门共同签署《“一带一路”税收征管合作机制谅解备忘录》，标志着“一带一路”税收征管合作机制正式成立。

在地方政府层面，新疆维吾尔自治区作为“丝绸之路经济带核心区”，先后出台了《新疆生产建设兵团参与建设丝绸之路经济带的实施方案》《丝绸之路经济带创新驱动发展试验区总体规划纲要》等文件；福建省作为“21 世纪海上丝绸之路核心区”，出台了《福建省 21 世纪海上丝绸之路核心区建设方案》；上海市、天

津市、内蒙古自治区、宁夏回族自治区、陕西省、青海省、甘肃省、重庆市、广东省、海南省等省(自治区、直辖市)也结合各自在“一带一路”倡议中的定位,出台了专项规划和行动计划,通过设立“一带一路”国家科技合作项目专项经费、推进“技术转移中心”“自由贸易区”等平台建设,鼓励本地创新主体参与“一带一路”科技创新合作,还通过支持本地企业以绿地投资、独资新建、跨国并购等方式,在“一带一路”共建国家设立联合研发中心、分支实验机构等,促进高端产业相互贸易和投资便利化,消除科技要素流动壁垒,改善资源配置[4]。

中国科学院是“一带一路”国际科技创新合作重要的策动主体。中国科学院于2013年开始实施“发展中国家科教合作拓展工程”,为“一带一路”倡议的提出做了大量前期铺垫和探索实践[6]。2016年,中国科学院启动“一带一路”国际技术合作行动计划,牵头打造共建国家科技创新共同体[7]。2018年,中国科学院牵头成立“一带一路”国际科学组织联盟(The Auiance of International Science Organizations, ANSO),推动“一带一路”共建国家和地区合作。截至2023年6月,共有来自48个国家的67个单位加入ANSO,具体包括27个国家科学院、23所大学、10个国家级科研院所、7个国际组织[8]。中国科学院主要通过三条通道策动“一带一路”国际科技创新合作。一是中国科学院在其下属研究所建立了中国科学院—发展中国家(CAS-TWAS)气候与环境科学卓越中心、CAS-TWAS绿色技术卓越中心等5个卓越中心,这些卓越中心不仅承担从合作科研到促进发展中国家科技创新能力提升的一系列工作,每年还为“一带一路”共建国家培训青年科技人才。二是中国科学院在非洲、中亚、南美洲、南亚和东南亚设立了9个研究和培训中心,包括中国科学院曼谷创新合作中心、中国科学院南美天文研究中心等,这些中心通常由东道国和中国共同出资,中国科学院还与其他地方的大学之间有数百项单独合作。三是中国科学院构建了“数字一带一路”平台,供中国与其他ANSO参与国分享合作项目获得的数据,这些数据包括卫星数据,以及自然灾害、水资源和文化遗址等方面的数据[9]。

2. 我国“一带一路”科技创新合作成效

在加强政府间科技合作方面,2016年中国与联合国开发计划署签署的《关于共同推进丝绸之路经济带和21世纪海上丝绸之路建设的谅解备忘录》是中国政府与国际组织签署的第一份政府间共建“一带一路”谅解备忘录,创新了国际组织参与“一带一路”建设模式。截至2021年年底,中国已经和161个国家和地区建立了科技合作关系,签订了114个《政府间科技合作协定》(其中,与“一带一路”共建国家签署的《政府间科技合作协定》达 84 个），参与了涉及科技的 200 多个国际组织和多边机制，支持联合研究项目 1 118 项，在农业、新能源、卫生健康等领域启动建设 53 家联合实验室，分别与东盟、南亚、阿拉伯国家、中亚、中东欧共建 5 个国家级区域技术转移平台。

在参与全球创新治理方面，我国已参与国际热核聚变实验堆、平方公里阵列射电望远镜等近 60 个国际大科学计划和大科学工程。积极参与公共卫生、清洁能源等全球创新治理，在 G20 科技创新部长会议、上海合作组织成员国科技部长会议、金砖国家科技创新部长级会议等多边机制中主动提出创新议题和发出合作倡议。

在“一带一路”科技创新行动计划方面，我国围绕科技人文交流、共建联合实验室、科技园区合作和技术转移中心建设 4 项行动，分 3 批启动 53 家“一带一路”联合实验室建设，支持 3 500 余人次青年科学家来华开展为期半年以上的科研工作，培训超过 1.5 万名国外科技人员，资助专家近 2 000 人次。面向东盟、南亚、阿拉伯国家、中亚、中东欧国家、非洲、上海合作组织、拉丁美洲建设了 8 个跨国技术转移平台，并在联合国南南框架下建立了“技术转移南南合作中心”，基本形成“一带一路”技术转移网络。

在应对人类共同挑战方面，新冠疫情暴发以来，我国积极组织实施“科技抗疫国际合作行动”，举办几十场双多边新冠疫情专家研讨会，围绕药物、疫苗、检测等开展联合研究，支持我国企业、科研机构“走出去”，建设 3 家传染病防治“一带一路”联合实验室，启动金砖国家疫苗研发中心建设。

在持续推动对外科技合作交流方面，我国积极支持外籍专家牵头或参与我国科技计划。自 2015 年重点研发计划设立以来，已吸引一大批外籍科学家担任项目或课题负责人。2021 年中外合著科技论文数量已超过 18.3 万篇，比 2015 年增长了 1.5 倍，合作伙伴涉及 169 个国家和地区。我国已加入 200 多个国际组织和多边机制，在国际科技组织担任高级职务的中国专家学者超过 1 200 人。

随着“一带一路”科技创新合作日趋深化，中国已成为美国等西方国家的有力竞争者。在过去，非洲、亚洲、南美洲等地几代科研人员在西方国家接受培训，其中有相当一部分科研人员选择在西方国家扎根。有别于西方国家的科技创新合作—人才攫取模式，中国在“一带一路”倡议下培养的绝大多数科研人员学成后会回到其祖国，这能够显著提升“一带一路”共建国家中广大发展中国家的高水平科研人才储备与科技创新能力，也使得中国逐渐成为绝大多数发展中国家当前乃至未来的首选科技创新合作伙伴，国际科技创新合作版图因此正逐步发生变化。

## 三、我国“一带一路”科技创新合作面临的问题与挑战

当今国际政治局势波诡云谲，“一带一路”共建国家经济发展水平不足，政治动荡、风俗文化各异、安全形势复杂，这使得我国“一带一路”科技创新合作面临一系列问题与挑战。

1. 不同国家对“一带一路”倡议存在认知差异，合作态度迥异

在“一带一路”倡议实施过程中，不同国家和地区对科技合作的态度存在差异，一些国家对“一带一路”科技创新合作持欢迎态度，如巴基斯坦、斯里兰卡、蒙古国、缅甸、泰国等；一些共建国家态度较为模糊，既想分享“一带一路”收益，又始终保持一定警惕，如俄罗斯、印度、韩国及部分欧盟成员国等；一些西方科技强国则态度冷淡，甚至推出类似计划对“一带一路”倡议加以抵制，这些都影响了“一带一路”科技创新合作的效率与效果。

2. 国际政治局势动荡显著提升“一带一路”科技创新合作风险

对于美国而言，中国已成为“最严峻的竞争对手”。拜登政府一方面对中国的科技创新活动进行管控封锁，另一方面又与其他“志同道合”的国家和地区加强合作，试图组建对外联盟实现对中国的遏制[10]。

美国先后与欧盟建立“贸易和技术委员会”(Trade and Technology Council，TTC)，与其他 G7 国家签订 G7 研究契约(*G7 Research Compact 2021*)，与澳大利亚、印度和日本组建“四方安全对话”(The Quadrilateral Security Dialogue，QUAD)，与英国、澳大利亚组建三边合作伙伴关系(AUKUS)，与韩国设定《更新、提升、现代化：21 世纪美韩同盟战略蓝图》、与印度建立“2+2”对话机制和清洁能源伙伴关系，与巴西签订贸易便利化、规范监管、反腐败双边合作协议，这与“一带一路”倡议形成直接对抗与冲突。在合作技术领域方面，美国在 5G 技术领域联合 32 个国家发布“布拉格提案”(The Prague Proposals)；在 AI 领域建立包含 15 个国家的“人工智能全球合作伙伴组织”(Global Partnership on Artificial Intelligence，GPAI)；在量子技术领域与日本签署《东京量子合作声明》(*Tokyo Statement on Quantum Cooperation*)，对中国参与的科技创新合作进行全面“绞杀”或限制。

俄罗斯和乌克兰是"一带一路"重要共建国家，俄乌冲突不仅加大了地缘政治风险，对全球粮食和能源供应造成了冲击，也导致许多基础原材料和关键零部件断供，加剧全球创新链与产业链断裂风险，更直接影响了中国与这两个国家，以及这两个国家与其他"一带一路"共建国家的科技创新合作。

欧盟对"一带一路"倡议的认识经历了由期待与合作，到抵触与反对、竞争与压制的过程[11]。尽管欧盟成员国之间意见尚未统一，但已有不少欧洲政界与学术界人士担忧中国与欧盟成员国的合作会造成欧盟内部的分裂，认为欧盟应该从欧洲自身优势出发，联合"跨大西洋"力量，最大限度地开展竞争，在绿色发展、数字经济等方面构筑新的竞争优势[12]。2022 年 8 月，继立陶宛之后，爱沙尼亚与拉脱维亚正式宣布退出由中国主导的"17＋1"合作机制，"一带一路"倡议下中国与中东欧合作的不确定性增强。

3. 中国"一带一路"科技创新合作融入程度有待提高

经过多年发展，中国与"一带一路"共建国家科技创新合作已经取得了长足发展。从基于 PCT 专利合作申请数据的"一带一路"共建国家间合作网络演化过程来看，中国已经在第五阶段超越俄罗斯，成为"一带一路"科技合作网络的"双核"之一，在合作网络中发挥着重要的核心作用。中国、俄罗斯、印度、新加坡和以色列 5 个经济较为发达的"一带一路"共建国家彼此间合作较为紧密，已形成连通性较好的子网络，如图 1 所示[13]。任德孝、刘清杰和张坤领基于 GDELT 合作事件大数据，运用复杂网络分析方法也得出了类似结论[14]。

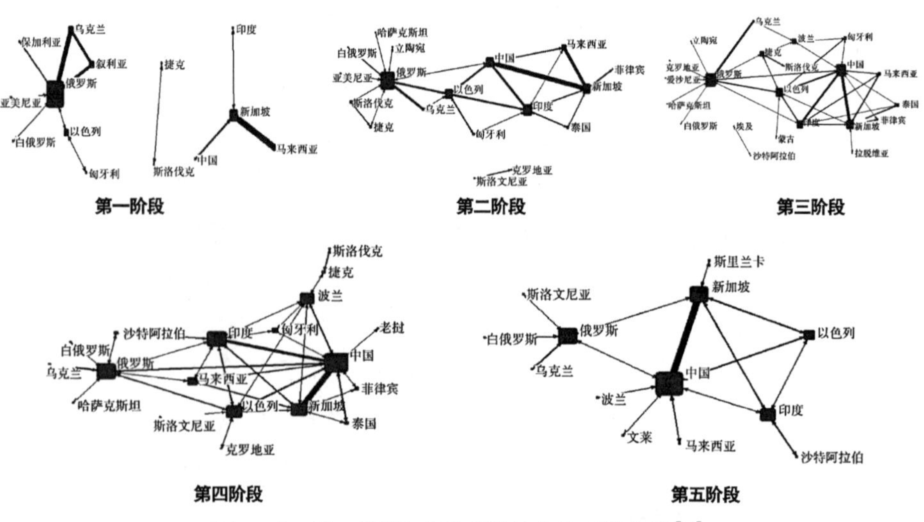


图 1 "一带一路"共建国家科技合作网络演进[13]

但整体而言，目前"一带一路"科技创新合作网络整体仍处于初级阶段，中国与共建国家科技创新合作在数量和质量上均低于与发达国家间的科研创新合作，中国与"一带一路"共建国家科技合作差异较大，合作区域呈现不均衡的特征[15-16]。近年来，中国在"一带一路"共建国家的专利申请量呈增长趋势，但中国的专利申请量仅占这些国家受理的专利申请总量的 0.6%左右，美国、日本等发达国家已经在印度、新加坡、俄罗斯等主要"一带一路"共建国家部署了大量专利，形成了明显的专利竞争优势，如表 1 所示[17]。

**表 1　主要"一带一路"共建国家专利申请情况及中国专利申请进入情况[17]**

| 序号 | 国家 | 专利申请总量(万件) | 本国申请量(万件) | 外国专利申请进入量(万件) | 中国专利申请进入量(万件) | 中国专利申请进入量在外国专利申请进入量中的占比 |
|---|---|---|---|---|---|---|
| 1 | 俄罗斯 | 71.2 | 57.1 | 14.1 | 0.22 | 1.6% |
| 2 | 印度 | 31.5 | 6.9 | 24.6 | 0.65 | 2.7% |
| 3 | 波兰 | 26.1 | 12.8 | 13.3 | 0.01 | 0.1% |
| 4 | 乌克兰 | 12.7 | 10.6 | 2.1 | 0.01 | 0.5% |
| 5 | 匈牙利 | 11.6 | 4.9 | 6.8 | 0.003 | 0.1% |
| 6 | 新加坡 | 10.8 | 0.7 | 10.1 | 0.19 | 1.9% |
| 7 | 以色列 | 9.1 | 1.8 | 7.3 | 0.01 | 0.1% |
| 8 | 捷克 | 7.7 | 3.8 | 3.9 | 0.005 | 0.1% |
| 9 | 罗马尼亚 | 7 | 4.2 | 2.8 | 0.001 | 0.1% |
| 10 | 土耳其 | 6.2 | 3.3 | 2.9 | 0.01 | 0.5% |

## 四、推进"一带一路"科技创新合作的建议

第一，在思想层面，坚定"一带一路"科技创新合作道路不动摇。正如习近平主席在上海合作组织青岛峰会上所说："合则强，孤则弱，'地球村'的世界决定了各国日益利益交融、命运与共，合作共赢是大势所趋。"面对复杂严峻的国际科技创新合作外部环境，我国必须坚定开放合作信念，围绕"五通"建设核心内容，努力提升合作层次，高质量建设"一带一路"科技创新共同体。中国国力日益增强，

必须充分认识到中美科技竞争已难以回避，中美两国在关键技术领域处于竞争状态的长期性，中国已无法延续“韬光养晦”的路径，面对美国的各项针对性举措和国际科技合作外部环境的恶化应做好充分应对准备。

第二，在话语层面，打造引领“一带一路”科技创新合作的中国叙事。美国及其盟友掌握着舆论走向，以“安全”“民主”“人权”等问题遏制中国“一带一路”科技创新合作活动，推进全球产业链“去中国化”。中国已经带来了与西方科技强国不同的合作模式，中国应向国际社会加大宣传力度，阐述中国“一带一路”倡议及科技创新合作以共同发展为根本属性、以平等互利为原则、以务实合作为导向的价值取向，以及应对全球挑战的价值主张，在维护地区和平安全稳定、气候变暖、欠发达国家地区科技援助等全球问题上展现负责任大国形象，在全球气候谈判等平台呼吁美国等国家更多参与，使得中国国际科技合作的价值主张能够在全球范围内深入人心，减轻相关舆论走向对西方媒体的依赖。

第三，在实践层面，一是必须保持自身价值定力，始终坚持以我为主，不断提升国际科技创新合作治理能力，完善科技开放合作体制机制，加强不同部门间政策协调，增强我国科技创新治理体系的弹性、韧性、张力、黏度和活力；二是做好“一带一路”科技创新合作活动的顶层设计，充分发挥上海合作组织、中国—东盟“10＋1”领导人会议、亚欧会议、亚信会议等平台的作用，建立健全多边合作机制；三是针对“一带一路”共建国家资源禀赋特点，精准施策，开展针对性合作，重点推进中国与欧盟在能源、健康等领域的合作，发展“绿色一带一路”“健康一带一路”，增强中欧战略互信；四是加快建立“一带一路”科技合作专项基金，发挥基金的引导支持和资源整合作用，鼓励共建国家科研人员在基础研究领域自由合作探索，解决共建国家发展过程中面临的技术问题，提高共建国家参与“一带一路”科技创新合作的积极性；五是遵守国际科技经贸规则、国际条约、行业准则，与共建国家共同探索新的“一带一路”科技创新合作规则与机制，完善科技创新合作项目的合规体系，为合作项目做好风险防控预案，防范与规避重大风险。

## 参考文献

[1] 中华人民共和国科学技术部. 科技部 发展改革委 外交部 商务部关于印发《推进“一带一路”建设科技创新合作专项规划》的通知[EB/OL]. (2016-09-14)[2023-06-27]. https://www.most.gov.cn/tztg/201609/t20160914_127689.html.

[2] 方维慰. “一带一路”国家科技合作与协同创新的机制研究[J]. 重庆社会科学，2020

(12):45-58.

[3] 王志章,王静. 中国与“一带一路”国家间产能合作推动贫困治理研究:一个文献综述[J]. 新疆大学学报(哲学·人文社会科学版),2018,46(3):1-8.

[4] 卢子宸,高汉. “一带一路”科技创新合作促进城市产业升级——基于 PSM-DID 方法的实证研究[J]. 科技管理研究,2020,40(5):130-138.

[5] 闫春,李斌. “一带一路”背景下深化中国国际技术合作的对策[J]. 河北大学学报(哲学社会科学版),2018,43(2):116-125.

[6] 中国科学院. 中国科学院共建“一带一路”国际科技合作行动方案[EB/OL]. (2023-04-25)[2023-06-27]. http://www.scio.gov.cn/xwfbh/xwbfbh/wqfbh/39595/40268/xgzc40274/Document/1652297/1652297.htm.

[7] 唐琳. “一带一路”:中科院在行动[J]. 科学新闻,2016(6):30-33.

[8] ANSO. 2022 ANSO annual report[R/OL]. [2023-06-27]. http://www.anso.org.cn/ch/ansocbw/bg/202306/P020230608653801900416.pdf.

[9] EHSAN MASOOD. All roads lead to China: China's modern-day silk routes are reshaping science around the globe[J]. Nature, 2019(569):20-23.

[10] 黄日涵,高恩泽. “小院高墙”:拜登政府的科技竞争战略[J]. 外交评论(外交学院学报),2022,39(2):133-154,8.

[11] 霍宏伟. 欧盟对“一带一路”科技创新合作的认知变化与应对举措研究[J]. 全球科技经济瞭望,2023,38(3):71-76.

[12] BRZOZOWSKI A. Global Europe brief: EU's counterproject to China's Belt and Road[EB/OL]. (2021-07-11)[2023-06-27]. https://www.euractiv.com/section/global-europe/news/global-europe-brief-eus-counter-project-to-chinas-beltand-road-initiative/.

[13] 陈欣. “一带一路”沿线国家科技合作网络演化研究[J]. 科学学研究,2020,38(10):1811-1817,1857.

[14] 任德孝,刘清杰,张坤领. “一带一路”沿线国家间合作网络特征及合作强度影响因素分析——基于合作事件大数据的跟踪研究[J]. 亚太经济,2023,236(1):71-79.

[15] 吴建南,杨若愚. 中国与“一带一路”国家的科技合作态势研究[J]. 科学学与科学技术管理,2016,37(1):14-20.

[16] 张明倩,邓敏敏. 中国与“一带一路”沿线国家跨国专利合作特征研究[J]. 情报杂志,2016,35(4):37-42,4.

[17] 毕亮亮,雷磊,刘伟. “一带一路”沿线国家专利布局及我国专利战略[J]. 全球科技经济瞭望,2018,33(3):47-59.

# 年度研究报告

# 长三角地区创新型企业协同培育现状

| 同济大学课题组

长三角区域创新型企业的协同培育是实现长三角区域一体化协同创新体制机制形成目标的重要组成部分。近年来，政府及相关部门陆续推出了一系列政策，增强了长三角企业的创新能力和竞争能力，提高了经济集聚度、区域连接性和政策协同效率，为企业的协同培育提供了良好的生存环境与发展基础。考察长三角地区创新型企业协同培育现状，可以从政策基础、资本、区位、科技、市场等角度分析总结。

## 一、长三角地区创新型企业协同培育的政策基础

2019 年 11 月 20 日，国家发展和改革委员会印发《长三角生态绿色一体化发展示范区总体方案》(以下简称《总体方案》)。《总体方案》提出，"到 2025 年一体化示范区主要功能框架基本形成，示范引领长三角更高质量一体化发展的作用初步发挥""到 2035 年，形成更加成熟，更加有效的绿色一体化发展制度体系，全面建设成为示范引领长三角更高质量一体化发展的标杆"。

2019 年 12 月 1 日，中共中央、国务院印发《长江三角洲区域一体化发展规划纲要》(以下简称《纲要》)。《纲要》把长三角一体化发展上升为国家战略，提出"坚持创新共建、协调共进、绿色共保、开放共赢、民生共享的基本原则"，加快了建设现代化经济体系的进程，推动形成了区域协调发展新格局。

2020 年 12 月 29 日，科技部公布《长三角科技创新共同体建设发展规划》(以下简称《规划》)。《规划》将长三角定位为"高质量发展先行区、原始创新动力源、融合创新示范区、开放创新引领区"，明确了提升自主创新能力、构建创新生态环境、打造高质量发展先行区、促进开放创新四方面任务。这是首个提出构建长三角科技创新共同体的政策文件，为长三角科技创新的日后发展明确了方向，也为后续政策措施的实行提供了基础。

2021 年 6 月 7 日，推动长三角一体化发展领导小组印发《长三角一体化发

展规划“十四五”实施方案》(以下简称《实施方案》)。《实施方案》明确了长三角未来发展的重大政策、重大事项与重大项目,提出加强跨区域协同,为长三角的未来发展作出了非常详尽的规划,将长三角一体化的进程推向深入。

现如今长三角经济总体上持续增长,引领全国,2022 年三省一市的 GDP 总量达 29 万亿元,面对内外部的多重压力与挑战展现出较强的发展韧性,同比增速达 2.5%;长三角协同创新步伐加快,共建企业联合创新中心 278 家,研发投入强度高达 3.01%,平均每万人中有研发人员 71.18 人,协同创新指数较 2011 年增长近 1.5 倍,其中成果共用、资源共享和创新合作三个指标增长尤为显著;长三角产业集群优势凸显,在集成电路、生物医药、人工智能和汽车等战略性新兴产业和先进制造业已形成产业优势集群。然而,长三角目前仍存在着地区间产业专业化协同分工水平不高的问题,需要加快构建协同创新产业体系,强化科技战略力量,推进科技创新资源和平台共建共享,强化产业管理部门与链主企业或科研机构合作,组建面向市场的区域产业链促进机构,加快形成区域供应链的内循环。

## 二、长三角地区创新型企业协同培育现状——资本协同

在资本协同上,以江浙沪皖截至 2022 年 6 月 30 日在科创板上市的来自不同行业、不同地域的 183 家企业为例,观察样本企业股东的地域、性质分布,可以发现以下情况。按地域分类来看,样本企业分布为江苏省 75 家、安徽省 15 家、上海市 60 家、浙江省 33 家。江苏、浙江、安徽三省的样本企业大多分布在苏州、杭州、合肥三市,地域上较为集中(图 1)。

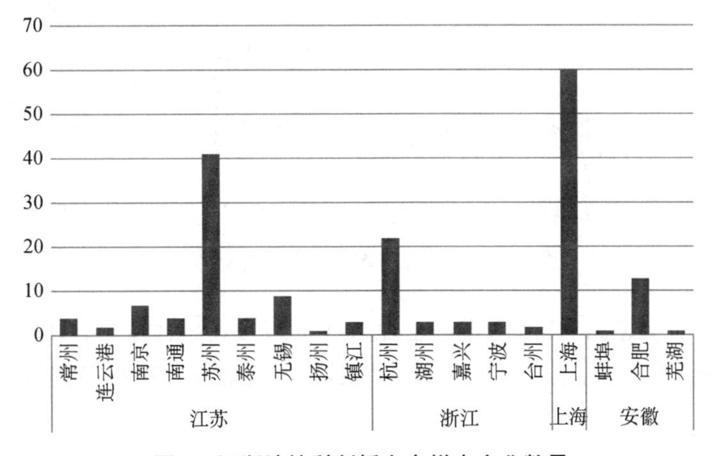


**图 1　江浙沪皖科创板上市样本企业数量**

进一步考察183家样本企业三大股东的股份占比、所在地①、股东性质，按照地区分类计算样本企业非本省股东股权占比、样本企业长三角地区非本省股东股权占比及国有资产股权占比均值，得到按地区分类样本企业股份分布情况，如图2所示。其中，江苏省在长三角地区的非本省股份占比为2.07%，国有资产股份占比为2.43%；浙江省在长三角地区的非本省股份占比为2.01%，国有资产股份占比为1.68%；上海市在长三角地区的非本省股份占比为2.04%，国有资产股份占比为5.70%；安徽省在长三角地区的非本省股份占比为0.33%，国有资产股份占比为10.12%。数据结果表明，上海市企业非本省股份占比显著突出，江苏省、上海市、浙江省企业长三角地区非本省股份占比大体相同，安徽省国有资产股份占比显著突出。此外，对于非长三角地区的他省股东的所在地，按数量来看主要分布在北京市、广东省和江西省，按股权占比来看主要分布在广东省、福建省和辽宁省。说明仅从样本企业（尤其是上海市样本企业）三大股东来看，存在着一定的资本协同培育的情况，但长三角地区的资本协同培育情况较弱。另外，安徽省和上海市样本企业的国有资产股份占比较高，说明安徽省和上海市的样本企业在培育过程中存在着更强的政府资本扶持，政企协同的情况相对显著。

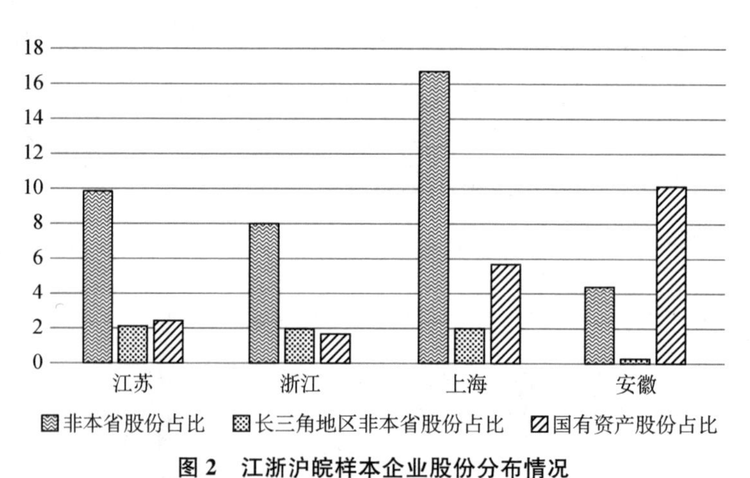


**图2　江浙沪皖样本企业股份分布情况**

按行业分类来看，选取的样本企业行业分布为新一代信息技术领域55家，高端装备领域47家，生物医药领域44家，新材料领域19家，节能环保领域10

① 仅统计法人股东所在地。

家，新能源领域 8 家。考察江浙沪皖各行业样本企业的数量情况，如表 1 所示，可以发现大多数行业样本企业聚集在上海市和江苏省，其次为浙江省和安徽省，但在高端装备领域中，上海市样本企业数量相对较少，而江苏、浙江、安徽三省样本企业数量相对较多。

**表 1　江浙沪皖各行业样本企业数量**

| 省份<br>样本企业数量(家) | 江苏省 | 浙江省 | 上海市 | 安徽省 |
|---|---|---|---|---|
| 新一代信息技术领域样本企业数量(家) | 21 | 8 | 24 | 2 |
| 生物医药领域样本企业数量(家) | 18 | 5 | 20 | 1 |
| 高端装备领域样本企业数量(家) | 22 | 11 | 7 | 7 |
| 新材料领域样本企业数量(家) | 7 | 4 | 5 | 3 |
| 节能环保领域样本企业数量(家) | 4 | 2 | 2 | 2 |
| 新能源领域样本企业数量(家) | 3 | 3 | 2 | 0 |

## 三、长三角地区创新型企业协同培育现状——区位协同

统计截至 2021 年 12 月 31 日样本企业持股 66.67%以上的子公司注册地，按地区分类观察子公司注册地分布是否位于母公司同省份，是否位于长三角地区，统计样本企业子公司总数量、同省份子公司总数量、长三角地区子公司总数量，并分别计算同省份子公司数量、长三角地区子公司数量在子公司总数中的占比，再计算样本企业同省份子公司数量与长三角地区子公司数量及差值在样本企业子公司总数中的占比的差值，计算结果如表 2、表 3 所示。不难发现上海市企业更倾向于在外省开设、注册子公司，同省份子公司占比仅 31.12%，而江苏省、浙江省相对更倾向于在省内开设、注册子公司，同省份子公司分别占比 47.55%和 47.20%。这之中，浙江省较其他省份更倾向于在长三角地区设立子公司，长三角地区子公司总数占比 63.55%。对长三角地区非本省子公司数量和占比进行考察，可以发现上海市在长三角地区子公司协同情况更为显著，长三角地区子公司占子公司总数比值为 22.73%，而江苏省的子公司长三角协同情况最不明显，长三角地区子公司占子公司总数比值为 10.87%。

表 2　江浙沪皖样本企业子公司地区分布情况

| 省份 | 样本企业子公司总数(家) | 同省份子公司数量(家) | 同省份子公司占比 | 长三角地区子公司数量(家) | 长三角地区子公司占比 |
|---|---|---|---|---|---|
| 江苏省 | 368 | 175 | 47.55% | 215 | 58.42% |
| 浙江省 | 214 | 101 | 47.20% | 136 | 63.55% |
| 上海市 | 286 | 89 | 31.12% | 154 | 53.85% |
| 安徽省 | 79 | 32 | 40.51% | 45 | 56.96% |

表 3　江浙沪皖样本企业子公司协同情况

| 省份 | 长三角地区协同情况(差值) | 长三角地区协同情况(比值) |
|---|---|---|
| 江苏省 | 40 | 10.87% |
| 浙江省 | 35 | 16.36% |
| 上海市 | 65 | 22.73% |
| 安徽省 | 13 | 16.46% |

## 四、长三角地区创新型企业协同培育现状——科技协同

专利数据在一定程度上代表了企业的创新产出水平，且具有数据规范、数据易得、客观性强、可比性强、实用性强等特点，一直作为企业创新绩效的重要指标被广大学者采用。因此，这里也采取专利数据来描述长三角的创新网络。2013—2022 年江浙沪皖的企业间专利合作数量如图 3 所示。本次检索是基于智慧芽专利数据库完成的。将当前专利权人所在地限定在上海、江苏、浙江与安徽，并将专利权人的类型限定为“公司”。检索式为：(ANC：(上海) OR ANC：(江苏) OR ANC：(浙江) OR ANC：(安徽)) AND ANCS_TYPE：(COMPANY)。然后，在过滤项界面选定专利权人数量(2-最大)、专利申请时间(2013—2017 或 2018—2022)，以及专利权人类型(排除除了企业外的全部类型，或院校/研究所)。如此得到最终的检索结果。

统计结果显示，2013—2022 年江浙沪皖的企业间专利合作数量呈逐年增加的趋势。江苏省、浙江省、上海市的企业间专利合作数量总体差距不大；上海市的专利合作数量最多，但 2021 年以来逐渐被浙江省所超越。安徽省的企业间专利合作数量远少于其他两省一市。2018—2022 年江浙沪皖企业—院校研究所专利合作网络图如图 4 所示，网络结构相关指标如表 4 所示。

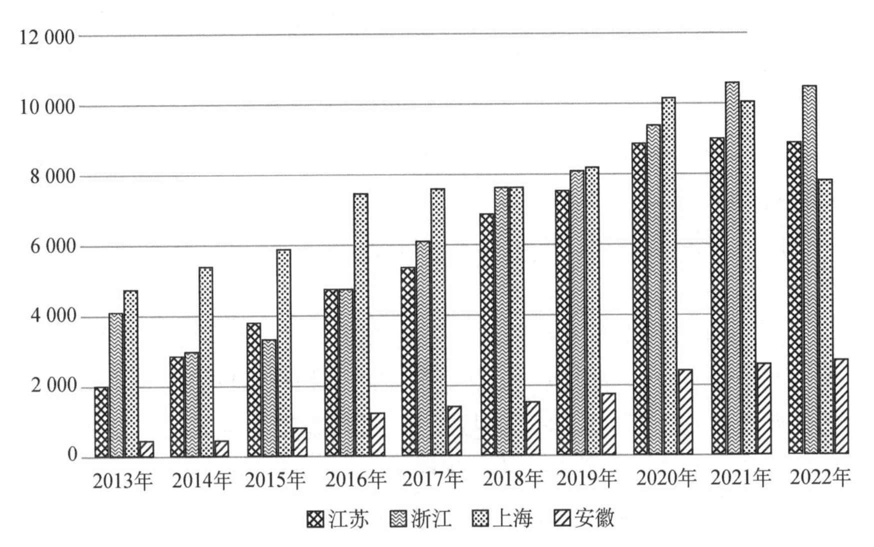


**图 3　2013—2022 年江浙沪皖企业间专利合作数量**

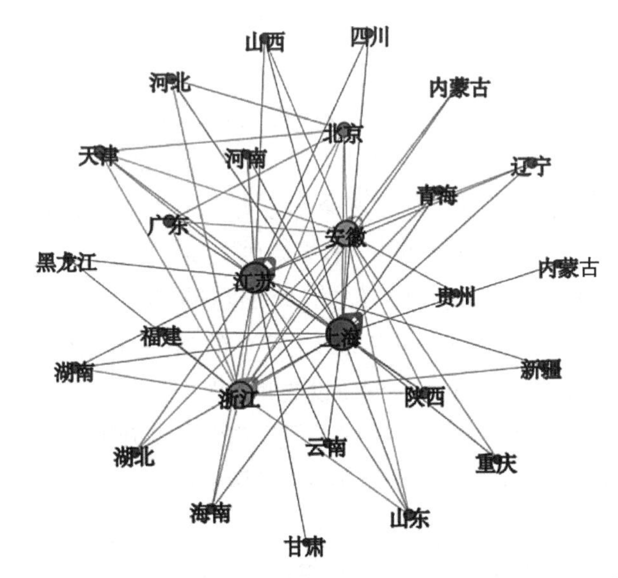


**图 4　2018—2022 年江浙沪皖企业—院校研究所专利合作网络**

**表 4　2018—2022 年江浙沪皖企业—院校研究所专利合作网络结构**

| 节点 | 边 | 平均度 | 平均路径长度 | 平均聚类系数 | 图密度 |
|---|---|---|---|---|---|
| 27 | 72 | 5.214 | 1.902 | 0.858 | 0.193 |

总体而言，江浙沪皖样本企业与高校、科研院所发明专利合作情况同企业间的合作情况类似；平均度、平均路径长度、平均聚类系数和图密度这些指标的数值都极其接近。因此，长三角内企业与高校、科研院所可能也存在着较多的联系，但略不及企业间的联系情况；长三角的企业与高校、科研院所的合作在很大程度上辐射全国；长三角的企业与高校、科研院所合作网络整体偏稀疏，但要略强于企业间的合作网络。此外，上海市与江苏省的合作省市最多，浙江省、安徽省次之。

一方面，根据专利 IPC 分类号的统计结果，长三角地区各省市在特色产业方面展现出一定的差异，但都集中在 H(电学)和 G(物理)部的领域。这表明长三角地区的产业重点主要集中在电子技术领域、物理科学领域和其他相关领域。这些领域在长三角地区的产业合作网络中占据了重要地位。

另一方面，G06Q50/06 的 IPC 主分类号在长三角地区各省市的出现频率都非常高，并且基本上都位居首要位置。这说明长三角地区的产业结构中，与商业、金融和信息技术相关的创新和发展也受到了广泛的关注。这表明长三角地区的产业发展瞄准了数字经济、互联网和创新驱动领域。

然而，长期以来，长三角地区产业重合度较高的现象可能有一定的限制和潜在问题。高度重叠的产业结构可能导致产业分工和合作存在局限，阻碍创新质量的进一步提高。长三角地区的产业合作应更加注重多样化和差异化，以避免竞争和重复投资，进一步延伸产业链条，提高协同创新的水平。

因此，长三角地区应鼓励各省市在创新驱动的基础上寻找更多的差异化发展机会，可以通过深化产业分工，挖掘特色产业的优势，实现相互补充和协同发展。此外，长三角地区应积极引导创新投资和资源配置，注重培育新兴产业和未来领域的发展。通过多样化的产业结构，促进产业转型升级，长三角地区可以进一步提高创新质量和协同效应，实现可持续发展的目标。

(课题组成员：任声策，刘永冬，李博年，郭明昊，等)

# 锐科创 2023

## ——科创板上市企业科创力排行榜

| 任声策教授课题组

2023 年 6 月 13 日，科创板迎来正式开板四周年，开板以来，科创板注册企业数量呈稳步上升趋势，企业的整体业绩也保持稳健增长态势。截至 2023 年 11 月 30 日，科创板上市申请企业 930 家，注册企业 572 家。设立科创板的初衷是改革我国资本市场，促进经济转型、高质量发展，加快培育发展一批硬科技领军企业。那么，科创板上市企业的科创力到底如何？各行业、各地区的科创板上市企业的科创力表现出怎样的分布特征？各行业、各地区的科创板优势企业有哪些？

本文以发布了 2022 年年度报告的 504 家科创板上市企业为样本，依据《科创属性评价指引》等相关政策文件，从创新投入、创新资源、创新产出、创新效果等主要维度选择了 14 项指标对入选企业的科创力和内驱力进行评价，并分别以优势企业、行业、地域及综合分析几大篇章评价我国科创板上市企业创新能力，旨在及时把握科创板上市企业创新能力，通过对其科创力、内驱力表现的深度剖析，探究其在激烈的科技竞争中脱颖而出的决定性因素，为促进科创企业提升科创力提供相关建议，进一步推动我国经济高质量发展。

### 一、评价范围与指标

参评的 504 家科创板上市企业在六大行业分布依次为：新一代信息技术领域企业 181 家，高端装备领域企业 127 家，生物医药领域企业 106 家，新材料领域企业 51 家，节能环保领域企业 22 家，新能源领域企业 17 家。上述企业多集中在我国东部和南部沿海省份，企业数量前五的省份分别为：江苏省(96 家)，广东省(76 家)，上海市(77 家)，北京市(65 家)，浙江省(44 家)，如表 1 所示。

**表 1 科创板上市企业地域分布**

| 省份分布 | 城市分布 | | | | |
|---|---|---|---|---|---|
| 安徽省 19 家 | 合肥市 16 家 | 蚌埠市 1 家 | 芜湖市 1 家 | 铜陵市 1 家 | |
| 北京市 65 家 | | | | | |
| 福建省 8 家 | 福州市 3 家 | 厦门市 3 家 | 龙岩市 2 家 | | |
| 广东省 76 家 | 深圳市 41 家 | 广州市 14 家 | 东莞市 9 家 | 佛山市 4 家 | 珠海市 3 家 |
| | 惠州市 2 家 | 梅州市 1 家 | 清远市 1 家 | 江门市 1 家 | |
| 贵州省 3 家 | 贵阳市 3 家 | | | | |
| 海南省 1 家 | 海口市 1 家 | | | | |
| 河北省 1 家 | 唐山市 1 家 | | | | |
| 河南省 5 家 | 洛阳市 2 家 | 鹤壁市 1 家 | 安阳市 1 家 | 南阳市 1 家 | |
| 黑龙江省 2 家 | 哈尔滨市 2 家 | | | | |
| 湖北省 12 家 | 武汉市 9 家 | 宜昌市 1 家 | 十堰市 1 家 | 襄阳市 1 家 | |
| 湖南省 14 家 | 长沙市 9 家 | 株洲市 3 家 | 益阳市 1 家 | 浏阳市 1 家 | |
| 吉林省 2 家 | 长春市 2 家 | | | | |
| 江苏省 96 家 | 苏州市 49 家 | 无锡市 13 家 | 南京市 12 家 | 常州市 5 家 | 南通市 5 家 |
| | 泰州市 5 家 | 镇江市 3 家 | 连云港市 3 家 | 扬州市 1 家 | |
| 江西省 5 家 | 赣州市 2 家 | 南昌市 1 家 | 宜春市 1 家 | 上饶市 1 家 | |
| 辽宁省 8 家 | 沈阳市 4 家 | 大连市 3 家 | 锦州市 1 家 | | |
| 山东省 21 家 | 济南市 6 家 | 青岛市 6 家 | 淄博市 3 家 | 烟台市 3 家 | 威海市 1 家 |
| | 济宁市 1 家 | 德州市 1 家 | | | |
| 陕西省 12 家 | 西安市 10 家 | 宝鸡市 1 家 | 延安市 1 家 | | |
| 上海市 77 家 | | | | | |
| 四川省 18 家 | 成都市 17 家 | 内江市 1 家 | | | |
| 重庆市 1 家 | | | | | |
| 天津市 7 家 | | | | | |
| 新疆维吾尔自治区 1 家 | 石河子市 1 家 | | | | |
| 浙江省 44 家 | 杭州市 26 家 | 嘉兴市 5 家 | 宁波市 5 家 | 湖州市 3 家 | 台州市 3 家 |
| | 绍兴市 1 家 | 衢州市 1 家 | | | |
| 境外 6 家 | 中芯国际 | 诺诚健华 | 百济神州 | 格科微 | 华润微 |
| | 九号公司 | | | | |

本次科创力排行榜选取的 14 项评价指标分别为：已授权的发明专利数量、已授权的实用新型数量、已授权的外观设计专利数量、已登记的软件著作权数量、过去一年间公开发明专利申请数量、已授权的五大局发明专利数量（不含中国）、研发人员数量、研发人员占比、研发人员平均薪酬、研发人员学历构成、研发投入、所获得的重要科技奖项、“专精特新”评定情况与“单项冠军”评定情况。其中，研发人员数量、研发人员占比、研发人员平均薪酬、研发人员学历构成、研发投入五项指标用于评价企业的内驱力。以上 14 项指标从科创成果和科创内在驱动能力两个方面反映了企业的综合科创水平。

## 二、主要观点摘要

1. 科创板上市企业的区域版图

从科创板上市企业的分布区域来看，江苏省和广东省作为经济大省，科创板上市企业数量位居前列。上海市和北京市作为全国经济与政治中心，科创板上市企业数量也保持在较高水平，并逐年稳定增长。河北省和重庆市在 2022 年实现了科创板上市企业零的突破，出现首家科创板上市企业（图 1）。截至 2022 年年末，山西省、广西壮族自治区、云南省等省份尚无科创板上市企业，这些省份科创生态仍有待培育，科创企业在产业发展中的作用有待增强。

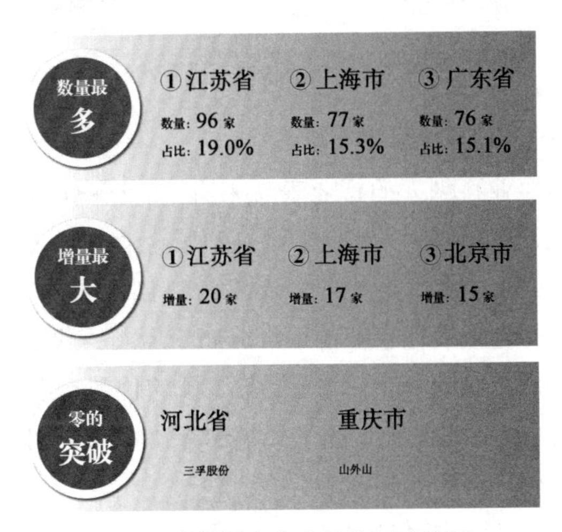


**图 1　科创板上市企业的区域特征**

2. 科创力优势企业画像

从评价结果来看，锐科创排行榜的总榜中优势企业主要集中在北京市、上海市等经济发达的地区，且所属领域多为新一代信息技术领域。经济欠发达地区几乎没有优势企业，节能环保领域与新材料领域的优势企业极其稀少，整体科创水平较为薄弱，亟待发展。此外，新能源领域的企业数量虽然不多，但行业整体的科创水平很高，优质企业普遍(图 2)。

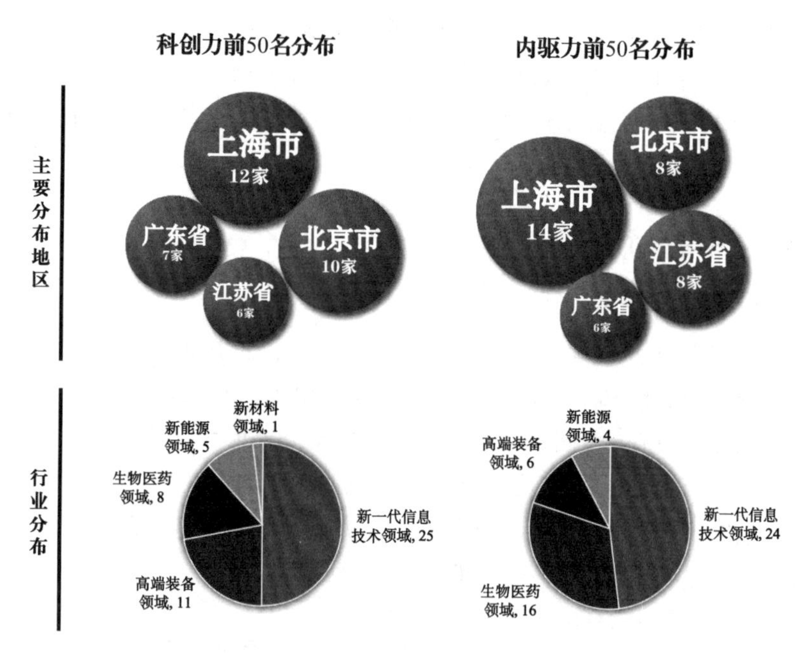


**图 2　科创力优势企业画像**

3. 科创板上市企业的科创力行业表现

从科创板上市企业科创力的行业表现来看，新能源领域企业的科创力水平大幅领先其他行业；新材料领域与节能环保领域企业的科创力水平居末。从行业整体的角度出发，各领域企业的科创成果与科创内驱能力基本匹配(图 3)。从各行业内高科创力的代表性企业的地域分布来看新一代信息技术领域的优势企业主要集中在北京市与上海市，高端装备领域的优势企业主要集中在北京市与广东省，生物医药领域的优势企业主要集中在上海市与山东省，新材料、节能环保和新能源领域的优势企业则较为分散。

4. 重点区域科创板上市企业表现

从科创板上市企业分布的重点区域的科创力情况来看，江苏省和上海市分别是参评企业分布最多的省级单位，二者的科创力均分、内驱力均分较其他地区

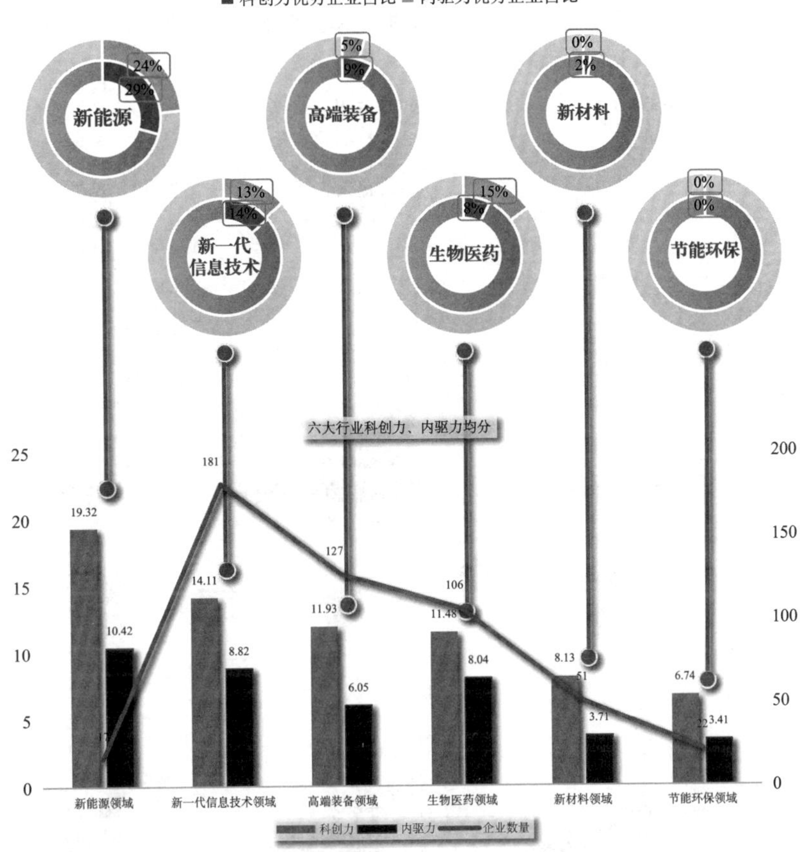


**图 3　科创板上市企业的科创力行业表现**

而言也处于较高水平。长三角、京津冀和珠三角三个区域内科创板上市企业数量多，在全国科创板上市企业中占比较大，且增长迅速。三大区域内科创板上市企业共计 324 家，占全国科创板上市企业总数的 64.3%。另外，全国范围内科创板上市企业数量排名前 5 位的城市(上海市、北京市、苏州市、深圳市、杭州市)均位于这三个地区。其中，长三角 G60 科创走廊沿线 9 个城市的上市企业数量达 177 家，占全国科创板上市企业总数的 35.1%；珠三角地区城市中共有 74 家参评企业，占总参评企业的 14.7%；京津冀地区城市中共有 73 家参评企业，占参评企业总数的 14.5%(图 4)。

长三角 G60 科创走廊的 9 个城市的科创板上市企业的科创力水平较高，在锐科创 2023 总榜前 50 家优势企业中，有 19 家位于长三角 G60 科创走廊沿线城

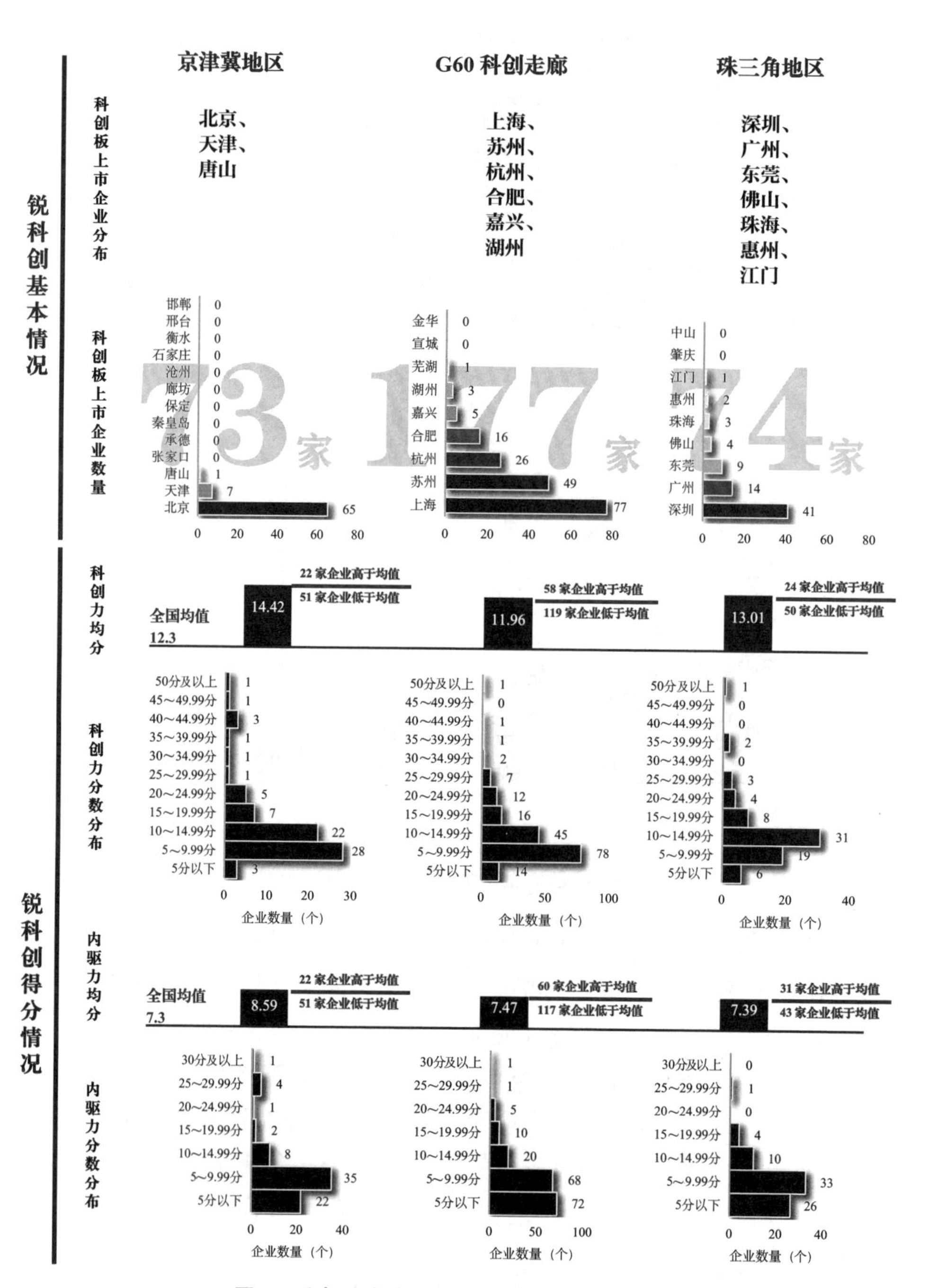


图 4　重点区域科创板上市企业的科创力表现

市，占据了优势企业的38%；其中上海市在新一代信息技术领域和生物医药领域有较为明显的优势，苏州市、杭州市和合肥市在高端装备领域形成了较好的产业集中，杭州市在新一代信息技术领域也有着较大的产业集中。珠三角地区的科创板上市企业在总榜前50名优势企业中占据了7家，占优势企业的14%，其中深圳市在新一代信息技术领域和高端装备领域有较为明显的优势。京津冀地区参评企业所分布的城市较为集中，在总榜前50名的优势企业中，有10家位于北京市，1家位于天津市，共计占据总榜前50名优势企业的27.5%，其中北京市在生物医药领域有较为明显的优势，有16家科创板上市企业，占据领域内科创板上市企业数量的15.1%(表2)。

**表2　锐科创综合榜单前100名**

| 证券代码 | 证券简称 | 注册省份 | 科创力 | 科创力排行 | 内驱力 | 内驱力排行 |
|---|---|---|---|---|---|---|
| 688271 | 联影医疗 | 上海 | 63.27 | 1 | 28.31 | 10 |
| 688187 | 时代电气 | 湖南 | 55.90 | 2 | 29.13 | 6 |
| 688561 | 奇安信 | 北京 | 53.16 | 3 | 28.90 | 8 |
| 688036 | 传音控股 | 广东 | 53.16 | 4 | 28.70 | 9 |
| 688981 | 中芯国际 | 境外 | 47.95 | 5 | 30.91 | 3 |
| 688009 | 中国通号 | 北京 | 45.94 | 6 | 29.08 | 7 |
| 688041 | 海光信息 | 天津 | 44.50 | 7 | 29.93 | 5 |
| 688223 | 晶科能源 | 江西 | 44.05 | 8 | 24.09 | 13 |
| 688425 | 铁建重工 | 湖南 | 43.69 | 9 | 15.95 | 36 |
| 688111 | 金山办公 | 北京 | 43.63 | 10 | 27.36 | 11 |
| 688235 | 百济神州 | 境外 | 42.74 | 11 | 40.44 | 1 |
| 688599 | 天合光能 | 江苏 | 42.54 | 12 | 22.93 | 17 |
| 688097 | 博众精工 | 江苏 | 41.20 | 13 | 13.91 | 50 |
| 688256 | 寒武纪 | 北京 | 40.16 | 14 | 31.31 | 2 |
| 688772 | 珠海冠宇 | 广东 | 39.69 | 15 | 15.38 | 40 |
| 688326 | 经纬恒润 | 北京 | 39.17 | 16 | 20.97 | 21 |
| 688387 | 信科移动 | 湖北 | 37.16 | 17 | 24.50 | 12 |
| 688499 | 利元亨 | 广东 | 35.75 | 18 | 14.66 | 46 |

（续表）

| 证券代码 | 证券简称 | 注册省份 | 科创力 | 科创力排行 | 内驱力 | 内驱力排行 |
|---|---|---|---|---|---|---|
| 688023 | 安恒信息 | 浙江 | 35.05 | 19 | 15.74 | 38 |
| 688015 | 交控科技 | 北京 | 34.48 | 20 | 8.50 | 129 |
| 688139 | 海尔生物 | 山东 | 33.62 | 21 | 10.43 | 86 |
| 689009 | 九号公司 | 境外 | 31.54 | 22 | 12.87 | 58 |
| 688180 | 君实生物 | 上海 | 31.41 | 23 | 30.22 | 4 |
| 688777 | 中控技术 | 浙江 | 30.64 | 24 | 16.75 | 31 |
| 688400 | 凌云光 | 北京 | 29.29 | 25 | 11.40 | 74 |
| 688819 | 天能股份 | 浙江 | 29.07 | 26 | 18.80 | 26 |
| 688007 | 光峰科技 | 广东 | 27.81 | 27 | 9.18 | 111 |
| 688798 | 艾为电子 | 上海 | 27.64 | 28 | 14.67 | 45 |
| 688220 | 翱捷科技 | 上海 | 27.60 | 29 | 22.96 | 16 |
| 688012 | 中微公司 | 上海 | 27.11 | 30 | 16.40 | 34 |
| 688322 | 奥比中光 | 广东 | 27.07 | 31 | 15.22 | 42 |
| 688099 | 晶晨股份 | 上海 | 26.80 | 32 | 22.97 | 15 |
| 688126 | 沪硅产业 | 上海 | 26.22 | 33 | 7.15 | 171 |
| 688055 | 龙腾光电 | 江苏 | 25.83 | 34 | 5.97 | 222 |
| 688208 | 道通科技 | 广东 | 25.66 | 35 | 13.33 | 54 |
| 688192 | 迪哲医药 | 江苏 | 24.60 | 36 | 23.86 | 14 |
| 688521 | 芯原股份 | 上海 | 24.50 | 37 | 21.42 | 20 |
| 688538 | 和辉光电 | 上海 | 24.31 | 38 | 10.54 | 84 |
| 688114 | 华大智造 | 广东 | 23.94 | 39 | 15.45 | 39 |
| 688339 | 亿华通 | 北京 | 23.70 | 40 | 6.69 | 187 |
| 688047 | 龙芯中科 | 北京 | 23.60 | 41 | 14.00 | 49 |
| 688062 | 迈威生物 | 上海 | 23.39 | 42 | 22.54 | 18 |
| 688385 | 复旦微电 | 上海 | 23.35 | 43 | 17.50 | 28 |
| 688363 | 华熙生物 | 山东 | 23.31 | 44 | 8.95 | 122 |
| 688169 | 石头科技 | 北京 | 23.21 | 45 | 12.65 | 59 |

（续表）

| 证券代码 | 证券简称 | 注册省份 | 科创力 | 科创力排行 | 内驱力 | 内驱力排行 |
|---|---|---|---|---|---|---|
| 688382 | 益方生物 | 上海 | 22.91 | 46 | 22.35 | 19 |
| 688528 | 秦川物联 | 四川 | 22.40 | 47 | 4.16 | 346 |
| 688001 | 华兴源创 | 江苏 | 22.33 | 48 | 11.66 | 68 |
| 688696 | 极米科技 | 四川 | 22.11 | 49 | 9.38 | 105 |
| 688232 | 新点软件 | 江苏 | 21.91 | 50 | 15.95 | 35 |
| 688122 | 西部超导 | 陕西 | 21.49 | 51 | 7.11 | 172 |
| 688626 | 翔宇医疗 | 河南 | 21.24 | 52 | 5.18 | 269 |
| 688003 | 天准科技 | 江苏 | 21.19 | 53 | 9.85 | 97 |
| 688660 | 电气风电 | 上海 | 21.13 | 54 | 11.97 | 67 |
| 688559 | 海目星 | 广东 | 21.02 | 55 | 9.48 | 104 |
| 688327 | 云从科技 | 广东 | 20.88 | 56 | 16.53 | 32 |
| 688418 | 震有科技 | 广东 | 20.71 | 57 | 10.50 | 85 |
| 688141 | 杰华特 | 浙江 | 20.59 | 58 | 11.31 | 75 |
| 688608 | 恒玄科技 | 上海 | 20.48 | 59 | 14.79 | 44 |
| 688331 | 荣昌生物 | 山东 | 20.45 | 60 | 19.11 | 23 |
| 688100 | 威胜信息 | 湖南 | 20.43 | 61 | 8.00 | 139 |
| 688349 | 三一重能 | 北京 | 20.39 | 62 | 12.05 | 66 |
| 688176 | 亚虹医药 | 江苏 | 20.29 | 63 | 19.89 | 22 |
| 688008 | 澜起科技 | 上海 | 20.25 | 64 | 15.17 | 43 |
| 688066 | 航天宏图 | 北京 | 20.02 | 65 | 7.97 | 140 |
| 688396 | 华润微 | 境外 | 19.92 | 66 | 14.61 | 47 |
| 688302 | 海创药业 | 四川 | 19.88 | 67 | 18.70 | 27 |
| 688002 | 睿创微纳 | 山东 | 19.81 | 68 | 13.29 | 55 |
| 688197 | 首药控股 | 北京 | 19.63 | 69 | 19.03 | 25 |
| 688595 | 芯海科技 | 广东 | 19.48 | 70 | 10.63 | 82 |
| 688202 | 美迪西 | 上海 | 19.45 | 71 | 19.09 | 24 |
| 688030 | 山石网科 | 江苏 | 19.28 | 72 | 11.64 | 69 |
| 688568 | 中科星图 | 北京 | 19.15 | 73 | 12.29 | 63 |

（续表）

| 证券代码 | 证券简称 | 注册省份 | 科创力 | 科创力排行 | 内驱力 | 内驱力排行 |
|---|---|---|---|---|---|---|
| 688536 | 思瑞浦 | 江苏 | 19.03 | 74 | 15.23 | 41 |
| 688018 | 乐鑫科技 | 上海 | 18.30 | 75 | 13.79 | 51 |
| 688277 | 天智航 | 北京 | 18.25 | 76 | 9.88 | 95 |
| 688107 | 安路科技 | 上海 | 17.88 | 77 | 13.11 | 57 |
| 688039 | 当虹科技 | 浙江 | 17.77 | 78 | 9.06 | 117 |
| 688027 | 国盾量子 | 安徽 | 17.62 | 79 | 9.76 | 99 |
| 688728 | 格科微 | 境外 | 17.56 | 80 | 11.18 | 77 |
| 688280 | 精进电动 | 北京 | 17.55 | 81 | 9.06 | 116 |
| 688248 | 南网科技 | 广东 | 17.40 | 82 | 7.90 | 143 |
| 688289 | 圣湘生物 | 湖南 | 17.39 | 83 | 8.11 | 136 |
| 688162 | 巨一科技 | 安徽 | 17.23 | 84 | 7.55 | 158 |
| 688567 | 孚能科技 | 江西 | 17.15 | 85 | 12.19 | 65 |
| 688221 | 前沿生物 | 江苏 | 17.13 | 86 | 16.86 | 30 |
| 688128 | 中国电研 | 广东 | 17.00 | 87 | 6.95 | 178 |
| 688520 | 神州细胞 | 北京 | 16.92 | 88 | 16.92 | 29 |
| 688088 | 虹软科技 | 浙江 | 16.86 | 89 | 12.51 | 62 |
| 688082 | 盛美上海 | 上海 | 16.84 | 90 | 10.68 | 81 |
| 688373 | 盟科药业 | 上海 | 16.83 | 91 | 16.53 | 33 |
| 688368 | 晶丰明源 | 上海 | 16.73 | 92 | 11.55 | 72 |
| 688428 | 诺诚健华 | 境外 | 16.68 | 93 | 15.85 | 37 |
| 688475 | 萤石网络 | 浙江 | 16.64 | 94 | 13.77 | 52 |
| 688005 | 容百科技 | 浙江 | 16.57 | 95 | 7.58 | 156 |
| 688518 | 联赢激光 | 广东 | 16.49 | 96 | 12.61 | 61 |
| 688083 | 中望软件 | 广东 | 16.47 | 97 | 12.62 | 60 |
| 688516 | 奥特维 | 江苏 | 16.46 | 98 | 7.34 | 164 |
| 688686 | 奥普特 | 广东 | 16.27 | 99 | 9.94 | 94 |
| 688165 | 埃夫特 | 安徽 | 15.98 | 100 | 5.43 | 255 |

## 三、结语

本文从各个角度对科创板上市企业的科创力进行了评价，在参评企业逐年增多的情况下，能够更好地反映各行业、各地区的科创实力。对于正处于最高发展势头的新一代信息技术领域来说，行业内相关企业应继续保持创新势头，同时也应注重创新质量的提高，避免大量低科创水平的企业“滥竽充数”；而生物医药领域整体发展波动性较大，行业内各企业应当充分做好应对长期高风险的准备。总体而言，上海市、北京市与广东省的优势企业数量最多，且科创力平均分也很高；江苏省、浙江省的整体科创力也处于较高的水平；这些强势地区企业继续保持创新势头。

本报告不仅对科创板上市企业科创能力作出客观评价，更希望通过对科创板上市企业的深度剖析，探究其在科技创新中的强势处和薄弱点，寻找高科创力企业在科技竞争中脱颖而出的共性因素，帮助企业在创新之路上不断升级，并为政府、投资者、金融机构等多方面提供决策参考。

（课题组成员：任声策、谢瑷卿、郭明昊、毕菁然、操友根、杜梅、刘永冬、廖承军、李博年、徐天意、胡尚文、贾雯璐、钱鑫溢、李克鹏等）

# 锐科创 2023 行业篇

## ——行业优势企业科创力排名

| 任声策教授课题组

## 一、锐科创 2023 行业篇榜单说明

锐科创 2023 行业篇榜单充分考虑科创板重点支持领域在技术创新上存在的差异，对科创板上市公司的科创力进行分行业排行，具体分为新一代信息技术领域、高端装备领域、新材料领域、新能源领域、节能环保领域、生物医药领域的科创板六大行业，反映参评企业在所属领域的科创力和内驱力的得分和排名，不同行业的分数具有可比性。本文对总榜优势企业，即所有参评企业中科创力综合排在前 50 位的企业的科创力、内驱力排行情况进行对比和分析，探讨各行业科创板上市企业的科创力和内驱力分布。除了总榜以外，各行业的科创力排名前 10 位的企业也被视为该行业内的优势企业。

## 二、总榜优势企业行业分布

科创板总榜优势企业主要集中在新一代信息技术领域。按行业来看，锐科创排行榜总榜前 50 名所包含的新一代信息技术领域的企业共 25 家，占据半数，且远远超过了其他行业总榜前 50 名企业的数量，具体情况如图 1 所示。锐科创排行榜总榜前 50 名中没有节能环保领域的企业，新材料领域的企业也极其稀少，仅有沪硅产业位列第 33 名，由此可见节能环保领域与新材料领域的整体科创水平较为薄弱，亟待发展。从具体指标的角度出发，优势企业的“已授权的发明专利数量”“研发人员学历构成”与“研发投入”指标十分突出，普遍且显著高于非优势企业。

从优势企业所占行业内参评企业的比重出发时，新能源企业科创力显著高于其他领域企业。新能源领域科创力排名前五十的企业数量占该领域参评企业总数的 29%，远远超过其他领域的优势企业在参评企业中的占比。新一代信息

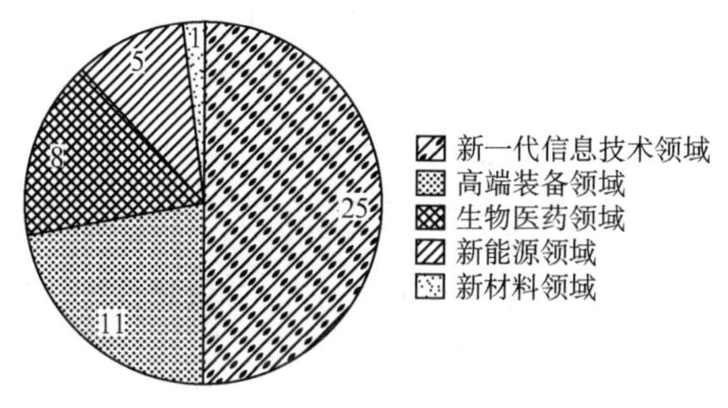


**图 1　锐科创 2023 科创板优势企业(前 50 名)行业领域分布**

技术领域则次之,科创力排名前五十的企业数量占该领域参评企业总数的 14%(图 2)。在 2022 年的锐科创排行榜中,新一代信息技术领域的优势企业占比数位居第一,2023 年却出现了大幅下降,原因在于新一代信息技术领域的新上市企业数量很多但整体质量一般,在很大程度上降低了优势企业占比水平。此外,新能源领域的企业数量虽然不多,但行业整体的科创水平很高,优质企业普遍。

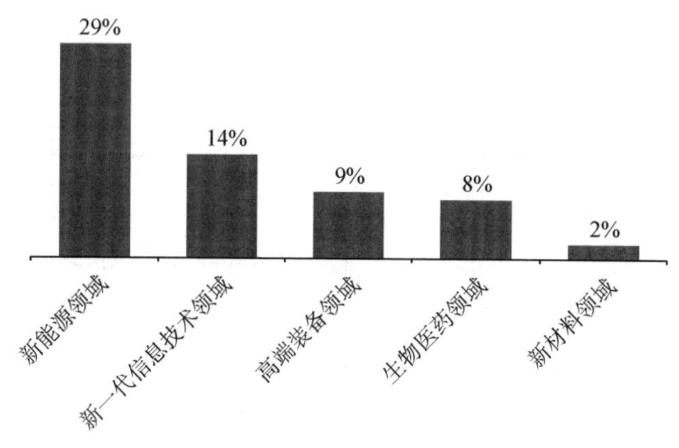


**图 2　锐科创 2023 科创板优势企业(前 50 名)行业领域占比**

## 三、各行业优势企业分析

1. 新一代信息技术领域

对于新一代信息技术领域排行前十的企业而言,2023 年科创力排行与 2022 年科创力排行虽有差异但程度不大,反映出领域内的优势企业在面临着竞争压力的同时平稳发展。内驱力排行与科创力排行在一定程度上吻合但也有波动,反映出领域内企业科创内驱力分布均衡情况一般。海光信息、经纬恒润与信科移动三家新参与排行的企业进入了排行榜前 10 名，其中海光信息位列前五，反映出新进入企业较强的科创能力与行业的蓬勃发展（表 1）。

**表 1　锐科创 2023 新一代信息技术领域优势企业**

| 证券代码 | 证券简称 | 注册地 | 2023 年科创力总分 | 2023 年科创力排行 | 2022 年科创力排行 | 2023 年内驱力总分 | 2023 年内驱力排行 | 2022 年内驱力排行 |
|---|---|---|---|---|---|---|---|---|
| 688561 | 奇安信 | 北京 | 53.16 | 1 | 2 | 28.90 | 4 | 2 |
| 688036 | 传音控股 | 广东 | 53.16 | 2 | 5 | 28.70 | 5 | 5 |
| 688981 | 中芯国际 | 境外 | 47.95 | 3 | 1 | 30.91 | 2 | 3 |
| 688041 | 海光信息 | 天津 | 44.50 | 4 | — | 29.93 | 3 | — |
| 688111 | 金山办公 | 北京 | 43.63 | 5 | 4 | 27.36 | 6 | 6 |
| 688256 | 寒武纪 | 北京 | 40.16 | 6 | 3 | 31.31 | 1 | 1 |
| 688326 | 经纬恒润 | 北京 | 39.17 | 7 | — | 20.97 | 11 | — |
| 688387 | 信科移动 | 湖北 | 37.16 | 8 | — | 24.50 | 7 | — |
| 688023 | 安恒信息 | 浙江 | 35.05 | 9 | 8 | 15.74 | 17 | 11 |
| 688777 | 中控技术 | 浙江 | 30.64 | 10 | 7 | 16.75 | 13 | 13 |

2. 高端装备领域

对于高端装备领域排行前十的企业而言，2023 年科创力排行与 2022 年科创力排行情况变化不大，反映出领域内优势企业相对科创实力的变化不明显。内驱力排行与科创力排行基本一致，科创力排行前十的企业中有 8 家内驱力也排在前十，除了交控科技以外的企业名次都在 12 名以内，反映出领域内大多数企业科创内驱力分布较均衡。2 家新参与排行的企业——凌云光与华大智造进入了榜单前 10 名，但仅位列第八和第九，早先上市企业仍具有较高的科创力水平（表 2）。

**表 2　锐科创 2023 高端装备领域优势企业**

| 证券代码 | 证券简称 | 注册地 | 2023 年科创力总分 | 2023 年科创力排行 | 2022 年科创力排行 | 2023 年内驱力总分 | 2023 年内驱力排行 | 2022 年内驱力排行 |
|---|---|---|---|---|---|---|---|---|
| 688187 | 时代电气 | 湖南 | 55.90 | 1 | 1 | 29.13 | 1 | 1 |

（续表）

| 证券代码 | 证券简称 | 注册地 | 2023 年科创力总分 | 2023 年科创力排行 | 2022 年科创力排行 | 2023 年内驱力总分 | 2023 年内驱力排行 | 2022 年内驱力排行 |
|---|---|---|---|---|---|---|---|---|
| 688009 | 中国通号 | 北京 | 45.94 | 2 | 4 | 29.08 | 2 | 5 |
| 688425 | 铁建重工 | 湖南 | 43.69 | 3 | 3 | 15.95 | 3 | 2 |
| 688097 | 博众精工 | 江苏 | 41.20 | 4 | 2 | 13.91 | 6 | 3 |
| 688499 | 利元亨 | 广东 | 35.75 | 5 | 7 | 14.66 | 5 | 7 |
| 688015 | 交控科技 | 北京 | 34.48 | 6 | 6 | 8.50 | 20 | 12 |
| 689009 | 九号公司 | 境外 | 31.54 | 7 | 5 | 12.87 | 7 | 4 |
| 688400 | 凌云光 | 北京 | 29.29 | 8 | — | 11.40 | 12 | — |
| 688114 | 华大智造 | 广东 | 23.94 | 9 | — | 15.45 | 4 | — |
| 688169 | 石头科技 | 北京 | 23.21 | 10 | 10 | 12.65 | 8 | 11 |

3. 生物医药领域

对于生物医药领域排行前十的企业而言，2023 年科创力排行与 2022 年科创力排行有较大差别。联影医疗、益方生物与荣昌生物三家新参与排行的企业进入了前十，其中联影医疗位列第一，由此可知，新上市企业的强大科创能力是导致科创力排行发生较大变动的重要因素。另外，由于生物医药行业的高资金投入、长盈利周期与高风险的特性，这些企业在研发与营业状况上往往存在着较大差别，使得部分涉及研发人员与经营业绩的指标有较大波动。科创力排行前十的企业中，有 7 家内驱力也排行前十，其余 3 家企业的内驱力排名则较为靠后，其中翔宇医疗的内驱力排在第 61 位，问题尤为严重，反映出领域内多数企业科创内驱力分布均衡情况较好，但部分企业的科创内驱力情况需要重点关注（表 3）。

**表 3 锐科创 2023 生物医药领域优势企业**

| 证券代码 | 证券简称 | 注册地 | 2023 年科创力总分 | 2023 年科创力排行 | 2022 年科创力排行 | 2023 年内驱力总分 | 2023 年内驱力排行 | 2022 年内驱力排行 |
|---|---|---|---|---|---|---|---|---|
| 688271 | 联影医疗 | 上海 | 63.27 | 1 | — | 28.31 | 3 | — |
| 688235 | 百济神州 | 境外 | 42.74 | 2 | 1 | 40.44 | 1 | 1 |
| 688139 | 海尔生物 | 山东 | 33.62 | 3 | 7 | 10.43 | 22 | 21 |

（续表）

| 证券代码 | 证券简称 | 注册地 | 2023 年科创力总分 | 2023 年科创力排行 | 2022 年科创力排行 | 2023 年内驱力总分 | 2023 年内驱力排行 | 2022 年内驱力排行 |
|---|---|---|---|---|---|---|---|---|
| 688180 | 君实生物 | 上海 | 31.41 | 4 | 2 | 30.22 | 2 | 2 |
| 688192 | 迪哲医药 | 江苏 | 24.60 | 5 | 4 | 23.86 | 4 | 4 |
| 688062 | 迈威生物 | 上海 | 23.39 | 6 | 3 | 22.54 | 5 | 3 |
| 688363 | 华熙生物 | 山东 | 23.31 | 7 | 16 | 8.95 | 28 | 26 |
| 688382 | 益方生物 | 上海 | 22.91 | 8 | — | 22.35 | 6 | — |
| 688626 | 翔宇医疗 | 河南 | 21.24 | 9 | 20 | 5.18 | 61 | 50 |
| 688331 | 荣昌生物 | 山东 | 20.45 | 10 | — | 19.11 | 8 | — |

4. 新材料领域

对于新材料领域排行前十的企业而言，2023 年科创力排行与 2022 年科创力排行有较大差别。研发人员学历结构等新增指标的情况与企业科创力排行的变化并没有显著的相关关系，说明企业的其他经营状况指标的波动较大，行业内不同企业存在着较大的创新态势变化。行业内不同企业的科创力与内驱力得分较为接近，且整体水平不高。仅有中复神鹰一家新上市企业的科创力排行进入前十，反映出新上市企业的整体科创水平较为一般。科创力排行前十的企业中仅有 5 家内驱力也排行前十，此外有研粉材与斯瑞新材的内驱力排行极其靠后，反映出领域内企业科创内驱力分布均衡情况较差（表 4）。

**表 4　锐科创 2023 新材料领域优势企业**

| 证券代码 | 证券简称 | 注册地 | 2023 年科创力总分 | 2023 年科创力排行 | 2022 年科创力排行 | 2023 年内驱力总分 | 2023 年内驱力排行 | 2022 年内驱力排行 |
|---|---|---|---|---|---|---|---|---|
| 688126 | 沪硅产业 | 上海 | 26.22 | 1 | 6 | 7.15 | 1 | 1 |
| 688122 | 西部超导 | 陕西 | 21.49 | 2 | 1 | 7.11 | 2 | 2 |
| 688378 | 奥来德 | 吉林 | 15.05 | 3 | 4 | 5.44 | 4 | 3 |
| 688295 | 中复神鹰 | 江苏 | 12.30 | 4 | — | 4.14 | 19 | — |
| 688181 | 八亿时空 | 北京 | 11.78 | 5 | 19 | 4.53 | 11 | 16 |
| 688456 | 有研粉材 | 北京 | 11.31 | 6 | 9 | 2.97 | 35 | 36 |

（续表）

| 证券代码 | 证券简称 | 注册地 | 2023 年科创力总分 | 2023 年科创力排行 | 2022 年科创力排行 | 2023 年内驱力总分 | 2023 年内驱力排行 | 2022 年内驱力排行 |
|---|---|---|---|---|---|---|---|---|
| 688102 | 斯瑞新材 | 陕西 | 10.98 | 7 | 3 | 2.18 | 50 | 7 |
| 688020 | 方邦股份 | 广东 | 10.39 | 8 | 11 | 4.64 | 10 | 6 |
| 688269 | 凯立新材 | 陕西 | 10.38 | 9 | 16 | 5.43 | 5 | 12 |
| 688219 | 会通股份 | 安徽 | 9.78 | 10 | 7 | 5.95 | 3 | 4 |

5. 节能环保领域

对于节能环保领域排行前十的企业而言，2023 年科创力排行与 2022 年科创力排行存在着一定程度的变化。虽然行业整体科创水平一般，但参评企业数量较少，因此企业的科创力排行变化能够维持在一定幅度内。新参与排行的企业仅有赛恩斯一家进入前十。此外，由于领域内企业的科创力和内驱力得分整体较低，分数的微小差别可能导致排行的较大差别。科创力排行前十的企业中，仅有 5 家内驱力也排行前十，反映出领域内企业科创内驱力分布均衡情况一般（表 5）。

**表 5　锐科创 2023 节能环保领域优势企业**

| 证券代码 | 证券简称 | 注册地 | 2023 年科创力总分 | 2023 年科创力排行 | 2022 年科创力排行 | 2023 年内驱力总分 | 2023 年内驱力排行 | 2022 年内驱力排行 |
|---|---|---|---|---|---|---|---|---|
| 688737 | 中自科技 | 四川 | 13.04 | 1 | 2 | 5.29 | 1 | 2 |
| 688501 | 青达环保 | 山东 | 9.92 | 2 | 10 | 3.00 | 16 | 15 |
| 688480 | 赛恩斯 | 湖南 | 8.84 | 3 | — | 2.73 | 18 | — |
| 688101 | 三达膜 | 陕西 | 8.38 | 4 | 7 | 3.89 | 6 | 6 |
| 688021 | 奥福环保 | 山东 | 8.24 | 5 | 11 | 2.74 | 17 | 12 |
| 688659 | 元琛科技 | 安徽 | 7.73 | 6 | 5 | 2.57 | 20 | 18 |
| 688057 | 金达莱 | 江西 | 7.73 | 7 | 4 | 4.30 | 3 | 3 |
| 688350 | 富淼科技 | 江苏 | 7.65 | 8 | 8 | 3.63 | 9 | 7 |
| 688335 | 复洁环保 | 上海 | 7.45 | 9 | 3 | 4.76 | 2 | 1 |
| 688309 | 恒誉环保 | 山东 | 7.42 | 10 | 9 | 3.39 | 11 | 9 |

6. 新能源领域

对于新能源领域排行前十的企业而言，2023 年科创力排行与 2022 年科创力排行相比变化不大，领域内企业相对科创实力的变化不明显。虽然行业内参评企业数量极少，但整体的科创力与内驱力得分却并不低，反映出行业内企业具有较强的科创能力。聚和材料、新风光的科创力排名进入前十，说明了部分新上市企业科创力较强。在科创力排行前十的企业中，有八家企业的内驱力也排行前十，反映出领域内企业科创内驱力分布均衡情况较好（表 6）。

**表 6　锐科创 2023 年新能源领域优势企业**

| 证券代码 | 证券简称 | 注册地 | 2023 年科创力总分 | 2023 年科创力排行 | 2022 年科创力排行 | 2023 年内驱力总分 | 2023 年内驱力排行 | 2022 年内驱力排行 |
|---|---|---|---|---|---|---|---|---|
| 688223 | 晶科能源 | 江西 | 44.05 | 1 | 3 | 24.09 | 1 | 2 |
| 688599 | 天合光能 | 江苏 | 42.54 | 2 | 1 | 22.93 | 2 | 3 |
| 688772 | 珠海冠宇 | 广东 | 39.69 | 3 | 4 | 15.38 | 4 | 4 |
| 688819 | 天能股份 | 浙江 | 29.07 | 4 | 2 | 18.80 | 3 | 1 |
| 688339 | 亿华通 | 北京 | 23.70 | 5 | 7 | 6.69 | 14 | 7 |
| 688567 | 孚能科技 | 江西 | 17.15 | 6 | 6 | 12.19 | 5 | 6 |
| 688005 | 容百科技 | 浙江 | 16.57 | 7 | 8 | 7.58 | 10 | 8 |
| 688503 | 聚和材料 | 江苏 | 15.76 | 8 | — | 8.00 | 9 | — |
| 688390 | 固德威 | 江苏 | 14.58 | 9 | 12 | 8.85 | 8 | 10 |
| 688663 | 新风光 | 山东 | 13.76 | 10 | — | 4.50 | 15 | — |

## 四、结语

新一代信息技术领域正处于最高的发展势头，行业内相关企业应继续保持创新势头，同时也应注重创新质量的提高，对新进入科创板的企业保持“宁缺毋滥”的审查标准；高端装备领域整体发展平稳均衡，行业内相关企业应在保持创新产出的同时维护行业环境，并加大对新上市企业的扶持力度；生物医药领域整体发展波动性较大，行业内各企业应充分做好应对长期高风险的准备，政府应提供更便捷的政策以促进行业内企业的融资，并对部分内驱力有问题的企业给予重点关注与扶持；新材料领域与节能环保领域的行业规模小且整体发展欠佳，是政府需要重点予以政策扶持的对象；新能源领域的行业规模很小但行业科创质量很高，应适当降低行业门槛，鼓励更多个体涌入，以扩大行业规模。

相较于优势企业，其他企业主要在“已授权的发明专利数量”“研发人员学历构成”与“研发投入”三项指标上比较薄弱。非优势企业应基于此进行改进，应拓宽融资渠道以加大研发投入力度，注重于高质量发明专利的申请，提高科创质量，还要注重研发人员的学历构成，注重吸引硕、博士人才，加大人才培养力度。

（课题组成员：任声策、谢瑗卿、郭明昊、毕菁然、操友根、杜梅、刘永冬、廖承军、李博年、徐天意、胡尚文、贾雯璐、钱鑫溢、李克鹏等）

# 育科创 2023

## ——城市高成长科创企业培育生态指数报告

| 任声策教授课题组

本报告源于一个值得探讨的真实现象：有的城市出现了一批高成长科创企业，而有的城市却没有。针对这样的现象，我们不禁发问：什么样的环境有利于高成长科创企业产生和发展？针对这一问题，已有研究主要关注一般的创业生态环境，并形成了相关指数，但对于高成长科创企业的培育生态却缺乏相应的探讨。对此，本报告对 2023 年我国主要城市高成长科创企业培育生态展开评价，采集相关数据并进行处理后形成城市指数，并将其与 2022 年各城市指数进行对比，以此观察各城市在不同时间节点的变化，从而对各城市高成长科创企业培育生态形成初步的认识。

### 一、评价对象

本文选取了直辖市、各省会和自治区首府、各大经济区主要城市及其他主要城市(共 59 个)进行评价，选择的城市清单为：北京、天津、石家庄、上海、杭州、苏州、扬州、无锡、宁波、南京、常州、南通、温州、合肥、嘉兴、镇江、徐州、台州、广州、深圳、珠海、惠州、佛山、东莞、海口、三亚、重庆、成都、绵阳、济南、青岛、烟台、武汉、长沙、贵阳、遵义、郑州、漯河、西安、太原、福州、厦门、宁德、南昌、九江、昆明、南宁、北海、长春、沈阳、大连、哈尔滨、呼和浩特、包头、鄂尔多斯、银川、兰州、西宁、拉萨。

### 二、指标指数评价体系

1. 指标选取原则

综合参考学界已有的指标体系构建与实践基础，本报告中的指标主要基于以下四个原则选取：全面原则、精炼原则、客观原则和数据可得性原则。各原则含义见表 1。

**表 1　指标建构原则及其含义**

| 指标构建原则 | 含义 |
|---|---|
| 全面原则 | 指标的选取尽可能全面覆盖城市高成长科创企业培育生态环境，尽可能从多层次、多方面对城市生态环境加以考量 |
| 精炼原则 | 指标的选取需要择精择优，选择对城市生态环境最为关键的指数展开研究，剔除不必要的数据 |
| 客观原则 | 指标的选取应当客观，以实际情况为基础，尽可能避免主观偏见对项目最终结果产生负面影响 |
| 数据可得性原则 | 指标的选取应尽可能保证其数据准确、可靠，具备较高的可信度 |

2. 指标构成

综合已有研究基础和指标选取原则，最终形成 8 个一级指标：人力资本、经济基础、制度环境、创业文化、市场基础、创新基础、金融资本和创业绩效。8 个一级指标又细分为 26 个二级指标。在 8 个一级指标中，人力资本、经济基础、制度环境、创业文化、创新基础指标能够反映城市高成长科创企业的孵化潜力；市场基础、制度环境、经济基础、创新基础、金融资本指标则能够表征城市高成长科创企业的快速成长潜力和成长空间；创业绩效指标则直接体现城市高成长科创企业的培育结果。

## 三、评价结果

1. 总体态势

在参与评价的 59 座城市中，处于“领头羊”地位的是北京、深圳、上海三座城市，即具备我国高成长科创企业培育的 A+类生态（90 分以上），分别以 100 分、96.49 分和 95.58 分位列前三。与 2022 年相比，深圳超越了上海，跻身第二位。紧随其后，我国的 A 类生态城市（80～90 分）为广州、杭州、苏州三座城市，分别以 82.61 分、81.86 分和 81.76 分位列四至六名，排名较 2022 年保持稳定。而我国的 A－类生态城市（75～80 分）包括宁波（77.39 分）、南京（76.98 分）、重庆（76.68 分）、无锡（76.55 分）、成都（76.37 分）、佛山（75.69 分）六座城市，排名与 2022 年相比涨跌互现。总体而言，上述 12 座城市在我国城市高成长科创企业生态评价中居于领先地位。

我国城市科创企业培育生态地域差异较为显著，“东优于西”“南优于北”现象明显。上述 12 座城市中，地处北方的仅有北京一城，其余 11 城均为南方城市;位于西部地区的只有成都、重庆两座城市(无位于中部地区的城市),其余 10 座城市均属于东部地区。

2. 区域分布

本报告从长三角地区、珠三角地区、京津冀地区、云贵川地区、东北三省分别选取了 14 座、6 座、3 座、7 座、4 座城市作为参评对象。京津冀地区平均得分最高,达 79.4 分,说明该地区城市高成长科创企业培育生态整体较优;而长三角地区前三名城市平均得分最高,超过 85 分,说明该地区头部城市高成长科创企业培育生态更胜一筹。与 2022 年相比,长三角、京津冀和云贵川地区的平均得分有所上升,而珠三角地区和东北三省的平均得分则出现了不同程度的下降。2023 年各区域平均得分、前三名城市平均得分、各区域平均得分较 2022 年变化情况如图 1 所示。

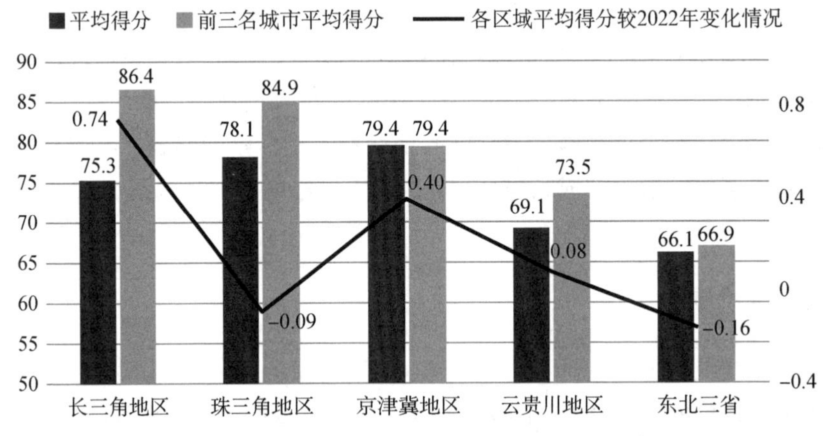


**图 1　高成长科创企业培育生态指数区域分布情况**

(1) 长三角地区:发展态势良好,地级市表现亮眼

2023 年,长三角地区城市平均得分较 2022 年上涨 0.74 分,明显领先于其他区域,培育生态持续向好。其中,苏州、宁波、无锡、扬州等非省会地级市表现亮眼:与 2022 年相比,苏州、宁波、扬州得分别提升了 2.16 分、1.73 分、1.08 分;无锡、温州排名分别跃升 3 位、4 位,发展势头强劲,集群联动态势突出。

(2) 珠三角地区:涨跌互现,深圳、佛山表现较好

2023 年,珠三角地区城市平均得分比 2022 年下降 0.09 分,表现不尽如人意。同时,区域内部分化明显:深圳表现强势,超过上海跻身第二位,佛山的排名也上升了 2 位;而广州、东莞的得分却较 2022 年下降,可谓“几家欢喜几家愁”。

（3）京津冀地区、云贵川地区：整体表现平稳，变动不大

2023 年，京津冀地区城市平均得分较 2022 年上涨 0.40 分，云贵川地区城市平均得分较 2022 年上涨 0.08 分，与全国平均水平相近（上涨 0.25 分）；这两个区域整体排名变动也不大，表现平稳。

（4）东北三省：排名普遍降低，大连独秀，超越沈阳成区域第一

2023 年，东北三省城市平均得分比 2022 年下降 0.16 分，整体表现不佳。但在东北三省内部，也呈现出“冰火两重天”的态势。沈阳、哈尔滨、长春无论是得分还是排名都明显下滑：得分分别下降了 0.34 分、0.48 分、1.41 分，排名分别下降了 4 位、1 位和 9 位。只有大连逆势上升：得分上升了 1.60 分，排名随之大涨 6 位，超越沈阳成为东北三省排名最高的城市（第 30 位）。

3. 城市聚焦

（1）上海被深圳超过：“黑天鹅”事件的短暂影响还是大势所趋

在榜单前 5 位中，最引人注目的变化就是深圳超越上海跻身榜单第 2 位，仅次于北京，上海则滑落至榜单的第 3 位。2022 年上海受新冠疫情这一“黑天鹅”事件影响严重，在 GDP 增长率、人口增长量等指标上都表现不佳。但深圳超越上海仅仅是因为上海受新冠疫情的短暂影响还是整体发展趋势的体现呢？事实上，2021 年，深圳的得分已接近上海，二者的得分差距从 2.00 分缩小至 0.12 分，因此，深圳得分超越上海这一结果是大势所趋。对比两座城市在一级指标上的表现，在人力资本、创业文化、市场基础这 3 项指标上，深圳的增长速度都比上海快，这表明在这些方面深圳的发展速度比上海更快，培育生态持续优化。

（2）合肥：稳扎稳打，排名持续上升

2021—2023 年，在排名前 30 位的城市中，合肥无疑是表现最亮眼的城市之一：2022 年跃升 4 位，排在第 21 位，2023 年更是一举挺进前 20 名，在人口流入规模、R&D 投入等指标上表现优异。

合肥是全国第二个获批建设综合性国家科学中心的城市，近年来，合肥积极引进高校资源、利用平台和产业集聚人才，营造一流人才生态；促进科技成果转化，孵化高新技术产业，这些发展成绩共同推动合肥科创企业培育生态持续改善。

（3）大连：何以独秀东北

在东北三省四大城市（哈尔滨、长春、沈阳、大连）中，大连是唯一一个排名上升的城市，可谓“一枝独秀”。大连也在 2023 年超过沈阳，成为东北三省排名最

高的城市。在民营经济占比、R&D 研发经费、GDP 增速等指标上，大连都位居东北三省第一名，它也是东北三省四大城市中唯一一个人口保持增长态势的城市。

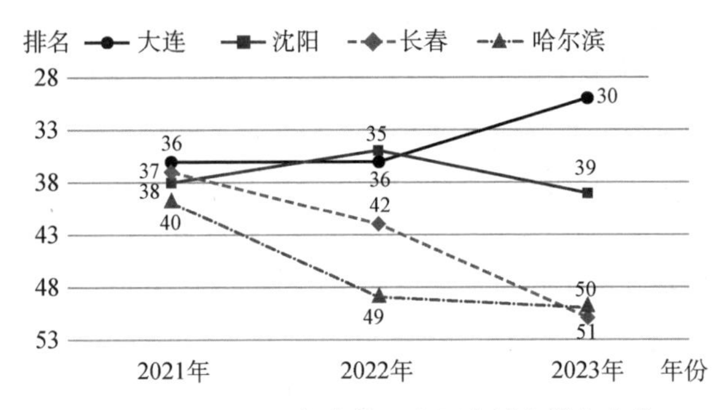


**图 2　2021—2023 年东北三省四座城市排名变化**

（课题组成员：任声策、李博年、徐天意、操友根、杜梅、刘永冬、廖承军、谢瑷卿、郭明昊、毕菁然、胡尚文、贾雯璐、钱鑫溢、李克鹏等）